高等学校计算机类专业系列教材

单片机原理及接口技术

（第四版）

余锡存　曹国华　编著

西安电子科技大学出版社

内容简介

本书首先介绍了微型计算机的基础知识，并以MCS-51系列单片机为核心，系统介绍了单片机的基本结构、指令系统、汇编语言程序设计、中断系统、内部定时器/计数器及串行接口、系统扩展与接口技术、应用系统的设计与开发以及抗干扰技术，最后附有单片机原理及接口技术实验。本书配有例题、习题与思考题，便于课堂教学与自学。

本书是高等学校电子类及计算机应用专业的教材，同时也可供非计算机专业、高等职业教育、自学考试和从事微机应用的人员使用。全书内容深入浅出、通俗易懂、注重工程应用。

图书在版编目(CIP)数据

单片机原理及接口技术/余锡存，曹国华编著. —4版.
—西安：西安电子科技大学出版社，2021.12
ISBN 978-7-5606-6337-1

Ⅰ.①单…　Ⅱ.①余…　②曹…　Ⅲ.①微处理器—基础理论—教材　②微处理器—接口技术—教材　Ⅳ.①TP368.1

中国版本图书馆CIP数据核字(2021)第251771号

策　　划　马乐惠
责任编辑　杨　薇
出版发行　西安电子科技大学出版社(西安市太白南路2号)
电　　话　(029)88202421　88201467　　邮　　编　710071
网　　址　www.xduph.com　　电子邮箱　xdupfxb001@163.com
经　　销　新华书店
印刷单位　咸阳华盛印务有限责任公司
版　　次　2021年12月第4版　2021年12月第1次印刷
开　　本　787毫米×1092毫米　1/16　印张14.25
字　　数　333千字
印　　数　1～3000册
定　　价　34.00元
ISBN 978-7-5606-6337-1/TP
XDUP　6639004-1

前　言

《单片机原理及接口技术》一书自2000年出版以来，已多次再版，受到了广大读者的厚爱。为了适应单片机技术的发展，高校的单片机教材也应不断补充与修订。

本次修订按照求新务实、便于教学的原则，增加了对目前较为流行的开发软件Keil C51的介绍，并对原书的实验部分进行了补充。

全书由南京师范大学的余锡存与曹国华编写，其中第1、2、7、8、9章及附录由余锡存编写，第3、4、5、6章由曹国华编写，全书由余锡存修订与统稿。

在本书的编写和修订过程中，编者参考了相关的文献资料，在此向这些文献的作者表示衷心的感谢！

编　者

2021年10月

第一版前言

目前，单片机已广泛应用到国民经济建设和日常生活的许多领域，成为测控技术现代化必不可少的重要工具。根据高等院校教学要求，编者总结了多年的教学和实践经验，编写了本书。

本书是高等学校电子类及计算机应用专业的教材，同时也可供非计算机专业、高等职业教育、自学考试和从事微机应用的人员使用。本书内容深入浅出、通俗易懂、注重工程应用。

全书共分为10章。首先介绍了微型计算机的基础知识，并以MCS－51系列单片机为基础，系统介绍了单片机的基本结构、指令系统、汇编语言程序设计、系统扩展与接口技术、应用系统设计与开发以及抗干扰技术，最后还简要介绍了其他系列8位单片机的类型与性能，主要有Atmel公司的AT89C、Intel公司的8XC51、Philips公司的8XC552等系列。本书配有例题、习题与思考题，便于课堂教学与自学。读者通过本书的学习，可为今后的工作打下坚实的基础。

本书第1、2、7、8、9章由余锡存同志编写，第3、4、5、6、10章由曹国华同志编写，本书由上海理工大学的唐俊杰老师主审。

由于编者水平有限，时间仓促，加之单片机技术日新月异，书中存在的不当之处敬请读者指正。

编　者

1999年11月

目　　录

第 1 章

微型计算机基础

1.1　计算机中的数制及相互转换

在日常生活中人们最熟悉的是十进制数，但在计算机中，采用二进制数"0"和"1"可以很方便地表示机内的数据与信息。在编程时，为了便于阅读和书写，人们还常用八进制数或十六进制数来表示二进制数。

1.1.1　进位计数制

按进位原则进行计数的方法，称为进位计数制。十进制数有两个主要特点：

(1) 有 10 个不同的数字符号：0、1、2、…、9；

(2) 低位向高位进位的规律是"逢十进一"。

因此，同一个数字符号在不同的数位所代表的数值是不同的。如 555.5 中 4 个 5 分别代表 500、50、5 和 0.5，这个数可以写成

$$555.5=5\times 10^2+5\times 10^1+5\times 10^0+5\times 10^{-1}$$

式中的 10 称为十进制的基数，10^2、10^1、10^0、10^{-1}称为各数位的权。

任意一个十进制数 N 都可以表示成按权展开的多项式：

$$\begin{aligned}N&=d_{n-1}\times 10^{n-1}+d_{n-2}\times 10^{n-2}+\cdots+d_0\times 10^0+d_{-1}\times 10^{-1}+\cdots+d_{-m}\times 10^{-m}\\&=\sum_{i=-m}^{n-1}d_i\times 10^i\end{aligned}$$

其中，d_i 是 0～9 共 10 个数字中的任意一个，m 是小数点右边的位数，n 是小数点左边的位数，i 是数位的序数。例如，543.21 可表示为

$$543.21=5\times 10^2+4\times 10^1+3\times 10^0+2\times 10^{-1}+1\times 10^{-2}$$

一般而言，对于用 R 进制表示的数 N，可以按权展开为

$$\begin{aligned}N&=a_{n-1}\times R^{n-1}+a_{n-2}\times R^{n-2}+\cdots+a_0\times R^0+a_{-1}\times R^{-1}+\cdots+a_{-m}\times R^{-m}\\&=\sum_{i=-m}^{n-1}a_i\times R^i\end{aligned}$$

式中，a_i是 0、1、…、R−1(共 R 个数字)中的任意一个，m、n 是正整数，R 是基数。在 R

进制中，每个数字所表示的值是该数字与它相应的权 R^i 的乘积，进位规律是“逢 R 进一”。

1. 二进制

当 R=2 时，称为二进位计数制，简称二进制。在二进制中，只有两个不同的数码：0 和 1，进位规律为“逢二进一”。任何一个数 N，可用二进制表示为

$$N = a_{n-1}\times 2^{n-1} + a_{n-2}\times 2^{n-2} + \cdots + a_0\times 2^0 + a_{-1}\times 2^{-1} + \cdots + a_{-m}\times 2^{-m}$$
$$= \sum_{i=-m}^{n-1} a_i \times 2^i$$

例如，二进制数 1011.01 可表示为

$$(1011.01)_2 = 1\times 2^3 + 0\times 2^2 + 1\times 2^1 + 1\times 2^0 + 0\times 2^{-1} + 1\times 2^{-2}$$

2. 八进制

当 R=8 时，称为八进制。在八进制中，有 0、1、2、…、7 共 8 个不同的数码，进位规律为“逢八进一”。

例如，$(503)_8$ 可表示为

$$(503)_8 = 5\times 8^2 + 0\times 8^1 + 3\times 8^0$$

3. 十六进制

当 R=16 时，称为十六进制。在十六进制中，有 0、1、2、…、9、A、B、C、D、E、F 共 16 个不同的数码，进位规律是“逢十六进一”。

例如，$(3A8.0D)_{16}$ 可表示为

$$(3A8.0D)_{16} = 3\times 16^2 + 10\times 16^1 + 8\times 16^0 + 0\times 16^{-1} + 13\times 16^{-2}$$

表 1.1 列出了 十、二、八、十六进制数之间的对应关系。

表 1.1 各种进制数的对应关系

十进制	二进制	八进制	十六进制	十进制	二进制	八进制	十六进制
0	0	0	0	9	1001	11	9
1	1	1	1	10	1010	12	A
2	10	2	2	11	1011	13	B
3	11	3	3	12	1100	14	C
4	100	4	4	13	1101	15	D
5	101	5	5	14	1110	16	E
6	110	6	6	15	1111	17	F
7	111	7	7	16	10000	20	10
8	1000	10	8				

1.1.2 不同进制数间的相互转换

1. 二、八、十六进制数转换成十进制数

根据各进制的定义和表示方式，按权展开相加，即可将二进制数、八进制数、十六进制数转换成十进制数。

【例 1】 将$(10.101)_2$，$(46.12)_8$，$(2D.A4)_{16}$转换为十进制数。

解：

$$(10.101)_2 = 1\times2^1 + 0\times2^0 + 1\times2^{-1} + 0\times2^{-2} + 1\times2^{-3} = 2.625$$

$$(46.12)_8 = 4\times8^1 + 6\times8^0 + 1\times8^{-1} + 2\times8^{-2} = 38.156\ 25$$

$$(2D.A4)_{16} = 2\times16^1 + 13\times16^0 + 10\times16^{-1} + 4\times16^{-2} = 45.640\ 62$$

2. 十进制数转换成二、八、十六进制数

任意十进制数 N 转换成 R 进制数，需将整数部分和小数部分分开，采用不同的方法分别进行转换，然后用小数点将这两部分连接起来。

(1) 整数部分：除基取余法。

分别用基数 R 不断地去除 N 的整数部分，直到商为零为止，每次所得的余数依次排列，即为相应进制的数码。最初得到的为最低位有效数字，最后得到的为最高位有效数字。

【例 2】 将$(168)_{10}$转换成二、八、十六进制数。

解：

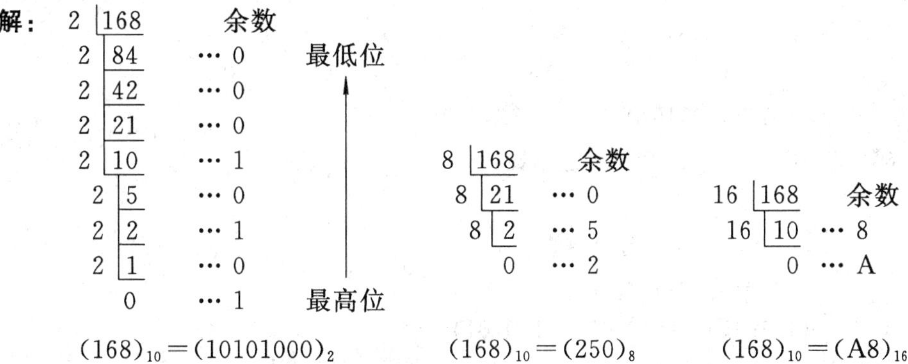

2 | 168　余数
2 | 84　… 0　最低位
2 | 42　… 0
2 | 21　… 0
2 | 10　… 1
2 | 5　… 0
2 | 2　… 1
2 | 1　… 0
0　… 1　最高位
8 | 168　余数
8 | 21　… 0
8 | 2　… 5
0　… 2
16 | 168　余数
16 | 10　… 8
0　… A

$(168)_{10} = (10101000)_2$　　$(168)_{10} = (250)_8$　　$(168)_{10} = (A8)_{16}$

(2) 小数部分：乘基取整法。

分别用基数 R(R=2，8 或 16)不断地去乘 N 的小数部分，直到积的小数部分为零(或直到达到所要求的位数)为止，每次乘得的整数依次排列，即为相应进制的数码。最初得到的为最高位有效数字，最后得到的为最低位有效数字。

【例 3】 将$(0.645)_{10}$转换成二、八、十六进制数(用小数点后五位表示)。

解：

整数	0.645 × 2	整数	0.645 × 8	整数	0.645 × 16
1 …	1.290	5 …	5.160	A …	10.320
	0.29 × 2		0.16 × 8		0.32 × 16
0 …	0.58	1 …	1.28	5 …	5.12
	0.58 × 2		0.28 × 8		0.12 × 16
1 …	1.16	2 …	2.24	1 …	1.92
	0.16 × 2		0.24 × 8		0.92 × 16
0 …	0.32	1 …	1.92	E …	14.72
	× 2		0.92 × 8		0.72 × 16
0 …	0.64	7 …	7.36	B …	11.52

故：$(0.645)_{10}=(0.10100)_2=(0.51217)_8=(0.A51EB)_{16}$

【例 4】 将$(168.645)_{10}$转换成二、八、十六进制数。

解：根据例 2、例 3 可得

$$(168.645)_{10}=(10101000.10100)_2=(250.51217)_8=(A8.A51EB)_{16}$$

3. 二进制数与八进制数之间的相互转换

由于 $2^3=8$，故可采用“合三为一”的原则，即从小数点开始分别向左、右两边各以 3 位为一组进行二—八换算，若不足 3 位以 0 补足，便可将二进制数转换为八进制数。反之，采用“一分为三”的原则，每位八进制数用 3 位二进制数表示，就可将八进制数转换为二进制数。

【例 5】 将$(101011.01101)_2$ 转换为八进制数。

解：

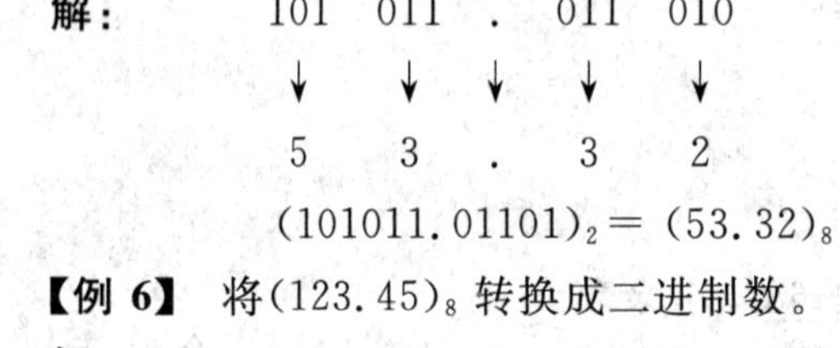

即 $(101011.01101)_2=(53.32)_8$

【例 6】 将$(123.45)_8$ 转换成二进制数。

解：

1 2 3 . 4 5

↓ ↓ ↓ ↓ ↓ ↓

001 010 011 . 100 101

即 $(123.45)_8=(1010011.100101)$

4. 二进制数与十六进制数之间的转换

由于 $2^4=16$，故可采用“合四为一”的原则，即从小数点开始分别向左、右两边各以 4 位为一组进行二—十六换算，若不足 4 位以 0 补足，即可将二进制数转换为十六进制数。反之，采用“一分为四”的原则，每位十六进制数用 4 位二进制数表示，便可将十六进制数转换为二进制数。

【例 7】 将$(110101.011)_2$ 转换为十六进制数。

解：

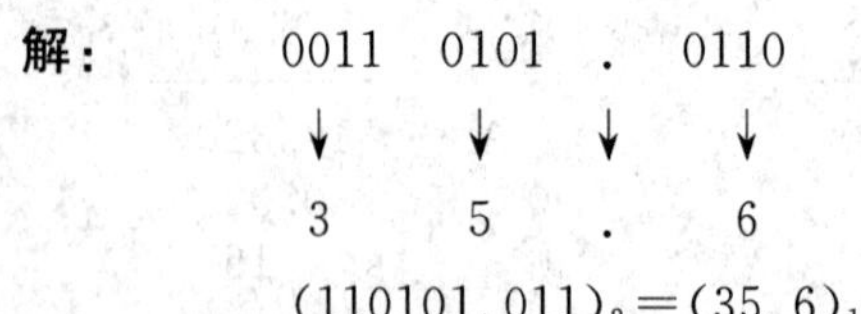

即 $(110101.011)_2=(35.6)_{16}$

【例 8】 将$(4A5B.6C)_{16}$转换为二进制数。

解：

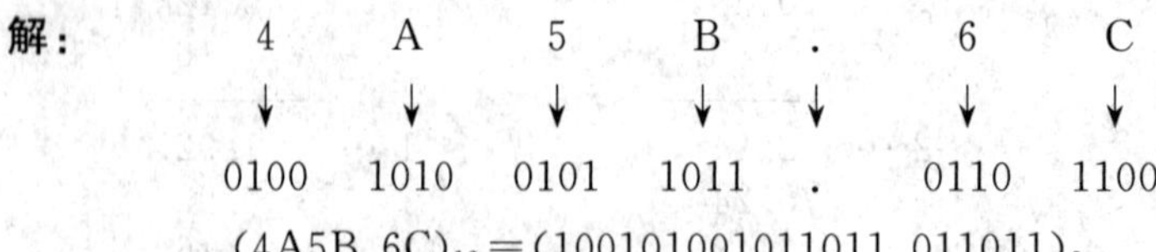

即 $(4A5B.6C)_{16}=(100101001011011.011011)_2$

在程序设计中，为了区分不同进制的数，通常在数的后面加字母作为标注。其中，字母 B(Binary)表示二进制数；字母 Q(Octal，用字母 Q 而不用 O 主要是为避免与数字 0 混淆)表示八进制数；字母 D(Decimal)或不加字母表示十进制数；字母 H(Hexadecimal)表示十六进制数。例如，1101B、57Q、512D、3AH 等。

1.2 二进制数的运算

1.2.1 二进制数的算术运算

二进制数只有 0 和 1 两个数码，其算术运算较为简单，加、减法分别遵循“逢二进一”和“借一当二”的原则。

1. 加法运算

规则：0＋0＝0；0＋1＝1；1＋0＝1；1＋1＝10(有进位)。

【例 1】 求 1001B＋1011B。

解：

```
      被加数    1001
      加数＋    1011
   ─────────────────
      进位     10010
        和     10100
```

即　　1001B＋1011B＝10100B

2. 减法运算

规则：0－0＝0；1－1＝0；1－0＝1；0－1＝1(有借位)。

【例 2】 求 1100B－111B。

解：

```
      被减数    1100
      减数－     111
   ─────────────────
      借位      0110
        差      0101
```

即　　1100B－111B＝101B

3. 乘法运算

规则：0×0＝0；0×1＝1×0＝0；1×1＝1。

【例 3】 求 1011B×1101B。

解：

```
      被乘数        1011
        乘数       ×1101
                ────────
                    1011
                   0000
                  1011
               + 1011
               ──────────
      积        10001111
```

即　　1011B×1101B＝10001111B

4. 除法运算

规则：0/1＝0；1/1＝1。

【例 4】 求 10100101B/1111B。

解：

```
          1011
     ┌─────────
1111 ) 10100101
       1111
       ─────────
        1011
        0000
       ─────────
        10110
         1111
       ─────────
          1111
          1111
       ─────────
             0
```

即 10100101B/1111B=1011B

1.2.2 二进制数的逻辑运算

1. “与”运算

“与”运算是实现“必须都有，否则就没有”这种逻辑关系的一种运算，其运算符为“·”。“与”运算的规则如下：

$$0\cdot 0=0;\ 0\cdot 1=1\cdot 0=0;\ 1\cdot 1=1$$

【例 5】 若 X=1011B，Y=1001B，求 X·Y。

解：

```
    1011
·   1001
────────
    1001
```

即 X·Y=1001B

2. “或”运算

“或”运算是实现“只要其中之一有，就有”这种逻辑关系的一种运算，其运算符为“+”。“或”运算的规则如下：

$$0+0=0;\ 0+1=1+0=1;\ 1+1=1$$

【例 6】 若 X=10101B，Y=01101B，求 X+Y。

解：

```
    10101
+   01101
─────────
    11101
```

即 X+Y=11101B

3. “非”运算

“非”运算是实现“求反”这种逻辑关系的一种运算，如变量 A 的“非”运算记为 $\overline{A}$。“非”运算的规则如下：

$$\overline{1}=0;\ \overline{0}=1$$

【例 7】 若 A＝10101B，求 $\overline{A}$。

解： $\overline{A}=\overline{10101}B=01010B$

4. “异或”运算

“异或”运算是实现“必须不同，否则就没有”这种逻辑关系的一种运算，其运算符为“⊕”。“异或”运算的规则如下：

$$0\oplus0=0;\ 0\oplus1=1;\ 1\oplus0=1;\ 1\oplus1=0$$

【例 8】 若 X＝1010B，Y＝0110B，求 X⊕Y。

解：

$$\begin{array}{r} 1010 \\ \oplus\ \ 0110 \\ \hline 1100 \end{array}$$

即 $X\oplus Y=1100B$

1.3 带符号数的表示

1.3.1 机器数及真值

计算机在数的运算中，不可避免地会遇到正数和负数，那么正负符号如何表示呢？由于计算机只能识别 0 和 1，因此我们将一个二进制数的最高位用作符号位来表示这个数的正负。规定符号位用“0”表示正，用“1”表示负。例如，若 X＝－1101010B，Y＝＋1101010B，则可把 X 表示为 11101010B，Y 表示为 01101010B。

一个二进制数连同符号位在内作为一个数，称为机器数，如 11101010B。而一般书写形式的数，称为该机器数的真值，如－1101010B。计算机中机器数的表示方法有三种，即原码、反码和补码。

1.3.2 数的码制

1. 原码

正数的符号位用 0 表示，负数的符号位用 1 表示，数值部分用真值的绝对值来表示的二进制机器数称为原码，用$[X]_{原}$表示，设 X 为整数。

若 $X=+X_{n-2}X_{n-3}\cdots X_1X_0$，则$[X]_{原}=0X_{n-2}X_{n-3}\cdots X_1X_0=X$；

若 $X=-X_{n-2}X_{n-3}\cdots X_1X_0$，则$[X]_{原}=1X_{n-2}X_{n-3}\cdots X_1X_0=2^{n-1}-X$。

其中，X 为 n－1 位二进制数，X_{n-2}、X_{n-3}、…、X_1、X_0 为二进制数 0 或 1。例如＋115 和－115 在计算机中(设机器数的位数是 8)的原码可分别表示为

$$[+115]_{原}=01110011B;\ [-115]_{原}=11110011B$$

可见，真值 X 与原码$[X]_{原}$的关系为

$$[X]_{原}=\begin{cases} X, & 0\leqslant X<2^n \\ 2^{n-1}-X, & -2^{n-1}<X\leqslant 0 \end{cases}$$

值得注意的是，由于$[+0]_{原}=00000000B$，而$[-0]_{原}=10000000B$，所以数 0 的原码不唯一。

8 位二进制原码能表示的数的范围是：－127～＋127。

2. 反码

一个正数的反码等于该数的原码；一个负数的反码由它的正数的原码按位取反形成。反码用$[X]_{反}$表示。

若 $X=-X_{n-2}X_{n-3}\cdots X_1X_0$，则$[X]_{反}=1\overline{X_{n-2}X_{n-3}\cdots X_1X_0}$。例如：X＝＋103，则$[X]_{反}=[X]_{原}$＝01100111B；X＝－103，$[X]_{原}$＝11100111B，则$[X]_{反}$＝10011000B。

可见，真值 X 与反码$[X]_{反}$的关系为

$$[X]_{反}=\begin{cases}X, & 0\leqslant X<2^{n-1}\\(2^{n-1}-1)+X, & -2^{n-1}<X\leqslant 0\end{cases}$$

注意：

(1) 8 位二进制反码能表示的数的范围为：－127～＋127。

(2) 在反码中，＋0 与－0 的表示方法不同。

3. 补码

在讨论补码之前，先介绍模(mod)的概念。

“模”是指一个计量系统的计数量程。如，时钟的模为 12。任何有模的计量器，均可化减法为加法运算。仍以时钟为例，设当前时钟指向 11 点，而准确时间为 7 点，调整时间的方法有两种，一种是时钟倒拨 4 小时，即 11－4＝7；另一种是时钟正拨 8 小时，即 11＋8＝12＋7＝7。由此可见，在以 12 为模的系统中，加 8 和减 4 的效果是一样的，即

$$-4=+8(\text{mod 为 }12)$$

下面引进补码的表示方法。对于 n 位计算机来说，mod 为 2^n，数 X 的补码定义为

$$[X]_{补}=\begin{cases}X, & 0\leqslant X<2^{n-1}\\2^n+X, & -2^{n-1}\leqslant X\leqslant 0\end{cases}$$

即正数的补码是它本身，负数的补码是真值与模数相加而得。

例如，n＝8 时，有

$[+75]_{补}$＝01001001B

$[-73]_{补}$＝10000000 B－ 01001001B＝10110111B

$[0]_{补}=[+0]_{补}=[-0]_{补}$＝00000000B

可见，数 0 的补码表示是唯一的。在用补码定义求负数补码的过程中，由于做减法不方便，一般不用该方法。负数补码的求法：用原码求反码，再在数值末位加 1，即：$[X]_{补}=[X]_{反}+1$。例如：$[-30]_{补}=[-30]_{反}+1=\overline{[+30]_{原}}+1$＝11100001＋1＝11100010B。8 位二进制补码能表示的数的范围为：－128 ～＋127，若超过此范围，则为溢出。

1.4 定点数和浮点数

计算机中的数，既有整数也有小数，但在计算机中小数并不以单独的信息存放。为了确定小数点的位置，通常采用两种方法表示：定点法和浮点法。

1. 定点法

定点法中，约定所有数据的小数点隐含在某个固定位置。对于纯小数，小数点固定在

数符与数值之间；对于整数，则把小数点固定在数值部分的最后面，其格式为

纯小数表示：数符. 尾数

数符	尾数

. 小数点

整数表示：数符尾数.

数符	尾数

. 小数点

其中，数符用来表示数的正负，正数为 0，负数为 1；尾数是指某数本身的数值部分。

定点法所能表示的数值范围有限。当计算机采用定点法处理较大数值范围的运算时，很容易产生溢出。因此，为了扩大数的表示范围和精度，时常采用浮点法表示。

2. 浮点法

浮点法中，数据的小数点位置不是固定不变的，而是可浮动的。因此，可将任意一个二进制数 N 表示成

$$N=\pm M \cdot 2^{\pm E}$$

其中，M 为尾数，为纯二进制小数，E 称为阶码。可见，一个浮点数有阶码和尾数两部分，且都带有表示正负的阶符与数符，其格式为

阶符	阶码 E	数符	尾数 M

设阶码 E 的位数为 m 位，尾数 M 的位数为 n 位，则浮点数 N 的取值范围为

$$2^{-n}2^{-2^{m}+1} \leqslant |N| \leqslant (1-2^{-n})2^{2^{m}-1}$$

为了提高精度，发挥尾数有效位的最大作用，还规定尾数数字部分原码的最高位为 1，这叫做规格化表示法。如，0.000101 表示为 $2^{-3}\times 0.101$

1.5　BCD 码和 ASCII 码

1.5.1　BCD 码

人们习惯使用十进制数，为使计算机能识别、存储十进制数，并能直接使用十进制数进行运算，就需要对十进制数进行编码。将十进制数表示为二进制编码的形式，称为二—十进制编码，即 BCD(Binary Coded Decimal)码。

1 位十进制数有 0～9 共 10 个不同的数码，至少需要由 4 位二进制数来表示。4 位二进制数有 16 种组合，取其 10 种组合分别代表 10 个十进制数码。最常用的方法是 8421BCD 码，其中 8、4、2、1 分别为 4 位二进制数的位权值。表 1.2 给出了十进制数和 8421BCD 码的对应关系。

表 1.2　8421BCD 编码表

十进制数	8421BCD 码	十进制数	8421BCD 码
0	0000	5	0101
1	0001	6	0110
2	0010	7	0111
3	0011	8	1000
4	0100	9	1001

【例 1】 写出 69.25 的 BCD 码。

解： 根据表 1.2 可直接写出相应的 BCD 码为

$$69.25 = (01101001.00100101)_{BCD}$$

1.5.2 ASCII 码

目前国际上比较通用的是 1963 年美国标准学会 ANSI 制定的美国国家信息交换标准字符码(American Standard Code for Information Interchange)，简称 ASCII 码。它的编码如表 1.3 所示，从表中可见，ASCII 码采用 7 位二进制编码，它包括 26 个大写英文字母、26 个小写英文字母、10 个数字 0～9、32 个通用控制符号和 34 个专用符号，共 128 个字符。

表 1.3 ASCII 码 表

	列	0	1	2	3	4	5	6	7
行	MSB 位 654 / LSB 位 3210	000	001	010	011	100	101	110	111
0	0000	NUL	DLE	SP	0	@	P	、	p
1	0001	SOH	DC_1	!	1	A	Q	a	q
2	0010	STX	DC_2	″	2	B	R	b	r
3	0011	ETX	DC_3	#	3	C	S	c	s
4	0100	EOT	DC_4	$	4	D	T	d	t
5	0101	ENQ	NAK	%	5	E	U	e	u
6	0110	ACK	SYN	&	6	F	V	f	v
7	0111	BEL	ETB	′	7	G	W	g	w
8	1000	BS	CAN	(	8	H	X	h	x
9	1001	HT	EM	)	9	I	Y	i	y
A	1010	LF	SUB	*	:	J	Z	j	z
B	1011	VT	ESC	+	;	K	[	k	{
C	1100	FF	FS	,	<	L	\	l	|
D	1101	CR	GS	－	=	M	]	m	}
E	1110	SO	RS	·	>	N	↑	n	～
F	1111	SI	HS	/	?	O	←	o	DEL

如果要确定一个数字、字母或符号的 ASCII 码，可以先在表 1.3 中找到这个字符，然后将字符所在行与列所对应的二进制数连接起来(列对应的 3 位在前，行对应的 4 位在后)，所得到的 7 位二进制代码即为该字符的 ASCII 码。如，大写字母 W 的 ASCII 码为 1010111B(57H)。

在计算机中传输 ASCII 码，通常采用 8 位二进制数码。因此，最高有效位用作奇偶校验位，用于检查代码在传输过程中是否发生差错。

如果字母 W 的 ASCII 码采用偶校验，则在最左边的奇偶校验位上加一个“1”，即为 11010111B，使其编码中含有偶数个“1”。

如果 W 采用奇校验，则在最左边加一个“0”，即为 01010111B，使其编码中含有奇数个“1”。

1.6　微型计算机的组成及工作过程

1.6.1　基本组成

微型计算机是大规模集成电路技术和计算机技术相结合的产物，是目前应用最为广泛的一种计算机。这里，通过对微型计算机的基本组成的介绍，使读者了解计算机的各主要部件的功能。

微型计算机的基本组成如图 1.1 所示，它由中央处理器(CPU)、存储器(M)、输入/输出接口(I/O 接口)和总线(BUS)等构成。

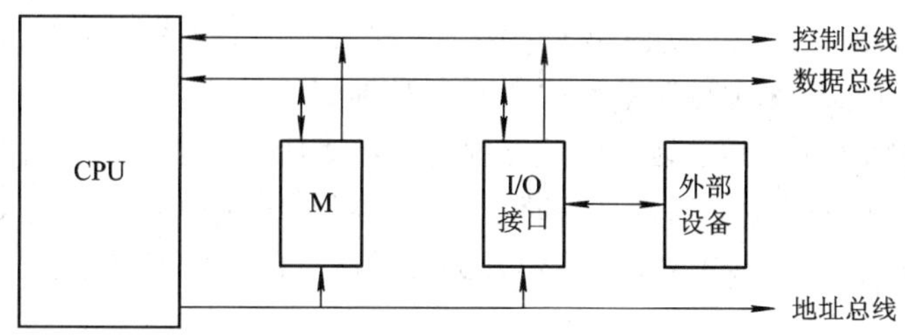

图 1.1　微型计算机的基本组成

1. 中央处理器(CPU)

CPU(Central Processing Unit)是计算机的核心部件，它由运算器和控制器组成，完成计算机的运算和控制功能。

运算器又称算术逻辑部件(ALU，Arithmetic Logic Unit)，主要完成对数据的算术运算和逻辑运算。

控制器(Controller)是整个计算机的指挥中心，它负责从内部存储器中取出指令，对指令进行分析、判断，并根据指令发出控制信号使计算机的有关部件及设备有条不紊地协调工作，保证计算机能自动、连续地运行。

CPU 中还包括若干寄存器(Register)，它们的作用是存放运算过程中的各种数据、地址或其他信息。寄存器种类很多，主要有：

通用寄存器：向 ALU 提供运算数据，或保留运算的中间结果或最终结果。

累加器 A：这是一个使用相对频繁的特殊的通用寄存器，有重复累加数据的功能。

程序计数器 PC：存放将要执行的指令地址。

指令存储器 IR：存放根据 PC 的内容从存储器中取出的指令。

在微型计算机中，CPU 一般集成在一块被称为微处理器(MPU，Micro Processing

Unit)的芯片上。

2. 存储器(M)

存储器(Memory)是具有记忆功能的部件，用来存储数据和程序。存储器根据其位置不同可分为两类：内存储器和外存储器。内存储器(简称内存)和CPU直接相连，存放当前要运行的程序和数据，故也称为主存储器(简称主存)。它的特点是存取速度快，基本上可与CPU处理速度相匹配，但价格较贵，能存储的信息量较小。外存储器(简称外存)又称为辅助存储器，主要用于保存暂时不用但又需长期保留的程序和数据。存放在外存的程序必须调入内存才能使用。外存的存取速度相对较慢，但价格较便宜，可保存的信息量大。

CPU和内存储器合起来称为计算机的主机。外存通过专门的输入/输出接口与主机相连。外存与其他的输入/输出设备统称为外部设备。

半导体存储器，按其工作方式可分为随机存取存储器(RAM，Random Access Memory)和只读存储器(ROM，Read Only Memory)两种。对存储器存入信息的操作称为写入(Write)，从存储器取出信息的操作称为读出(Read)。所以RAM中存放的信息可随机地写入或读出，但计算机掉电后，RAM中的内容随之消失。ROM中的信息只能读出而不能写入，计算机掉电后，ROM中的内容保持不变。

存储器中最小的存储单位称为一个存储位(bit)，用来表示1位二进制信息。将存储器的每8个二进制位组合为一个存储单元，称为字节(byte)。每个存储单元都有一个编号，称为地址(Address)。CPU对存储单元的选择都是通过地址来进行的。存储单元的地址以二进制数来表示，称为地址码。地址码的宽度(位数)表明了可以访问的存储单元的数目。

CPU对主存进行操作时，通常是将若干个二进制位作为一个整体存入或取出的，这一组二进制位代码称为一个字(Word)，其包含的二进制位的个数称为字长，一般为字节的整数倍。

外存储器目前使用最多的是磁表面存储器和光存储器两种。磁表面存储器是将磁性材料沉积在基体上形成记录介质，并以磁头与记录介质的相对运动来存取信息。光存储器主要是光盘(Optical Disk)，现称为CD(Compact Disk)。光盘用光学方式读写信息，存储的信息量比磁表面存储器的信息量大得多，因此受到广大用户的青睐。

3. 输入/输出接口(I/O接口)

输入/输出(I/O)接口由大规模集成电路组成的I/O器件构成，用来连接主机和相应的I/O设备(如：键盘、鼠标、显示器、打印机等)，使得这些设备和主机之间传送的数据、信息在形式上和速度上都能匹配。不同的I/O设备必须配置与其相适应的I/O接口。

4. 总线

总线(BUS)是计算机各部件之间传送信息的公共通道。微机中总线有内部总线和外部总线两类。内部总线是CPU内部之间的连线。外部总线是指CPU与其他部件之间的连线。外部总线有三种：数据总线(DB，Data Bus)，地址总线(AB，Address Bus)和控制总线(CB，Control Bus)。

数据总线用来传送数据，其位数一般与处理器字长相同。数据总线具有双向传送数据的功能。

地址总线用来传送地址信息。它能把地址信息从CPU传送到存储器或I/O接口，指出相应的存储单元或 I/O 设备。

地址总线的数目决定了 CPU 能直接寻址的最大存储空间。若地址总线由 16 根并行线组成，则 CPU 的寻址空间为 2^{16}，存储地址编址范围为 0000H～0FFFFH。地址总线具有单向传送地址的功能。

控制总线用来传输控制信号。这些控制信号控制计算机按一定的时序，有规律地自动工作。

1.6.2　基本工作过程

根据冯·诺依曼原理构成的现代计算机的工作原理可概括为：存储程序和程序控制。存储程序是指人们必须事先把计算机的执行步骤序列(即程序)及运行中所需的数据，通过一定的方式输入并存储在计算机的存储器中。程序控制是指计算机能自动地逐一取出程序中的指令，加以分析并执行规定的操作。

在计算机运行的过程中有两种信息在流动：一是数据流，它包括原始数据和指令，它们在程序运行前已经预先送至主存中。在运行程序时，数据被送至运算器参与运算，指令被送往控制器。二是控制流，它是由控制器根据指令的内容发出的。控制流用来指挥计算机各部件执行指令规定的各种操作或运算，并对执行流程进行控制。

为了进一步了解计算机如何运行，下面我们以虚拟机为例，来看 Z＝X＋Y 的执行过程。

假定我们有一个虚拟机 SAM，主存储器的容量为 4K×16，CPU 中有一个可被程序员使用的 16 位累加器 A。

SAM 指令格式为

操作码	地址码

SAM 中的指令如表 1.4 所示。

表 1.4　SAM 中的指令

指令名称	机器语言格式	汇编语言格式	功　　能
加法	0001 α	ADD α	A←(A) ＋ (α)
取数	1000 α	LOAD α	A← (α)
存数	1001 α	STORE α	α←(A)

表 1.4 中，α 是某个存储单元的地址，(α)表示该地址中存放的内容。加法运算是二元运算，对于单地址指令的 SAM 机器来说，隐含约定其中一个操作数在累加器中，加法运算结果也存放在累加器中。

假设 X 和 Y 均已存放在存储单元中。注意，X 是个变量名，可以是某个存储单元的地址，该单元中存放的是 X 的值。计算 Z＝X＋Y 可以用 SAM 的指令表示为以下步骤：

(1) 从地址为 X 的单元中取出 X 的值送到累加器中。

(2) 把累加器中 X 的值与地址为 Y 的单元的内容相加，结果存放在累加器中。

(3) 把累加器中的内容送到地址为 Z 的单元中。

相应的 SAM 指令是：

LOAD X

ADD Y

STORE Z

这三条指令组成的程序假设事先已输入计算机，并存放在020H、021H、022H三个存储单元中，同时X、Y、Z存放在A00H、A01H、A02H单元中，如表1.5所示。

表1.5 计算Z=X+Y的程序

主存地址	机器指令	汇编指令	说　明
020H	8F00H	LOAD X	取X
021H	1F01H	ADD Y	加Y
022H	4F02H	STORE Z	送Z
…			
A00H			存放X
A01H			存放Y
A02H			存放Z

程序执行前，程序计数器(PC，Programe Counter)首先指向程序的起始地址(如020H)，当第一条指令被CPU取走后，PC会自动加1，指向下一条指令，从而保证程序的连续执行。

指令被取出后送入指令寄存器(IR，Instruction Register)，由控制器中的译码器对指令进行分析，识别不同的指令类别及各种获得操作数的方法。以加法指令ADD Y为例，译码器分析后得到如下结果：

(1) 这是一个加法指令；

(2) 一个操作数存放在Y(地址为A01H)中，另一操作数隐含在累加器A中。

然后，操作进入指令执行阶段。仍以ADD Y为例，将Y与A中内容送入ALU进行加法运算，结果送入A。

可见，计算机的基本工作过程就是取指令，分析指令，执行指令，再取下一条指令，依次周而复始执行指令序列的过程。

习题与思考题

1. 将下列二进制数转换成十进制数、十六进制数。

   10110101B，0.101B，1101.101B

2. 将下列各进制数转换成十进制数。

   101100.1011B，37.64Q，3A1.4CH

3. 将下列十进制数转换成二、八、十六进制数。

   100，0.75，25.675

4. 已知X=1000110B，Y=11001B，用算术运算规则求：

   X+Y，X−Y，X·Y，X/Y

5. 已知X=01111010B，Y=10101010B，用逻辑运算规律求：

$X \cdot Y$，$X+Y$，$X \oplus Y$，$\bar{X}$

6. 设机器字长为 8 位，求下列数值的二、十六进制原码、反码和补码。

+0， －0， +33， －33， +127， －127

7. 将下列 8421BCD 码分别转换成二、十、十六进制数。

10000111000， 1001.0111

8. 将下列字符串用十进制的 ASCII 码值表示。

Computer，X>－ 4.8

9. 微型计算机有几个组成部分？每个部分的主要功能是什么？

10. 存储器单元内容和存储器单元地址有何不同？

11. 简述计算机的基本工作过程。

第2章

单片机的硬件结构和原理

2.1 概　　述

单片微型计算机(Single Chip Microcomputer)简称单片机，是指在一块芯片体上集成中央处理器CPU、随机存储器RAM、程序存储器ROM或EPROM、定时器/计数器、中断控制器以及串行和并行I/O接口等部件，构成的一个完整微型计算机。目前，新型单片机内还有A/D及D/A转换器、高速输入/输出部件、DMA通道、浮点运算等特殊功能部件。由于它的结构和指令功能都是按工业控制要求设计的，特别适用于工业控制及其数据处理场合。因此，确切地说单片机应是微控制器(Microcontroller)，单片机只是其习惯称呼。

2.1.1 单片机的发展简史

自1971年美国Intel公司制造出第一块4位微处理器以来，单片机的发展十分迅猛，到目前为止，大致可分为以下五个阶段。

1. 4位单片机(1971—1974)

1971年11月，Intel公司设计了集成度为2000只晶体管/片的4位微处理器Intel 4004，并配有RAM、ROM和移位寄存器，构成了第一台MCS-4微处理器。这种微处理器虽仅用于简单控制，但价格便宜，至今仍不断有多功能的4位单片机问世。

2. 低档8位单片机(1974—1978)

低档8位单片机不带串行接口，寻址范围一般在4 KB内，如Intel公司的8048，Mostek公司的3870等，其功能是可满足一般工业控制和智能化仪器等的需要。

3. 高档8位单片机(1978—1982)

高档8位单片机带有串行接口，寻址范围可达64 KB，有多级中断处理系统、16位定时器/计数器，如Intel公司的8051、Motorola公司的Z8和NEC公司的MPD7800等产品，其功能较强，是目前应用的主要产品。

4. 16 位单片机(1982—1990)

Mostek 公司于 1982 年首先推出了 16 位单片机 68200，随后 Intel 公司于 1983 年推出了 16 位单片机 8096，其他公司也相继推出了同档次的产品。由于 16 位单片机采用了最新的制造工艺，其计算速度和控制功能大幅度提高，具有很强的实时处理能力。

5. 新一代单片机(90 年代以来)

新一代单片机在结构上采用双 CPU 或内部流水线，CPU 位数有 8 位、16 位、32 位，时钟频率高达 40 MHz，片内带有 PWM 输出、监视定时器 WDT、可编程计数器阵列 PCA、DMA 传输、调制解调器等。芯片向高集成化、低功耗方向发展，使得单片机在大量数据的实时处理、高级通信系统、数字信号处理、复杂工业过程控制、高级机器人以及局域网等方面得到大量应用。新一代单片机有 NEC 公司的 MPD7800，Mitsubishi 公司的 M37700，Reckwell 公司 R6500/21、R65C29，Intel 公司的 8044、UPI - 452 等。

需要指出：

(1) 单片机的发展虽然经历了 4 位、8 位、16 位各个阶段，但 4 位、8 位、16 位单片机仍各有其应用领域，如 4 位单片机在一些简单家用电器、高档玩具中仍有应用。

(2) 8 位单片机在中小规模应用场合仍占主流地位。

(3) 16 位单片机在比较复杂的控制系统中才有应用；32 位单片机因控制领域对它的需求不大，目前在我国的应用并不太多。

2.1.2　单片机的发展方向

20 世纪 90 年代以来，单片机发展异常迅速，芯片厂商都十分重视新型单片机的研制、生产和推广，单片机已成为一种“嵌入式”控制芯片，其技术发展主要表现在以下几个方面。

1. 增加字长，提高数据精度和处理的速度

早期单片机的字长是 8 位，后来产生了 16 位、24 位和 32 位的单片机。但是在多数应用场合，8 位数据可以满足需要。因此，8 位单片机与 16 位、24 位及 32 位单片机一样，仍在体系结构、多功能部件集成、流水线与并行处理技术、制造工艺、时钟频率等方面竞相发展。

2. 改进制作工艺，提高单片机的整体性能

随着集成电路工艺的发展，单片机制作由 MOS 型发展成 CMOS、HCMOS 型，从而提高了芯片的集成度和工作速度，降低了电压和功耗；内部采用大容量的 Flash 存储器，实现在系统中烧录程序(ISP)和在应用中烧录程序(IAP)等技术。比如，Philips 公司的 P89C51RC2/P89C51RD2 具有 32 KB/64 KB 的 Flash 存储器；集成有引导和擦除/烧录程序；外部时钟频率提高到 33 MHz～40 MHz；运算速度达到 50～100 MIPS。

3. 由复杂指令集 CISC 转向简单指令集 RISC 技术

早期的 MCS - 51 单片机采用的是 CISC(Complex Instruction Set Computer)技术。随着 RISC(Reduced Instruction Set Computer)技术的发展，单片机也采用了这一技术，简化了体系结构，提高了 CPU 的速度，如 Microchip 的 PIC12F×××、PIC16F×××、PIC17F×××、PIC18F×××单片机等。

4. 多功能模块集成技术，使一块"嵌入式"芯片具有多种功能

在新型单片机中，除了 RAM/ROM、文件寄存器、定时器/计数器、并/串行接口电路、V/F 变换器、A/D 与 D/A 电路之外，已有许多单片机采用了双 CPU 或者多 CPU 结构，增加了锁相环路、USB、CAN、ISSC、I^2C 等总线接口，提供了 TCP/IP 协议的通信接口。它们的作用是：一是提高单片机数值计算、数据采集与处理的能力；二是提供外部数据传送和与通信网络连接的能力。比如美国 Echelon 公司的 Neuron3150，内置 3 个 CPU。其中一个用于介质访问，一个用于数据处理器，另一个作为网络处理器。又如 Philips 公司的 P89C66×，提供 I^2C 总线传送方式。

5. 微处理器与 DSP 技术结合

新型单片机将微处理器与 DSP(Digital Signal Processor)技术结合，适时解决网络与多媒体技术所需的高速实时处理能力。比如我国台湾凌阳科技公司推出的 μ'nsp 系列单片机，其 16 位机中增添了 DSP 功能，具有话音编码与解码器，内置在线仿真电路 ICE(In Circuit Emulator)。

6. 融入高级语言的编译程序

新型单片机内部融入了高级语言的编译程序，它支持应用程序接口 API 的使用，支持 C 语言及硬件描述 VHDL 等高级语言的使用；内置在线仿真电路 ICE 支持在线编程写入，即 ISP 和 IAP 技术等。

7. 低电压、宽电压、低功耗

新型单片机追求低电压、宽电压、低功耗，它改进了制作工艺，降低了内部电压和功耗，提供宽电压使用方式，以支持不同场合的需要。比如瑞典 Xemic 公司的 XE8301，使用电压为 1.2 V～5.5 V。当运算速度为 1 MIPS 时，电流为 200 μA；在待机状态下，电流仅为 1 μA。

2.1.3 单片机的特点

单片机主要具有以下几个特点。

(1) 有优异的性能价格比。

(2) 集成度高、体积小、有很高的可靠性。单片机把各功能部件集成在一块芯片上，内部采用总线结构，减少了各芯片之间的连线，大大提高了单片机的可靠性与抗干扰能力。另外，其体积小，对于强磁场环境易于采取措施，适合于在恶劣环境下工作；也易于产品化。

(3) 控制功能强。为了满足工业控制的要求，一般单片机的指令系统中均有极其丰富的转移指令、I/O 口的逻辑操作及位处理指令。一般来说，单片机的逻辑控制功能及运行速度均高于同一档次的微机。

(4) 单片机的系统扩展和系统配置都比较典型、规范，且非常容易构成各种规模的应用系统。

正是由于具有上述显著的特点，单片机的应用范围日益扩大。单片机的应用打破了人们的传统设计思想，原来很多用模拟电路、脉冲数字电路和逻辑部件来实现的功能，现在均可以使用单片机通过软件来完成。

2.1.4 单片机的应用

因单片机具有体积小、重量轻、价格便宜、功耗低、控制功能强及运算速度快等特点，故在国民经济建设、军事及家用电器等领域均得到广泛的应用。按照单片机的特点，单片机应用可分为单机应用和多机应用。

1. 单机应用

单机应用，即在一个应用系统中，只用一个单片机，这是目前应用最多的方式，主要应用领域有：

(1) 测控系统。用单片机可构成各种工业控制系统、自适应系统、数据采集系统等。例如，温室人工气候控制、水闸自动控制、电镀生产线自动控制、汽轮机电液调节系统、车辆检测系统等。

(2) 智能仪表。用单片机改造原有的测量、控制仪表，能促进仪表向数字化、智能化、多功能化、综合化、柔性化发展。如，温度、压力、流量、浓度等的测量、显示及仪表控制。通过采用单片机软件编程技术，使测量仪表中长期存在的误差修正、线性化处理等难题迎刃而解。

(3) 机电一体化产品。单片机与传统的机械产品结合，使传统机械产品结构简化，控制智能化。如，简易数控机床、电脑绣花机、医疗器械等。

(4) 智能接口。在计算机控制系统（特别是较大型的工业测控系统）中，普遍采用单片机进行接口的控制与管理，因单片机与主机并行工作，故大大提高了系统的运行速度。例如：在大型数据采集系统中，用单片机对 ADC 接口进行控制不仅可提高采集速度，而且能对数据进行预处理，如数字滤波、线性化处理、误差修正等。

(5) 智能民用产品。在家用电器、玩具、游戏机、声像设备、电子秤、收银机、办公设备、厨房设备等产品中引入单片机，不仅使产品的功能大大增强，而且获得了良好的使用效果。

2. 多机应用

单片机的多机应用系统可分为功能集散系统、并行多机控制系统及局部网络系统。

(1) 功能集散系统。功能集散系统是为了满足工程系统多种外围功能的要求而设置的多机系统。例如：一个加工中心的计算机系统除完成机床加工运行控制外，还要控制对刀系统、坐标系统、刀库管理、状态监视、伺服驱动等机构。

(2) 并行多机控制系统。并行多机控制系统主要解决工程应用系统的快速问题，以便构成大型实时工程应用系统。典型的有快速并行数据采集、处理系统、实时图像处理系统等。

(3) 局部网络系统。单片机网络系统的出现，使单片机的应用进入了一个新的水平。目前该网络系统主要是分布式测控系统，单片机主要用于系统中的通信控制，以及构成各种测控子级系统。典型的分布式测控系统有两种类型：树状网络系统与位总线网络系统。

2.2 MCS - 51 单片机硬件结构

自 1976 年单片机诞生以来，单片机已有 70 多个系列，近 500 个机种。国际知名公司及其 8 位单片机产品如表 2.1 所示。

表 2.1　8 位单片机的主要厂商及产品型号

公　司	产品型号	兼容性
Intel 公司	MCS－51 及其增强系列单片机	与 MCS－51 兼容
Atmel 公司	AT89X51 系列 Flash 单片机	
Philips 公司	P89/P87 系列高性能单片机	
Winbond 公司	W78C51 及 W77C51 系列高速低价单片机	
LG 公司	GMS90/97 系列高速低压单片机	
Cygnal 公司	C8051F 系列高速 SOC 单片机	
Motorola 公司	6801 和 6805 系列高性能单片机	与 MCS－51 不兼容
Zilog 公司	Z8 系列特殊应用设计单片机	
Microchip 公司	PIC 系列 RISC 结构单片机	
Atmel 公司	AVR 系列 RISC 结构单片机	

上述产品既有很多共性，又各具一定的特色，在市场上都占有一席之地。根据近年来的有关统计，Intel 公司的单片机市场占有率为 67%，其中 MCS－51 系列产品占 54%，仍为主流系列。

2.2.1　MCS－51 系列单片机的分类

MCS－51 系列单片机已有 10 多种产品，可分为两大系列：MCS－51 子系列和 MCS－52 子系列，如表 2.2 所示。各子系列按片内有无 ROM 和 EPROM 标以不同的型号。如 MCS－51 系列有 8031、8051 和 8751。另外，芯片的制造工艺也有 HMOS 与 CHMOS 之分。采用低功耗的 CHMOS 工艺的 MCS－51 系列芯片命名有 80C31、80C51 和 87C51 等。

表 2.2　MCS－51 系列单片机配置一览表

系列	片内存储器/KB				定时/计数器	并行 I/O	串行 I/O	中断源	制造工艺
	无 ROM	片内 ROM	片内 EPROM	片内 RAM					
MCS－51	8031	8051 4	8751 4	128	2×16 位	4×8 位	1	5	HMOS
子系列	80C31	80C51 4	87C51 4	128	2×16 位	4×8 位	1	5	CHMOS
MCS－52	8032	8052 8	8752 8	256	3×16 位	4×8 位	1	6	HMOS
子系列	80C32	80C52 8	87C252 8	256	3×16 位	4×8 位	1	7	CHMOS

8031/8051/8751 三种型号，称为 8051 子系列。这三种芯片的结构和功能相同，它们之间的区别在于片内程序存储器配置状态：8051 片内含有 4 KB 的掩膜 ROM，其中的程序是生产厂家制作芯片时，代为用户烧制的，出厂的 8051 都是具有特殊用途的单片机。8051

应用在程序固定且批量大的单片机产品中。8751 片内含有 4 KB 的 EPROM，用户可以把编写好的程序用开发机或编程器写入其中，需要修改时可以先用紫外线擦除器擦除，然后再写入新的程序。8031 片内没有 ROM，使用时需在片外接 EPROM。

8032AH/8052AH/8752AH 是 8031/8051/8751 的增强型，称为 8052 子系列。其中片内 ROM 和 RAM 的容量比 8051 子系列各增加一倍。另外，增加了一个定时器/计数器和一个中断源。

80C31/80C51/87C51 是 8051 子系列的 CHMOS 工艺芯片，80C32/80C52/87C52 是 8052 子系列的 CHMOS 工艺芯片，两者芯片内的配置和功能兼容。

MCS－51 系列单片机采用两种半导体工艺生产，一种是 HMOS 工艺，即高密度短沟道 MOS 工艺；另外一种是 CHMOS 工艺，即互补金属氧化物的 HMOS 工艺。芯片型号中带有"C"的，均为 CHMOS 工艺芯片，其特点是功耗低。另外，87C51 还带有两级程序存储器保密系统，可防止非法复制程序。

2.2.2　与 MCS－51 系列兼容的单片机

从 Intel 公司推出 MCS－51 系列单片机以来，51 系列单片机经久不衰，并得到了极其广泛的应用。近年来，世界上很多半导体公司都生产以 8051 为内核的单片机，如 Atmel 公司的 AT89/AT87 系列、Philips 公司的 P89/P87 系列、SST 公司的 STC89/87 系列单片机。世界上各大公司生产的 51 系列单片机均有多种型号的产品，各大公司通常以 8XC51 来命名 51 系列单片机，其中

$$X=\begin{cases}0 & \text{掩模 ROM}\\ 7 & \text{EPROM/OTPROM}\\ 9 & \text{Flash ROM}\end{cases}$$

在众多的 51 单片机系列中，AT89 系列单片机在我国也得到了极其广泛的应用，越来越受到人们的瞩目。AT89 系列单片机是美国 Atmel 公司的 8 位 Flash 单片机产品。它的最大特点是在片内含有 Flash 存储器，在系统的开发过程中修改程序十分容易，使开发调试更为方便。AT89 系列单片机以 8031 为内核，是与 8051 系列单片机兼容的系列，其型号可分为标准型、低档型和高档型 3 类。

1. 标准型单片机

标准型 89 系列单片机是与 MCS－51 系列单片机兼容的。在内部含有 4 KB 或 8 KB 可重复编程的 Flash 存储器，可进行 1000 次擦写操作。它的全静态工作频率为 0～33 MHz，有 3 级程序存储器加密锁定，内部含有 128～256 字节的 RAM、32 脚可编程 I/O 口、2～3 个 16 位定时器/计数器、6～8 级中断。此外，还有通用串行接口、低电压空闲模式及掉电模式。

AT89 系列标准型单片机有 4 种，分别为 AT89C51、AT89LV51、AT89C52 和 AT89LV52，其中 AT89C51、AT89C52 直接与 8051 系列兼容，相当于将 8051、8052 中的 4 KB、8 KB 的 ROM 换成相应数量的 Flash 存储器；AT89LV51 是 AT89C51 的低电压型号，可以在 2.7～6 V 的电压范围内工作。

2. 低档型单片机

低档型单片机有 AT89C1051 和 AT89C2051 两种型号。除并行 I/O 口数量较少外，其

他的结构和 AT89C51 差不多，芯片引脚只有 20 条。

3. 高档型单片机

高档型单片机有 AT89S51、AT89S52、AT89S53 和 AT89S8252 等型号，其中 AT89S51 有 4 KB 可下载 Flash 存储器，AT89S52、AT89S8252 有 8 KB 可下载 Flash 存储器，AT89S53 有 12 KB 可下载 Flash 存储器，下载功能由微机通过单片机的串行外围接口 SPI 实现。AT89S8252 还含有 2 KB 的 EEPROM，提高了存储容量。此外，高档型单片机还增加了一些功能：9 个中断源、SPI 接口、Watchdog 定时器、双数据指针和从电源下降的中断恢复等。AT89 系列单片机各型号的性能比较见表 2.3。

表 2.3 AT89 系列单片机配置一览表

型号	AT89C51	AT89C52	AT89C1051	AT89C2051	AT89S51	AT89S52	AT89S53	AT89S8252
Flash/KB	4	8	1	2	4	8	12	8
RAM/B	128	256	64	128	128	256	256	256
I/O/条	32	32	15	15	32	32	32	32
定时器/个	2	3	1	2	2	3	3	3
中断源/个	6	8	3	6	6	8	9	9
串行口/个	1	1	无	1	1	1	1	1
EEPROM/KB	无	无	无	无	无	无	无	2
SPI	无	无	无	无	有	有	有	有
Watchdog	无	无	无	无	有	有	有	有
M 加密/级	3	3	2	2	3	3	3	3

尽管很多公司生产的 51 系列单片机差别各异，并有许多派生机种，但基本硬件组成和指令系统仍与 MCS－51 系列单片机兼容。

2.2.3 MCS－51 单片机的内部结构

MCS－51 单片机在一块芯片中集成了 CPU、RAM、ROM、定时器/计数器和多功能 I/O 口等一台计算机所需要的基本功能部件。其基本结构框图如图 2.1 所示，包括：

· 一个 8 位 CPU；

· 4 KB ROM 或 EPROM(8031 无 ROM)；

· 128 字节 RAM 数据存储器；

· 21 个特殊功能寄存器 SFR；

· 4 个 8 位并行 I/O 接口，其中 P0、P2 为地址/数据线，可寻址 64 KB ROM 和 64 KB RAM；

· 一个可编程全双工串行接口；

· 具有 5 个中断源，两个优先级，嵌套中断结构；

· 两个 16 位定时器/计数器；

· 一个片内振荡器及时钟电路。

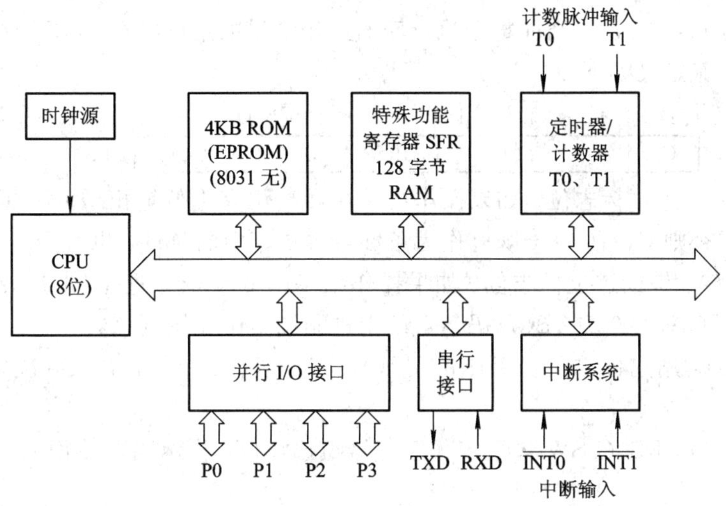

图 2.1　MCS－51 单片机的结构框图

2.3　中央处理器 CPU

MCS－51 单片机内含有一个功能很强的 CPU，它由运算器和控制器构成。

2.3.1　运算器

运算器包括算术逻辑运算单元(ALU)、累加器(ACC)、寄存器 B、暂存器(TMP)、程序状态字(PSW)寄存器、十进制调整电路等。它能实现数据的算术逻辑运算、位变量处理和数据传送操作。

1. 算术逻辑运算单元(ALU)

ALU 在控制器根据指令发出的内部信号控制下，对 8 位二进制数据进行加、减、乘、除运算和逻辑与、或、非、异或、清零等运算。它具有很强的判跳、转移能力，以及丰富的数据传送、提供存放中间结果以及常用数据寄存器等功能。MCS－51 中的位处理器具有位处理功能，如置位、清零、取反、测试转移及逻辑与、或等位操作，特别适用于实时逻辑控制，故位处理器有布尔处理器之称。

2. 累加器(ACC，Accumulator)

累加器 ACC 简称累加器 A，为一个 8 位寄存器，是 CPU 中使用最频繁的寄存器，在算术与逻辑操作中，A 存放一个操作数或运算结果。在与外部存储器或 I/O 接口进行数据传送时，都要经过 A 来完成。A 还能完成其他寄存器不能完成的操作，如移位、取反等操作。

3. 寄存器 B

寄存器 B，通常与累加器 A 配合使用，存放第二操作数。在乘、除运算中，运算结束后寄存器存放乘法的乘积高位字节或除法的余数部分；若不作乘、除运算时，可作通用寄存器使用。

4. 程序状态字(PSW, Programe State Word)寄存器

程序状态字(PSW)寄存当前指令执行后的操作结果的某些特征，为下一条指令的执行提供状态条件。其定义如下：

D_7	D_6	D_5	D_4	D_3	D_2	D_1	D_0	
Cy	AC	F0	RS1	RS0	OV	…	P	PSW

Cy(PSW.7)：进位标志位。如果操作结果在最高位有进位输出(加法)或借位输入(减法)时，Cy=1；否则 Cy=0。Cy 既可作为条件转移指令中的条件，也可用于十进制调整。

AC(PSW.6)：辅助进位标志位。如果操作结果的低 4 位有进位(加法)或借位(减法)时，AC=1；否则 AC=0。在 BCD 码运算的十进制调整中要用到 AC。

F0(PSW.5)：用户标志位。用户可用软件对 F0 赋以一定的含义，决定程序的执行方式。

RS1(PSW.4)、RS0(PSW.3)：工作寄存器组选择位，指示当前使用的工作寄存器组，其定义见表 2.4。

表 2.4　RS1、RS0 与片内工作寄存器组的对应关系

RS1	RS0	寄存器组	片内 RAM 地址	通用寄存器名称
0	0	0 组	00H～07H	R0～R7
0	1	1 组	08H～0FH	R0～R7
1	0	2 组	10H～17H	R0～R7
1	1	3 组	18H～1FH	R0～R7

OV(PSW.2)：溢出标志位。它反映运算结果是否溢出。如果最高位和次高位只有一个进位或借位时，溢出位 OV=1；否则，OV=0。OV 可作为条件转移指令中的条件。

PSW.1：未定义位。

P(PSW.0)：奇偶标志位。如果 ACC 中 1 的个数为奇数，则 P=1；否则，P=0。P 也可作为条件转移指令中的条件。

2.3.2　控制器

控制器包括定时控制逻辑(时钟电路、复位电路)、指令寄存器、指令译码器、程序计数器 PC、堆栈指针 SP、数据指针寄存器 DPTR 以及信息传送控制部件等。它是单片机的“心脏”，由它定时产生一系列的微操作，用以控制单片机各部分的运行。

1. 时钟电路

MCS-51 单片机芯片内部设有一个反向放大器所构成的振荡器，如图 2.2 所示。XTAL1 和 XTAL2 分别为振荡电路的输入端和输出端，时钟可以由内部或外部产生。内部时钟电路如图 2.2(*a*)所示。在 XTAL1 和 XTAL2 引脚上外接定时元件，内部振荡电路就产生自激振荡。定时元件通常采用石英晶体和电容组成的并联谐振回路。晶振频率可以在 1.2 MHz～12 MHz 之间选择，通常选择为 6 MHz，C1、C2 的电容值取值范围为 5 pF～30 pF，电容的大小可起频率微调的作用。外部时钟电路如图 2.2(*b*)所示，XTAL1 接地，XTAL2 接外部振荡器，对外部振荡器信号无特殊要求，只需保证脉冲宽度，一般为频率低于 12 MHz 的方波信号。

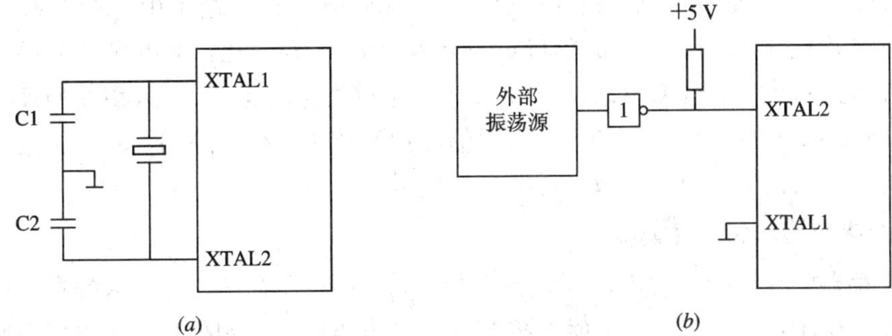

图 2.2　单片机时钟电路
(a) 内部时钟电路；(b) 外部时钟电路

2. 复位电路

通过某种方式，使单片机内各寄存器的值变为初始状态的操作称为复位。复位电路如图 2.3 所示，在时钟电路工作后，在 RESET(图中为 RST)端持续给出 2 个机器周期(24 个振荡周期)的高电平就可完成复位操作。复位后各寄存器的状态见表 2.5。复位方式有两种：上电复位和开关复位。

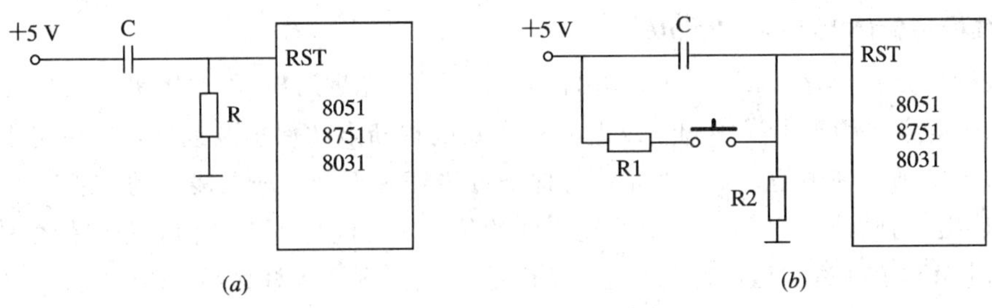

图 2.3　单片机复位电路
(a) 上电复位电路；(b) 开关复位电路

表 2.5　复位后内部寄存器状态

特殊功能寄存器	初始状态	特殊功能寄存器	初始状态
ACC	00H	TMOD	00H
PC	0000H	TCON	00H
PSW	00H	TL0	00H
SP	07H	TH0	00H
DPTR	0000	TL1	00H
P0～P3	0FFH	TH1	00H
IP	xx000000B	SCON	00H
IE	0x000000B	SBUF	不定
PCON	0xxx0000B		

图 2.3(*a*)是上电复位电路。在通电瞬间，在 RC 电路充电过程中，RST 端出现正脉冲，从而使单片机复位。C 和 R 的值随时钟频率的变化而变化，可由实验调整。当采用 6 MHz 时钟时，C=22 μF，R=1 kΩ。图 2.3(*b*)为开关复位电路。当采用 6 MHz 时钟时，C=22 μF，R1=200 Ω，R2=1 kΩ。在实际的应用系统中，有些外围芯片也需复位，如果复位电平与单片机的复位要求一致，则可与之相连。

3. 指令寄存器和指令译码器

指令寄存器中存放指令代码。CPU 执行指令时，由程序存储器中读取的指令代码送入指令存储器，经译码器译码后由定时与控制电路发出相应的控制信号，完成指令所指定的操作。

4. 程序计数器(PC，Program Counter)

PC 用于存放 CPU 的下一条要执行的指令地址，是一个 16 位的专用寄存器，可寻址范围是 0000H～0FFFFH 共 64 KB。程序中的每条指令存放在 ROM 区的某一单元，并都有自己的存放地址。CPU 要执行哪条指令时，就把该条指令所在的单元的地址送到地址总线。在顺序执行程序中，当 PC 的内容被送到地址总线后，PC 会自动加 1，即 PC←(PC)+1，指向 CPU 下一条要执行的指令地址。

5. 堆栈指针(SP，Stack Pointer)

堆栈操作是在内存 RAM 区专门开辟出来的按照“先进后出”的原则进行数据存取的一种工作方式，主要用于子程序调用及返回和中断处理断点的保护及返回，它在完成子程序嵌套和多重中断处理中是必不可少的。为保证逐级正确返回，进入栈区的“断点”数据应遵循“先进后出”的原则。SP 用来指示堆栈所处的位置，在进行操作之前，先用指令给 SP 赋值，以规定栈区在 RAM 区的起始地址(栈底层)。当数据堆入栈区后，SP 的值也自动随之变化。MCS-51 系统复位后，SP 初始化为 07H。

6. 数据指针寄存器 DPTR

DPTR 是一个 16 位的专用寄存器，其高位字节寄存器用 DPH 表示，低位字节寄存器用 DPL 表示。它既可作为一个 16 位寄存器 DPTR 来处理，也可作为两个独立的 8 位寄存器 DPH 和 DPL 来处理。

DPTR 主要用来存放 16 位地址，当对 64 KB 外部数据存储器空间寻址时，可作为间址寄存器。在访问程序存储器时，可用作基址寄存器。

2.4 存储器的结构

单片机的存储器有程序存储器(ROM)和数据存储器(RAM)之分。ROM 用来存放指令的机器码(目标程序)、表格、常数等；RAM 用来存放运算的中间结果、采集的数据和经常需要更换的代码等。MCS-51 单片机的 ROM、RAM 都有片内和片外之分；从寻址空间来看，有程序存储器、内部数据存储器、外部数据存储器三大部分；从功能上来看，有程序存储器、内部数据存储器、特殊功能寄存器(SFR)、位地址空间和外部数据存储器 5 个部分。MCS-51 单片机存储器的结构如图 2.4 所示。

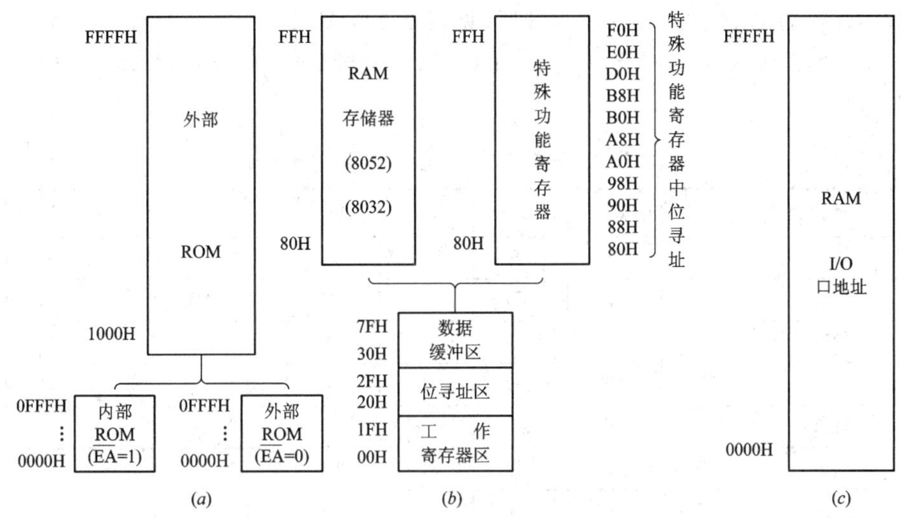

图 2.4　MCS－51 单片机存储器的结构

(*a*) 程序存储器；(*b*) 内部数据存储器；(*c*) 外部数据存储器

1. 程序存储器

对于 8051 来说，程序存储器(ROM)的内部地址为 0000H～0FFFH，共 4 KB；外部地址为 1000H～FFFFH，共 60 KB，如图 2.4(*a*)所示。当程序计数器由内部 0FFFH 执行到外部 1000H 时，会自动跳转。对于 8751 来说，内部有 4 KB 的 EPROM，将它作为内部程序存储器；8031 内部无程序存储器，必须外接程序存储器。

8031 最多可外扩 64 KB 程序存储器，其中 6 个单元地址具有特殊用途，是保留给系统使用的。0000H 是系统的启动地址，一般在该单元中存放一条绝对跳转指令。0003H、000BH、0013H、001BH 和 0023H 分别对应 5 种中断源的中断服务入口地址。

2. 内部数据存储器

MCS－51 单片机片内 RAM 的配置如图 2.4(*b*)所示。片内 RAM 为 256 字节，地址范围为 00H～FFH。内部数据存储器分为两大部分：低 128 字节(00H～7FH)为真正的 RAM 区；高 128 字节(80H～FFH)为特殊功能寄存器(SFR)区。

在低 128 字节 RAM 中，00H～1FH 共 32 单元是 4 个通用工作寄存器区。每一个区有 8 个通用寄存器 R0～R7。寄存器和 RAM 地址对应关系如表 2.6。

表 2.6　寄存器与 RAM 地址对照表

寄存器	地　　址			
	0 区	1 区	2 区	3 区
R0	00H	08H	10H	18H
R1	01H	09H	11H	19H
R2	02H	0AH	12H	1AH
R3	03H	0BH	13H	1BH
R4	04H	0CH	14H	1CH
R5	05H	0DH	15H	1DH
R6	06H	0EH	16H	1EH
R7	07H	0FH	17H	1FH

片内 RAM 的 20H～2FH 为位寻址区(见表 2.7)，这 16 个单元的每一位都有一个位地址，位地址的范围为 00H～7FH。位寻址区的每一位都可视作软件触发器，由程序直接进行位处理。

表 2.7　RAM 中的位寻址区地址表

RAM 地址	D_7	D_6	D_5	D_4	D_3	D_2	D_1	D_0
20H	07	06	05	04	03	02	01	00
21H	0F	0E	0D	0C	0B	0A	09	08
22H	17	16	15	14	13	12	11	10
23H	1F	1E	1D	1C	1B	1A	19	18
24H	27	26	25	24	23	22	21	20
25H	2F	2E	2D	2C	2B	2A	29	28
26H	37	36	35	34	33	32	31	30
27H	3F	3E	3D	3C	3B	3A	39	38
28H	47	46	45	44	43	42	41	40
29H	4F	4E	4D	4C	4B	4A	49	48
2AH	57	56	55	54	53	52	51	50
2BH	5F	5E	5D	5C	5B	5A	59	58
2CH	67	66	65	64	63	62	61	60
2DH	6F	6E	6D	6C	6B	6A	69	68
2EH	77	76	75	74	73	72	71	70
2FH	7F	7E	7D	7C	7B	7A	79	78

片内 RAM 的 30H～7FH 为数据缓冲区，一般可用来开辟堆栈区。

特殊功能寄存器的地址范围为 80H～FFH。MCS－51 系列有 18 个 SFR，占 21 个字节；MCS－52 子系列有 26 个 SFR，占 26 个字节，详见表 2.8。

表 2.8　特殊功能寄存器地址表

专用寄存器名称	符号	地址	位地址与位名称							
			D_7	D_6	D_5	D_4	D_3	D_2	D_1	D_0
P0 口	P0	80H	87	86	85	84	83	82	81	80
堆栈指针	SP	81H								
数据指针低字节	DPL DPTR	82H								
数据指针高字节	DPH	83H								
定时器/计数器控制	TCON	88H	TF1 8F	TR1 8E	TF0 8D	TR0 8C	IE1 8B	IT1 8A	IE0 89	IT0 88
定时器/计数器方式控制	TMOD	89H	GATE	C/$\overline{T}$	M1	M0	GATE	C/$\overline{T}$	M1	M0
定时器/计数器 0 低字节	TL0	8AH								
定时器/计数器 1 低字节	TL1	8BH								

续表

专用寄存器名称	符号	地址	位地址与位名称							
			D_7	D_6	D_5	D_4	D_3	D_2	D_1	D_0
定时器/计数器 0 高字节	TH0	8CH								
定时器/计数器 1 高字节	TH1	8DH								
P1 口	P1	90H	97	96	95	94	93	92	91	90
电源控制	PCON	97H	SMOD	—	—	—	GF1	GF0	PD	IDL
串行控制	SCON	98H	SM0 9F	SM1 9E	SM2 9D	REN 9C	TB8 9B	RB8 9A	TI 99	RI 98
串行数据缓冲器	SBUF	99H								
P2 口	P2	A0H	A_7	A_6	A_5	A_4	A_3	A_2	A_1	A_0
中断允许控制	IE	A8H	EA AF	— —	ET2 AD	ES AC	ET1 AB	EX1 AA	ET0 A_9	EX0 A_8
P3 口	P3	B0H	B_7	B_6	B_5	B_4	B_3	B_2	B_1	B_0
中断优先级控制	IP	B8H	— —	— —	PT2 BD	PS BC	PT1 BB	PX1 BA	PT0 B_9	PX0 B_8
定时器/计数器 2 控制	T2CON *	C8H	TE2 CF	EXF2 CE	RCLK CD	TCLK CC	EXEN2 CB	TR2 CA	$C/\overline{T2}$ C9	$CP/\overline{PL2}$ C8
定时器/计数器 2 自动重装载低字节	RLDL *	CAH								
定时器/计数器 2 自动重装载高字节	RLDH *	CBH								
定时器/计数器 2 低字节	TL2 *	CCH								
定时器/计数器 2 高字节	TH2 *	CDH								
程序状态字	PSW	D0H	Cy D_7	AC D_6	F0 D_5	RS1 D_4	RS0 D_3	OV D_2	— D_1	P D_0
累加器	A	E0H	E_7	E_6	E_5	E_4	E_3	E_2	E_1	E_0
B 寄存器	B	F0H	F_7	F_6	F_5	F_4	F_3	F_2	F_1	F_0

注：表中带 * 的寄存器与定时器/计数器 2 有关，只在 MCS－52 子系列芯片中存在。RLDH、RLDL 也可写作 RCAP2H、RCAP2L，分别称为定时器/计数器 2 捕捉高字节、低字节寄存器。

3. 外部数据存储器

外部数据存储器一般由静态 RAM 构成，其容量大小由用户根据需要而定，最大可扩展到 64 KB RAM，地址范围是 0000H～0FFFFH，如图 2.4(*c*)所示。CPU 通过 MOVX 指令访问外部数据存储器，用间接寻址方式，R0、R1 和 DPTR 都可作间接寄存器。注意，外部 RAM 和扩展的 I/O 接口是统一编址的，所有的外扩I/O 口都要占用 64 KB 中的地址单元。

2.5 并行输入/输出接口

MCS-51 单片机有 4 个 8 位双向 I/O 接口 P0～P3，共 32 根输入/输出线，每一条 I/O 接口线都能独立使用。每个端口包含一个 8 位数据锁存器和一个输入缓冲器。输出时，数据可以锁存；输入时，数据可以缓冲。作为一般 I/O 使用时，在指令控制下，可以有三种基本操作方式：输入、输出和读一修改一写。

1. P0 口

P0～P3 的内部结构相似，基本上由数据锁存器、输入缓冲器和输出驱动电路等组成，其中 P0 口最有代表性。下面以 P0 口的一位结构来说明它的工作原理。

图 2.5 是 P0 口某位的结构图。它由一个输出数据锁存器、两个三态输入缓冲器、输出驱动电路和输出控制电路组成，使用功能有如下两种。

(1) 通用接口功能。当 CPU 使控制端 C=0 时，转换开关 MUX 下合，使输出驱动器 T2 与锁存器 $\overline{Q}$ 端接通，这时 P0 作为通用 I/O 口使用。C=0 使与门输出为 0，使 T1 截止，因此使输出驱动级工作在漏极开路的工作方式。

P0 口作为输出口时，锁存器 CP 端加一个写入脉冲，与内部总线相连的 D 端数据取反后出现在 $\overline{Q}$ 端，又经 T2 反相，在 P0 引脚上出现的数据正好是内部总线上的数据。

P0 口用作输入时，三态缓冲门打开，端口引脚上的数据读到内部总线。在端口进行读入引脚状态前，先向端口锁存器写入一个“1”，使 $\overline{Q}$ =0，此时 T1 和 T2 完全截止，端口引脚处于高阻状态。可见，P0 作为通用接口时是一个准双向口。

(2) 地址/数据分时复用总线功能。MCS-51 单片机设有专门的地址、数据线，这个功能由 P0、P2 口完成。当 P0 口作为地址/数据分时复用总线时，有两种情况：一种是从 P0 口输出地址或数据；另一种是从 P0 口输入数据。

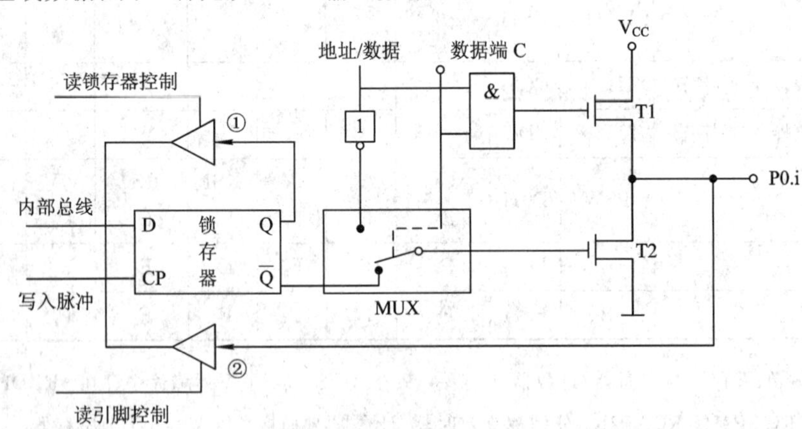

图 2.5 P0 口内部的一位结构图

在访问片外存储器时，控制端 C=1，转换开关 MUX 上合，接通反向器输出端(锁存器 $\overline{Q}$ 端断开)。这时地址/数据信号经反向器和与门相通，作用于 T1、T2 场效应管，使输出引脚和地址/数据信号相同。

当从 P0 口输入数据时，执行一条取指操作或输入数据的指令，读引脚脉冲打开三态缓冲门使引脚上数据送至内部总线。

2. P1、P2 和 P3 口

P1、P2 和 P3 口为准双向口，内部差别不大，但使用功能有所不同。

P1 口是用户专用 8 位准双向 I/O 口，具有通用输入/输出功能，每一位都能独立地设定为输入或输出。当由输出方式变为输入方式时，该位的锁存器必须写入“1”，然后才能进入输入操作。

P2 口是 8 位准双向 I/O 口。外接 I/O 设备时，可作为扩展系统的地址总线，输出高 8 位地址，与 P0 口一起组成 16 位地址总线。对于 8031 而言，P2 口一般只作为地址总线使用，而不作为 I/O 线直接与外部设备相连。

P3 口为双功能口。当 P3 作为通用 I/O 口使用时，是准双向口；作为第二功能使用时，每一位功能定义如表 2.9 所示。

表 2.9　P3 口的第二功能

P3 口引脚线号	第二功能标记	第二功能注释
P3.0	RXD	串行口数据接收输入端
P3.1	TXD	串行口数据发送输出端
P3.2	$\overline{INT0}$	外部中断 0 请求输入端
P3.3	$\overline{INT1}$	外部中断 1 请求输入端
P3.4	T0	定时/计数器 0 外部输入端
P3.5	T1	定时/计数器 1 外部输入端
P3.6	$\overline{WR}$	片外数据存储器写选通端
P3.7	$\overline{RD}$	片外数据存储器读选通端

P0 的输出缓冲器具有驱动 8 个 LSTTL 负载的能力，即输出电流不小于 800 μA；P1、P2、P3 口的输出缓冲器可驱动 4 个 LSTTL 门电路，并且不需外加上拉电阻就能驱动 CMOS 电路。

2.6　单片机的引脚及其功能

MCS－51 系列单片机中 HMOS 工艺制造的芯片采用双列直插(DIP)方式封装，有 40 个引脚，其引脚及功能分别如图 2.6 所示。CMOS 工艺制造的低功耗芯片也有采用方型封装的，但为 44 个引脚，其中 4 个引脚是不用的。

MCS－51 单片机的 40 条引脚说明如下：

1. 电源引脚

正常运行和编程校验(8051/8751)时，V_{CC}为 5 V 电源，V_{SS}为接地端。

2. I/O 总线

P0.0～P0.7(P0 口)，P1.0～P1.7(P1 口)，P2.0～P2.7(P2 口)，P3.0～P3.7(P3 口)为输入/输出线，参见本章 2.5 节介绍。

3. 时钟

XTAL1：片内振荡器反相放大器的输入端。

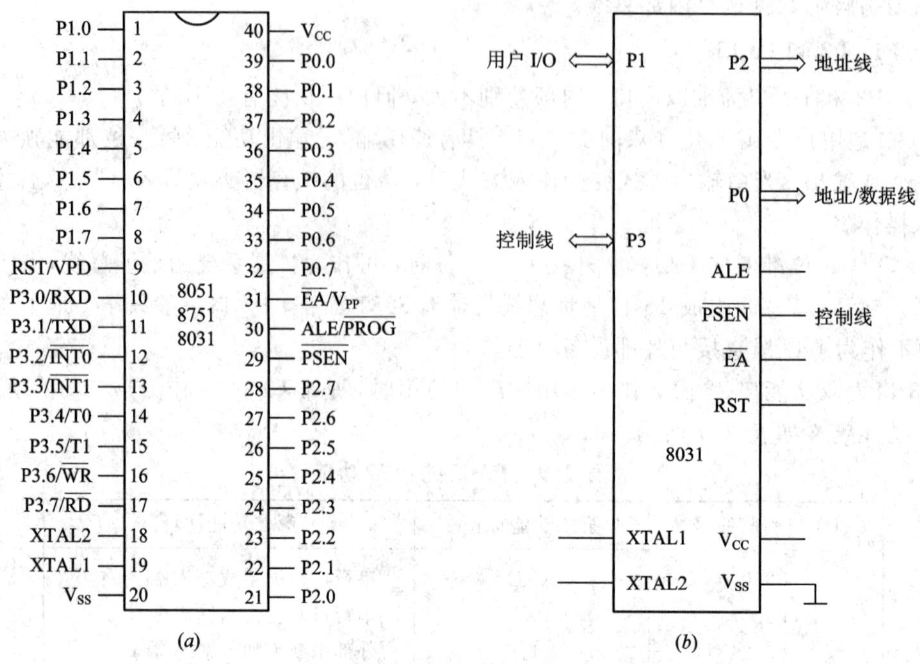

图 2.6 MCS－51 单片机引脚及总线结构

(*a*) 管脚图；(*b*) 8031 引脚功能分类

XTAL2：片内振荡器反相器的输出端，也是内部时钟发生器的输入端。

4. 控制总线

ALE/$\overline{\text{PROG}}$：地址锁存允许/编程信号线。当 CPU 访问外部存储器时，ALE 用来锁存 P0 输出的地址信号的低 8 位。它的频率为振荡器频率的 1/6。在对 8751 编程时，此引脚输入编程脉冲信号。

$\overline{\text{PSEN}}$：外接程序存储器读选通信号。

$\overline{\text{EA}}$/V_{PP}：访问内部程序存储器的控制信号。当 $\overline{\text{EA}}$＝1 时，CPU 从片内 ROM 读取指令；$\overline{\text{EA}}$＝0 时，CPU 从片外 ROM 读取指令。此外，当对 8751 内部 EPROM 编程时，21 V 编程电源由此端输入。

RST/VPD：复位输入信号。当该引脚上出现 2 个机器周期以上的高电平时，可实现复位操作。此引脚为掉电保护后备电源输入引脚使用。

2.7 单片机工作的基本时序

时序就是 CPU 总线信号在时间上的顺序关系。CPU 的控制器实质上是一个复杂的同步时序电路，所有工作都是在时钟信号控制下进行的。每执行一条指令，CPU 的控制器都要发出一系列特定的控制信号，这些控制信号在时间上的相互关系就是 CPU 的时序。

CPU 发出的时序控制信号有两大类。一类是用于单片机内部协调控制的，但对用户来说，并不直接接触这些信号，可不必了解太多。另一类时序信号是通过单片机控制总线送到片外，形成对片外的各种 I/O 接口、RAM 和 EPROM 等芯片工作的协调控制，对于这部分时序信号用户应该了解。

1. 机器周期和指令周期

下面先介绍几个时序概念：

（1）振荡周期：也称时钟周期，是指为单片机提供时钟脉冲信号的振荡源的周期。

（2）状态周期：每个状态周期为时钟周期的 2 倍，是振荡周期经二分频后得到的。

（3）机器周期：一个机器周期包含 6 个状态周期 S1～S6，也就是 12 个时钟周期。在一个机器周期内，CPU 可以完成一个独立的操作。

（4）指令周期：它是指 CPU 完成一条操作所需的全部时间。每条指令的执行时间都是由一个或几个机器周期组成的。MCS－51 系统中，有单周期指令、双周期指令和四周期指令。

2. MCS－51 指令的取指/执行时序

MCS－51 单片机取指/执行时序如图 2.7 所示，每条指令的执行都包括取指和执行两

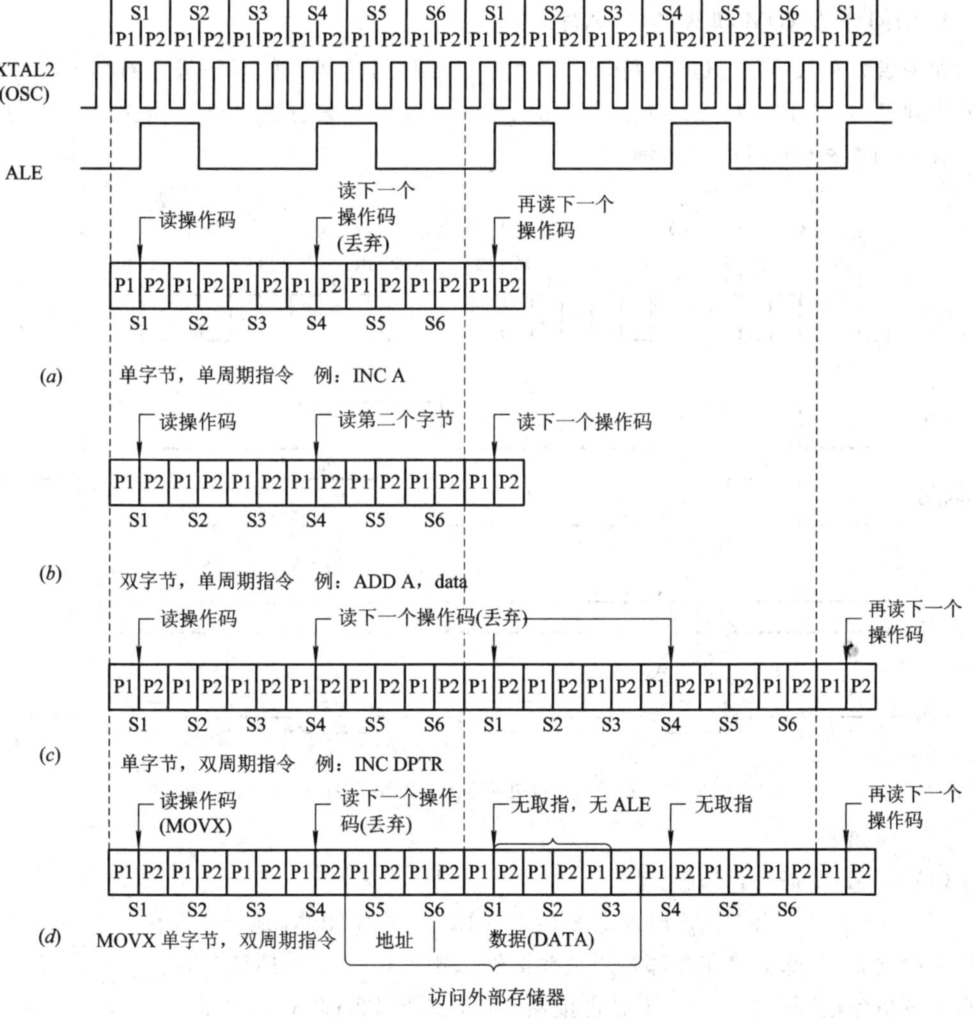

图 2.7　MCS－51 单片机取指/执行时序

个阶段。在取指阶段，CPU 从内部或外部 ROM 中取出指令操作码及操作数，然后再执行这条指令。通常，在每个机器周期内 ALE 信号出现两次，时刻为 S1P2 和 S4P2，信号的有效宽度为一个 S 状态。每出现一次 ALE 信号，CPU 就依次进行取指操作，但并不是每条指令在 ALE 生效时都能有效地读取指令。如果是单个指令，在 S4 期间仍有读操作，但读出的字节被丢弃，且读后的 PC 值不加 1。如果是双周期指令，则在 S4P2 期间读第二字节，在 S6P2 时结束指令。

图 2.7(*a*)、(*b*)分别为单字节单周期指令和双字节单周期指令的时序。

图 2.7(*c*)为单字节双周期指令的时序，它在两个机器周期内发生 4 次读操作，后 3 次读操作是无效的。

图 2.7(*d*)为指令 MOVX 操作时序，它是一条单字节双周期指令的时序。第一机器周期 S5 开始时，送出外部数据存储器的地址，随后读或写数据。读、写期间在 ALE 端不输出有效信号，在第二机器周期，即外部数据存储器已被寻址和选通后，也不产生取指操作。

当 CPU 对外部数据存储器 RAM 读、写时，ALE 不是周期信号。

3. 访问外部 ROM 和 RAM 的时序

如果指令是从外部 ROM 中读取，除了 ALE 信号之外，控制信号还有$\overline{\text{PSEN}}$。此外，还要用到 P0 口和 P2 口，P0 口分时用作低 8 位地址和数据总线，P2 口用作高 8 位地址总线。相应的时序图如图 2.8 所示。

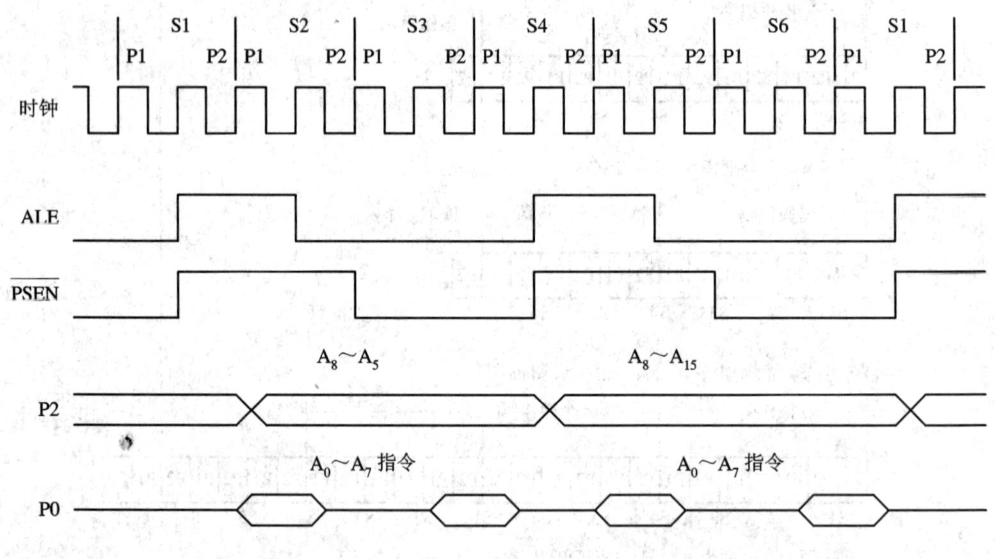

图 2.8 读外部程序 ROM 时序

其过程如下：

(1) 在 S1P2 时 ALE 信号有效；

(2) 在 P0 口送出 ROM 地址低 8 位，在 P2 口送出 ROM 地址高 8 位。低 8 位地址信号只持续到 S2 结束，故在外部要用锁存器加以锁存，ALE 为地址锁存信号。高 8 位地址在整个读指令过程中都有效，不必再接锁存器，到 S2P2 前 ALE 失效。

(3) 在 S3P1 时刻，$\overline{\text{PSEN}}$开始有效，用它来选通外部 ROM 的使用端，所选中 ROM 单

元的内容，从 P0 口读入到 CPU，随后 PSEN 信号失效。

(4) 在 S4P2 后开始第二次读入，过程和第一次相同。

访问外部数据 RAM 时，使用的控制信号有 ALE 和$\overline{\mathrm{RD}}$(读)或$\overline{\mathrm{WR}}$(写)，P0 口和 P2 口仍然要用，作为传送 RAM 地址线和读、写数据线。读外部数据 RAM 的时序如图 2.9 所示，其过程如下：

(1) 第一次 ALE 有效到第二次 ALE 出现前的过程和读外部 ROM 相同。

(2) 第二次 ALE 有效后，P0 口、P2 口分别送出 RAM 单元的低 8 位和高 8 位地址。

(3) 在第二个机器周期，第一个 ALE 不再出现，此时$\overline{\mathrm{PSEN}}$为高电平。第二个机器周期的 S1P1 时，$\overline{\mathrm{RD}}$开始有效，选通 RAM 芯片，从 P0 口读出 RAM 单元数据。

(4) 第二个机器周期的第二个 ALE 出现时，也对外部 ROM 进行读操作，但为无效操作。

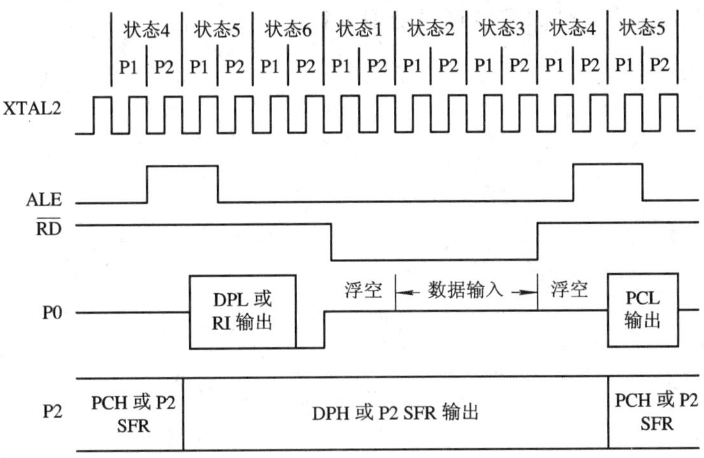

图 2.9　读外部数据 RAM 时序

若对外部 RAM 进行写操作，则用$\overline{\mathrm{WR}}$信号来选通 RAM，其余过程与读操作相似，写外部数据 RAM 的时序如图 2.10 所示。

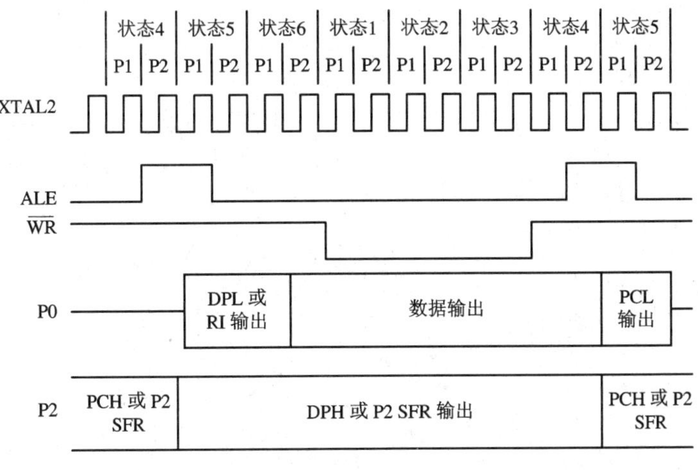

图 2.10　写外部数据 RAM 的时序

习题与思考题

1. 89C51、87C51、80C51 和 80C31 单片机的主要区别在哪里？

2. MCS－51 单片机引脚有多少 I/O 线？它们和单片机对外的地址总线和数据总线有何关系？

3. 简述 8031 片内 RAM 区地址空间的分配特点。

4. MCS－51 单片机由哪几部分组成？

5. MCS－51 单片机的 $\overline{\text{EA}}$、ALE、$\overline{\text{PESN}}$ 信号各自的功能是什么？

6. MCS－51 单片机如何实现工作寄存器组 R0～R7 的选择？

7. 什么是时钟周期、机器周期、指令周期？当单片机的时钟频率为 12 MHz 时，一个机器周期是多少？ALE 引脚的输出频率是多少？

第 3 章

MCS－51 单片机指令系统

计算机的指令系统是表征计算机性能的重要指标，每种类型的计算机都有自己的指令系统。MCS－51 单片机的指令系统是一个具有 255 种代码的集合，绝大多数指令包含两个基本部分：操作码和操作数。操作码表明指令要执行的操作性质；操作数说明参与操作的数据或数据所存放的地址。

MCS－51 指令系统中所有指令若以机器语言形式表示，可分为单字节、双字节、三字节 3 种格式。

1. 单字节指令

单字节指令格式由 8 位二进制编码表示。例如：

CLR　A→E4H

2. 双字节指令

双字节指令格式由两个字节组成，分别为操作码和操作数。例如：

MOV　A，#10H→74H 10H

3. 三字节指令

三字节指令格式中，第一个字节为操作码，后两个字节为操作数。例如：

MOV　40H，#30H→75H 40H 30H

用二进制编码表示的机器语言指令由于阅读困难，写起来费力，且难以记忆，因此在微机控制系统中采用汇编语言指令来编写程序。本章介绍的 MCS－51 指令系统就是以汇编语言指令来描述的。

一条汇编语言指令中最多包含 4 个区段，如下所示：

[标号:]　操作码　[操作数]　[;注释]

4 个区段之间要用分隔符分开：标号与操作码之间用"："隔开，操作码与操作数之间用空格隔开，操作数与注释之间用"；"隔开。如果操作数有两个以上，则在操作数之间要用"，"隔开(乘法指令和除法指令除外)。

标号是由用户定义的符号组成的，必须以英文大写字母开始。标号可有可无，若一条指令中有标号，则标号代表该指令所存放的第一个字节存储单元的地址，故标号又称为符号地址，在汇编时，把该地址赋值给标号。

操作码是指令的功能部分，不能缺省。MCS－51 指令系统中共有 42 种操作码助记符，代表了 33 种不同的功能。例如，MOV 是数据传送的助记符。

操作数是指令要操作的数据信息。根据指令的不同功能，操作数的个数有 3、2、1 或没有操作数。例如 MOV A，＃20H，包含了两个操作数 A 和＃20H，它们之间用“，”隔开。

注释可有可无，注释主要是程序设计者对指令或程序段作的简要的功能说明，在阅读程序及调试程序时将会带来很多方便。

3.1 寻址方式

所谓寻址方式，就是寻找操作数地址的方式。在用汇编语言编程时，数据的存放、传送、运算都要通过指令来完成。编程者必须自始至终十分清楚操作数的位置，以及如何将它们传送到适当的寄存器去参与运算。每一种计算机都具有多种寻址方式。寻址方式的多少是反映指令系统优劣的主要指标之一。寻址方式是汇编语言程序设计最基本的内容之一，必须十分熟悉。

在 MCS－51 单片机指令系统中，有以下 7 种寻址方式：

(1) 立即寻址；

(2) 直接寻址；

(3) 寄存器寻址；

(4) 寄存器间接寻址；

(5) 基址寄存器加变址寄存器间接寻址；

(6) 相对寻址；

(7) 位寻址。

以下逐一介绍各种寻址方式。

1. 立即寻址

立即寻址方式是指操作数包含在指令字节中，跟在指令操作码后面的数就是参加运算的数，该操作数称为立即数。立即数有 1 个字节和 2 个字节两种可能。例如：

```
MOV A，＃ 3AH
MOV DPTR，＃ 0DFFFH
```

上述两条指令均为立即寻址方式，第一条指令的功能是将立即数 3AH 送到累加器 A 中；第二条指令的功能是将立即数 0DFFFH 送到数据指针 DPTR 中（0DFH→DPH，0FFH→DPL）。

2. 直接寻址

在指令中直接给出操作数的地址，这种寻址方式属于直接寻址方式。在这种方式中，指令的操作数部分直接是操作数的地址。

在 MCS－51 单片机指令系统中，用直接寻址方式可以访问两种存储器空间：

(1) 内部数据存储器的低 128 个字节单元(00H～7FH)。

(2) 特殊功能寄存器。特殊功能寄存器只能用直接寻址方式进行访问。例如：

MOV A，3AH

3. 寄存器寻址

在该寻址方式中，参与操作的数存放在寄存器中。寄存器包括 8 个工作寄存器 R0～R7、累加器 A、寄存器 B、数据指针 DPTR 和布尔处理器的位累加器 C。例如：

INC R0

4. 寄存器间接寻址

在这种寻址方式中，寄存器的内容为操作数的地址。寄存器间接寻址只能使用寄存器 R0、R1 作为地址指针，寻址内部 RAM 区的数据。当访问外部 RAM 时，可使用 R0、R1 及 DPTR 作为地址指针。寄存器间接寻址符号为“@”。例如：

MOV A，@R0

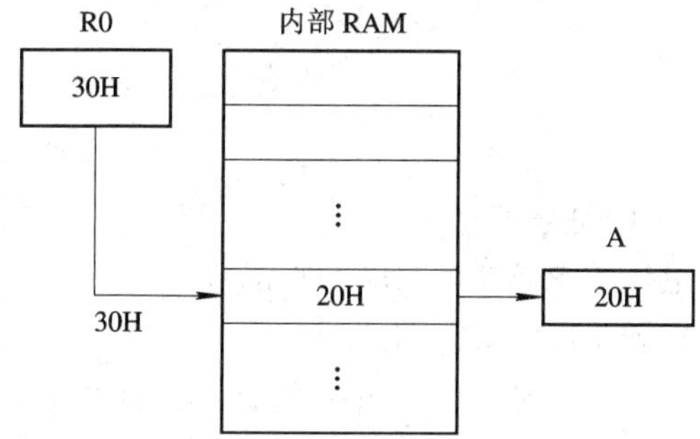

5. 基址寄存器加变址寄存器间接寻址

这种寻址方式用于访问程序存储器中的数据表格，它以基址寄存器 DPTR 或 PC 的内容为基本地址，加上变址寄存器 A 的内容作为操作数的地址。例如：

MOVC A，@A＋DPTR

JMP @A＋DPTR

MOVC A，@A＋PC

6. 相对寻址

在 MCS－51 指令系统中设有转移指令，它可分为直接转移指令和相对转移指令，在相对转移指令中采用相对寻址方式。这种寻址方式是以 PC 的内容为基本地址，加上指令中给定的偏移量作为转移地址。指令中给出的偏移量是一个 8 位带符号的常数，可正可负，其范围为－128～＋127。例如：

JC 80H

7. 位寻址

这种寻址方式中，操作数是内部 RAM 单元中某一位的信息。例如：

CLR C

MOV C，30H

3.2 指令系统

3.2.1 指令分类

MCS-51 单片机指令系统有 42 种助记符，代表了 33 种功能，有的功能（如数据传送）可以有几种助记符（如 MOV、MOVC、MOVX）。指令功能助记符与各种可能的寻址方式相结合，共构成 111 条指令。在这些指令中，单字节指令有 49 条，双字节指令有 45 条，三字节指令有 17 条；从指令执行的时间看，单机器周期指令有 64 条，双机器周期指令有 45 条，只有乘法、除法两条指令的执行时间是 4 个机器周期。

按指令的功能，MCS-51 指令系统可分为下列 5 类：

(1) 数据传送；

(2) 算术运算；

(3) 逻辑运算；

(4) 控制转移；

(5) 位操作。

在分类介绍指令之前，先把描述指令的一些符号的意义作一简单介绍。

Rn——当前选定的寄存器区中的 8 个工作寄存器 R0～R7，即 n=0～7。

Ri——当前选定的寄存器区中的 2 个寄存器 R0、R1，即 i=0，1。

direct—— 8 位内部 RAM 单元的地址，它可以是一个内部数据区 RAM 单元（00H～7FH）或特殊功能寄存器地址（I/O 端口、控制寄存器、状态寄存器，80H～0FFH）。

#data——指令中的 8 位常数。

#data16——指令中的 16 位常数。

$addr_{16}$——16 位的目的地址，用于 LJMP、LCALL 指令，可指向 64 KB 程序存储器地址空间。

$addr_{11}$——11 位的目的地址，用于 AJMP、ACALL 指令。目的地址必须与下一条指令的第一个字节在同一个 2 KB 程序存储器地址空间之内。

rel—— 8 位带符号的偏移量字节，用于 SJMP 和所有条件转移指令中。偏移量相对于下一条指令的第一个字节计算，在－128～＋127 范围内取值。

bit——内部数据 RAM 或特殊功能寄存器中的可直接寻址位。

DPTR——数据指针，可用作 16 位的地址寄存器。

A——累加器。

B——寄存器，用于 MUL 和 DIV 指令中。

C——进位标志或进位位。

@——间接寻址寄存器或基址寄存器的前缀，如：@Ri，@DPTR。

/——位操作数的前缀，表示对该位取反。

(X)—— X 中的内容。

((X))——由 X 寻址的单元中的内容。

←——箭头左边的内容被箭头右边的内容所代替。

3.2.2 数据传送类指令

数据传送类指令的一般操作是：把源操作数传送到指令所指定的目标地址。指令执行后，源操作数保持不变，目的操作数被源操作数代替。数据传送指令的源操作数和目的操作数的寻址方式及传送路径如图 3.1 所示，指令见表 3.1。

数据传送类指令共有 29 条，用到的助记符有：MOV，MOVX，MOVC，XCH，XCHD，PUSH，POP，SWAP。源操作数可以采用立即、直接、寄存器、寄存器间接、基址加变址 5 种寻址方式；目的操作数可以采用寄存器、寄存器间接、直接 3 种寻址方式。数据传送类指令最为丰富，也是编程时使用最频繁的一类指令，它可以把数据方便地传送到片内的数据存储器单元和 I/O 口。

数据传送类指令一般不影响标志位，只有一种堆栈操作可以直接修改程序状态字 PSW，这样可能使某些标志位发生变化。

数据传送类指令比较简单，由图 3.1 和表 3.1 很容易理解各种指令的功能，故不作详细叙述，下面仅作一些必要的说明。

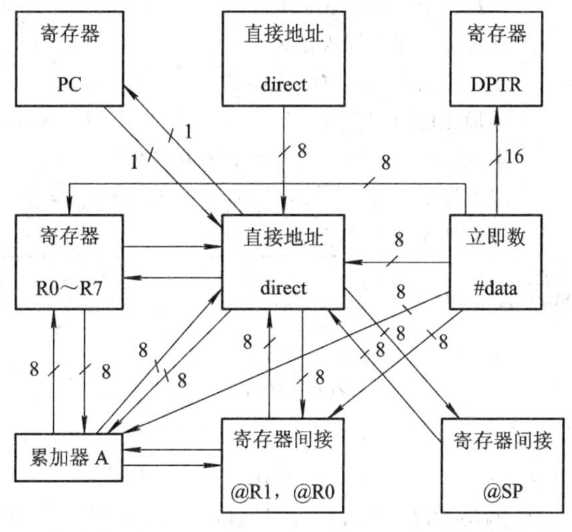

图 3.1 MCS－51 传送指令示意图

表 3.1 数据传送类指令一览表

指 令 助 记 符	功 能 简 述	字节数	振荡周期
MOV A，Rn	寄存器内容送累加器	1	12
MOV A，direct	直接寻址字节送累加器	2	12
MOV A，@Ri	内部 RAM 单元内容送累加器	1	12
MOV A，＃data	立即数送累加器	2	12
MOV Rn，A	累加器内容送寄存器	1	12
MOV Rn，direct	直接寻址字节送寄存器	2	24
MOV Rn，＃data	立即数送寄存器	2	12
MOV direct，A	累加器内容送直接寻址字节单元	2	12
MOV direct，Rn	寄存器内容送直接寻址字节单元	2	24

续表

指令助记符	功能简述	字节数	振荡周期
MOV direct1，direct2	直接寻址字节单元之间传送	2	24
MOV direct，@Ri	内部 RAM 单元内容送直接寻址字节单元	2	24
MOV direct，#data	立即数送直接寻址字节单元	3	24
MOV @Ri，A	累加器内容送内部 RAM 单元	1	12
MOV @Ri，direct	直接寻址字节单元送内部 RAM 单元	2	24
MOV @Ri，#data	立即数送内部 RAM 单元	2	12
MOV DPTR，#data	16 位立即数送数据指针	3	24
MOVC A，@A+DPTR	程序存储器单元内容送累加器(相对数据指针)	1	24
MOVC A，@A+PC	程序存储器单元内容送累加器(相对程序计数器)	1	24
MOVX A，@Ri	外部 RAM 单元内容送累加器(8 位地址)	1	24
MOVX A，@DPTR	外部 RAM 单元内容送累加器(16 位地址)	1	24
MOVX @Ri，A	累加器内容送外部 RAM 单元(8 位地址)	1	24
MOVX @DPTR，A	累加器内容送外部 RAM 单元(16 位地址)	1	24
PUSH direct	栈顶弹至直接寻址字节	2	24
POP direct	直接寻址字节压入栈顶	2	24
XCH A，Rn	累加器内容与寄存器内容交换	1	12
XCH A，direct	累加器内容与直接寻址字节单元内容交换	2	12
XCH A，@Ri	累加器内容与内部 RAM 单元内容交换	1	12
XCHD A，@Ri	累加器低 4 位与内部 RAM 单元低 4 位内容交换	1	12
SWAP A	累加器高 4 位与低 4 位交换	1	12

1. 数据传送到累加器 A 的指令

```
MOV  A，Rn          ；A←(Rn)
MOV  A，direct      ；A←(direct)
MOV  A，@Ri         ；A←((Ri))
MOV  A，#data       ；A←data
```

这组指令的功能是：把源操作数的内容送入累加器 A。例如：MOV A，#10H，该指令执行时将立即数 10H 送入累加器 A 中。

2. 数据传送到工作寄存器 Rn 的指令

```
MOV  Rn，A          ；Rn←(A)
MOV  Rn，direct     ；Rn←(direct)
MOV  Rn，#data      ；Rn←data
```

这组指令的功能是：把源操作数的内容送入当前工作寄存器区的 R0～R7 中的某一个寄存器。指令中 Rn 在内部数据存储器中的地址由当前的工作寄存器区选择位 RS1、RS0 确定，可以是 00H～07H、08H～0FH、10H～17H、18H～1FH。例如：MOV R0，A，若当前 RS1、RS0 设置为 00（即工作寄存器 0 区），执行该指令时，将累加器 A 中的数据传送至工作寄存器 R0(内部 RAM 00H)单元中。

3. 数据传送到内部 RAM 单元或特殊功能寄存器 SFR 的指令

```
MOV  direct，A      ；direct←(A)
```

```
MOV direct, Rn            ; direct←(Rn)
MOV direct1, direct2      ; direct1←(direct2)
MOV direct, @Ri           ; direct←((Ri))
MOV direct, #data         ; direct←data
MOV @Ri, A                ; (Ri)←(A)
MOV @Ri, direct           ; (Ri)←(direct)
MOV @Ri, #data            ; (Ri)←data
MOV DPTR, #data16         ; DPTR←data16
```

这组指令的功能是：把源操作数的内容送入内部 RAM 单元或特殊功能寄存器。其中第三条指令和最后一条指令都是三字节指令。第三条指令的功能很强，能实现内部 RAM 之间、特殊功能寄存器之间或特殊功能寄存器与内部 RAM 之间的直接数据传送。最后一条指令是将 16 位的立即数送入数据指针寄存器 DPTR。

4. 累加器 A 与外部数据存储器之间的传送指令

```
MOVX A, @DPTR             ; A←((DPTR))
MOVX A, @Ri               ; A←((Ri))
MOVX @DPTR, A             ; (DPTR)←(A)
MOVX @Ri, A               ; (Ri)←(A)
```

这组指令的功能是：在累加器 A 与外部数据存储器 RAM 单元或 I/O 口之间进行数据传送，前两条指令执行时，P3.7 引脚上输出 $\overline{RD}$ 有效信号，用作外部数据存储器的读选通信号；后两条指令执行时，P3.6 引脚上输出 $\overline{WR}$ 有效信号，用作外部数据存储器的写选通信号。DPTR 所包含的 16 位地址信息由 P0（低 8 位）和 P2（高 8 位）输出，而数据信息由 P0 口传送，P0 口作分时复用的总线。由 Ri 作为间接寻址寄存器时，P0 口上分时输出 Ri 指定的 8 位地址信息和传输的 8 位数据。

5. 堆栈操作指令

```
PUSH direct               ; SP←(SP)+1, (SP)←(direct)
POP direct                ; direct←((SP)), SP←(SP)-1
```

在 MCS－51 单片机的内部 RAM 中，可以设定一个先进后出的区域，称其为堆栈。在特殊功能寄存器中有一个堆栈指针 SP，它指出栈顶的位置。进栈指令的功能是：首先将堆栈指针 SP 的内容加 1，然后将直接地址所指出的内容送入 SP 指出的内部 RAM 单元；出栈指令的功能是：将 SP 所指出的内部 RAM 单元的内容送入由直接地址所指出的字节单元，接着将堆栈指针 SP 的内容减 1。

例如：进入中断服务子程序时，把程序状态寄存器 PSW、累加器 A、数据指针 DPTR 进栈保护。设当前 SP 为 60H，则程序段

```
PUSH PSW
PUSH ACC
PUSH DPL
PUSH DPH
```

执行后，SP 内容修改为 64H，而 61H、62H、63H、64H 单元中依次栈入 PSW、A、DPL、DPH 的内容。当中断服务程序结束之前，如下程序段（SP 保持 64H 不变）

```
POP DPH
POP DPL
POP ACC
POP PSW
```

执行之后，SP 内容修改为 60H，而 64H、63H、62H、61H 单元中的内容依次弹出到 DPH、DPL、A、PSW 中。

MCS－51 提供一个向上升的堆栈，因此 SP 设置初值时要充分考虑堆栈的深度，要留出适当的单元空间，满足堆栈的使用需要。

6. 程序存储器内容传送到累加器

```
MOVC A，@A＋PC          ；A←((A)＋(PC))
MOVC A，@A＋DPTR        ；A←((A)＋(DPTR))
```

这是两条很有用的查表指令，可用来查找存放在外部程序存储器中的常数表格。第一条指令是以 PC 作为基址寄存器，A 的内容作为无符号数和 PC 的内容(下一条指令的起始地址)相加后得到一个 16 位的地址，并将该地址指出的程序存储器单元的内容送到累加器 A。这条指令的优点是不改变特殊功能寄存器和 PC 的状态，只要根据 A 的内容就可以取出表格中的常数。缺点是表格只能放在该条查表指令后面的 256 个单元中，表格的大小受到限制，而且表格只能被一段程序利用。

第二条指令是以 DPTR 作为基址寄存器，累加器 A 的内容作为无符号数与 DPTR 的内容相加，得到一个 16 位的地址，并把该地址指出的程序存储器单元的内容送到累加器 A。这条指令的执行结果只与指针 DPTR 及累加器 A 的内容有关，与该指令存放的地址无关。因此，表格的大小和位置可以在 64 KB 程序存储器中任意安排，并且一个表格可以为各个程序块共用。

7. 字节交换指令

XCH A，Rn　　　　　　；(A)↔(Rn)

XCH A，@Ri　　　　　　；(A)↔((Ri))

XCH A，direct　　　　　；(A)↔(direct)

XCHD A，@Ri　　　　　；$(A)_{3\sim0}\leftrightarrow((Ri))_{3\sim0}$

SWAP A　　　　　　　；$(A)_{7\sim4}\leftrightarrow(A)_{3\sim0}$

前三条指令是将累加器 A 的内容和源操作数内容相互交换；后两条指令是半字节交换指令，最后一条指令是将累加器 A 的高 4 位与低 4 位之间进行交换，而第四条指令是将累加器 A 的低 4 位内容和(Ri)所指出的内部 RAM 单元的低 4 位内容相互交换。

3.2.3 算术运算类指令

算术运算类指令共有 24 条(见表 3.2)，包括加、减、乘、除 4 种基本算术运算操作指令，这 4 种指令能对 8 位的无符号数进行直接的运算，借助溢出标志，可对带符号数进行补码运算；借助进位标志，可以实现多精度的加、减运算，同时还可对压缩的 BCD 码进行运算，其运算功能较强。算术运算类指令用到的助记符共有 8 种：ADD、ADDC、INC、SUBB、DEC、DA、MUL、DIV。

表 3.2　算术运算指令

指令助记符	功能简述	字节数	振荡器周期数
ADD A，Rn	A←(A)+(Rn)	1	12
ADD A，direct	A←(A)+(direct)	2	12
ADD A，@Ri	A←(A)+((Ri))	1	12
ADD A，#data	A←(A)+data	2	12
ADDC A，Rn	A←(A)+(Rn)+(Cy)	1	12
ADDC A，direct	A←(A)+(direct)+(Cy)	2	12
ADDC A，@Ri	A←(A)+((Ri))+(Cy)	1	12
ADDC A，#data	A←(A)+data+(Cy)	2	12
INC A	A←(A)+1	1	12
INC Rn	Rn←(Rn)+1	1	12
INC @Ri	(Ri)←((Ri))+1	1	12
INC direct	direct←(direct)+1	2	12
INC DPTR	DPTR←(DPTR)+1	1	24
DA A	对 A 进行十进制调整	1	12
SUBB A，Rn	A←(A)-(Rn)-(Cy)	1	12
SUBB A，@Ri	A←(A)-((Ri))-(Cy)	1	12
SUBB A，direct	A←(A)-(direct)-(Cy)	2	12
SUBB A，#data	A←(A)-data-(Cy)	2	12
DEC A	A←(A)-1	1	12
DEC Rn	Rn←(Rn)-1	1	12
DEC direct	direct←(direct)-1	2	12
DEC @Ri	(Ri)←((Ri))-1	1	12
MUL AB	AB←(A) * (B)	1	48
DIV AB	AB←(A)/(B)	1	48

算术运算类指令的执行结果将影响进(借)位标志位(Cy)、辅助进(借)位标志位(AC)、溢出标志位(OV)。但是加 1 和减 1 指令不影响这些标志位。对标志位有影响的所有指令列于表 3.3 中，其中包括了一些非算术运算的指令在内。

表 3.3　影响标志位的指令

指令助记符	标志位		
	Cy	OV	AC
ADD A，{#data direct Rn @Ri}	×	×	×
ADDC A，{#data direct Rn @Ri}	×	×	×

续表

指令助记符	标志位		
	Cy	OV	AC
SUBB A, {#data / direct / Rn / @Ri}	×	×	×
MUL A B	0	×	
DIV A B	0	×	
DA A	×		
RRC A	×		
RLC A	×		
SETB C	1		
CLR C	0		
CPL C	×		
ANL C, bit	×		
ANL C, /bit	×		
ORL C, bit	×		
ORL C, /bit	×		
MOV C, bit	×		
CJNE {direct / A, #data, rel / @Ri}	×		
CJNE Rn, #data, rel	×		

注：×表示指令运行的结果使该标志位置位或复位。

1. 加法指令

加法指令分为普通加法指令、带进位加法指令、加1指令和十进制调整指令。

1) 普通加法指令

```
ADD A, Rn          ; A←(A)+(Rn)
ADD A, direct      ; A←(A)+(direct)
ADD A, @Ri         ; A←(A)+((Ri))
ADD A, #data       ; A←(A)+data
```

这组指令的功能是将累加器A的内容与第二操作数相加，其结果放在累加器A中。相加过程中，如果位7(D7)有进位，则进位标志位Cy置"1"，否则清"0"；如果位3(D3)有进位，则辅助进位标志位AC置"1"，否则清"0"；如果位6有进位而位7没有进位，或者位7有进位而位6没有进位，则溢出标志位OV置"1"，否则清"0"。

无符号数相加时，若Cy置位(为"1")，则说明和数溢出(大于255)。带符号数相加时，和数是否溢出(大于127或小于－128)可通过溢出标志位OV来判断，若OV置位(为"1")，则说明和数溢出。

例如：120和100之和为220，显然大于127，相加时

```
    0 1 1 1 1 0 0 0      120
+   0 1 1 0 0 1 0 0      100
---------------------------
    1 1 0 1 1 1 0 0      220
```

符号位(最高位)由 0 变 1，两个正数相加结果变负，实际上它是和数的最高位，符号位移入了进位标志位。此时，位 6 有进位而位 7 无进位，置位溢出标志位 OV，结果溢出。

同样，－120 和－100 相加，结果应为－220，显然小于－128，相加时

```
     1 0 0 0 1 0 0 0     -120
+    1 0 0 1 1 1 0 0     -100
-----------------------------
   1 0 0 1 0 0 1 0 0     -220
```

符号位(最高位)由 1 变为 0，两个负数相加结果变为正数，这是因为符号位移入了进位标志位。此时，位 6 无进位而位 7 有进位，置位溢出标志位 OV，由此可判断结果溢出。

2) 带进位加法指令

```
ADDC A, Rn         ; A←(A)+(Rn)+(Cy)
ADDC A, direct     ; A←(A)+(direct)+(Cy)
ADDC A, @Ri        ; A←(A)+((Ri))+(Cy)
ADDC A, #data      ; A←(A)+data+(Cy)
```

这组指令的功能与普通加法指令类似，唯一的不同之处是，在执行加法时，还要将上一次进位标志位 Cy 的内容也一起加进去，对于标志位的影响也与普通加法指令相同。

3) 加 1 指令

```
INC A              ; A←(A)+1
INC Rn             ; Rn←(Rn)+1
INC direct         ; direct←(direct)+1
INC @Ri            ; (Ri)←((Ri))+1
INC DPTR           ; DPTR←(DPTR)+1
```

这组指令的功能是：将指令中所指出操作数的内容加 1。若原来的内容为 0FFH，则加 1 后将产生溢出，使操作数的内容变成 00H，但不影响任何标志位。最后一条指令是对 16 位的数据指针寄存器 DPTR 执行加 1 操作，指令执行时先对低 8 位指针 DPL 的内容加 1，当产生溢出时，对高 8 位指针 DPH 加 1，但不影响任何标志位。

4) 十进制调整指令

```
DA A
```

这条指令的功能是对累加器 A 参与的 BCD 码加法运算所获得的 8 位结果进行十进制调整，使累加器 A 中的内容调整为二位压缩型 BCD 码的数。使用时必须注意，它只能跟在加法指令之后，不能对减法指令的结果进行调整，且其结果不影响溢出标志位。

执行该指令时，判断 A 中的低 4 位是否大于 9 或辅助进位标志位 AC 是否为“1”，若两者有一个条件满足，则低 4 位加 6 操作；同样，若 A 中的高 4 位大于 9 或进位标志位 Cy 为“1”两者有一个条件满足，则高 4 位加 6 操作。例如：有两个 BCD 码 36 与 45 相加，结果应为 BCD 码 81，程序如下：

```
MOV A，#36H
ADD A，#45H
DA A
```

这段程序中，第一条指令将立即数36H(BCD码36)送入累加器A；第二条指令进行如下加法：

```
  00110110    36
+ 01000101    45
----------------
  01111011    7B
+ 00000110    06
----------------
  10000001    81
```

得到结果为7BH；第三条指令对累加器A进行十进制调整，低4位(为0BH)大于9，因此要加6，得调整的BCD码81。

2. 减法指令

减法指令有带借位减法指令和减1指令等。

1）带借位减法指令

```
SUBB A，Rn          ；A←(A)－(Rn)－(Cy)
SUBB A，direct      ；A←(A)－(direct)－(Cy)
SUBB A，@Ri         ；A←(A)－((Ri))－(Cy)
SUBB A，#data       ；A←(A)－data－(Cy)
```

这组指令的功能是：将累加器A的内容与第二操作数及进位标志位相减，结果送回到累加器A中。在执行减法过程中，如果位7(D7)有借位，则借位标志位Cy置“1”，否则清“0”；如果位3(D3)有借位，则辅助借位标志位AC置“1”，否则清“0”；如果位6有借位而位7没有借位，或位7有借位而位6没有借位，则溢出标志位OV置“1”，否则清“0”。若要进行不带借位的减法操作，则必须先将Cy清“0”。

2）减1指令

```
DEC A               ；A←(A)－1
DEC Rn              ；Rn←(Rn)－1
DEC direct          ；direct←(direct)－1
DEC @Ri             ；(Ri)←((Ri))－1
```

这组指令的功能是：将指出的操作数内容减1。如果原来的操作数为00H，则减1后将产生溢出，使操作数变成0FFH，但不影响任何标志位。

3. 乘法指令

乘法指令完成单字节的乘法，只有一条指令：

```
MUL AB              ；BA←(A)×(B)
```

这条指令的功能是：将累加器A的内容与寄存器B的内容相乘，乘积的低8位存放在累加器A中，高8位存放于寄存器B中。如果乘积超过0FFH，则溢出标志位OV置“1”，否则清“0”。进位标志位Cy总是被清“0”。

4. 除法指令

除法指令完成单字节的除法，只有一条指令：

DIV AB ；A←(A)/(B)之商，B←(A)/(B)之余数

这条指令的功能是：将累加器 A 中的内容除以寄存器 B 中的 8 位无符号整数，所得商的整数部分存放在累加器 A 中，余数部分存放在寄存器 B 中，进位标志位 Cy 和溢出标志位 OV 清“0”。若原来 B 中的内容为 0，则执行该指令后 A 与 B 中的内容不定，并将溢出标志位 OV 置“1”。在任何情况下，进位标志位 Cy 总是被清“0”。

3.2.4 逻辑运算类指令

逻辑运算类指令共有 24 条(见表 3.4)，分为简单逻辑操作指令、逻辑与指令、逻辑或指令和逻辑异或指令。逻辑运算类指令用到的助记符有 CLR、CPL、ANL、ORL、XRL、RL、RLC、RR、RRC。

表 3.4 逻辑运算指令

指令助记符	功能简述	字节数	振荡器周期数
CLR A	累加器清零	1	12
CPL A	累加器取反	1	12
RL A	累加器循环左移 1 位	1	12
RLC A	累加器带进位标志位循环左移 1 位	1	12
RR A	累加器循环右移 1 位	1	12
RRC A	累加器带进位标志位循环右移 1 位	1	12
ANL A，Rn	A←(A)∧(Rn)	1	12
ANL A，direct	A←(A)∧(direct)	2	12
ANL A，@Ri	A←(A)∧((Ri))	1	12
ANL A，#data	A←(A)∧data	2	12
ANL direct，A	direct←(direct)∧(A)	2	12
ANL direct，#data	direct←(direct)∧data	3	24
ORL A，Rn	A←(A)∨(Rn)	1	12
ORL A，direct	A←(A)∨(direct)	2	12
ORL A，@Ri	A←(A)∨((Ri))	1	12
ORL A，#data	A←(A)∨data	2	12
ORL direct，A	direct←(direct)∨(A)	2	12
ORL direct，#data	direct←(direct)∨data	3	24
XRL A，Rn	A←(A)⊕(Rn)	1	12
XRL A，direct	A←(A)⊕(direct)	2	12
XRL A，@Ri	A←(A)⊕((Ri))	1	12
XRL A，#data	A←(A)⊕data	2	12
XRL direct，A	direct←(direct)⊕(A)	2	12
XRL direct，#data	direct←(direct)⊕data	3	24

1. 简单逻辑操作指令

```
CLR A        ；对累加器 A 清"0"，A←0
CPL A        ；对累加器 A 按位取反，A←(Ā)
RL A         ；累加器 A 的内容向左循环移 1 位
RLC A        ；累加器 A 的内容带进位标志位向左循环移 1 位
RR A         ；累加器 A 的内容向右循环移 1 位
RRC A        ；累加器 A 的内容带进位标志位向右循环移 1 位
```

这组指令的功能是：对累加器 A 的内容进行简单的逻辑操作。除了带进位标志位的移位指令外，其他的指令都不影响 Cy、AC、OV 等标志位。

移位指令的操作过程如图 3.2 所示。

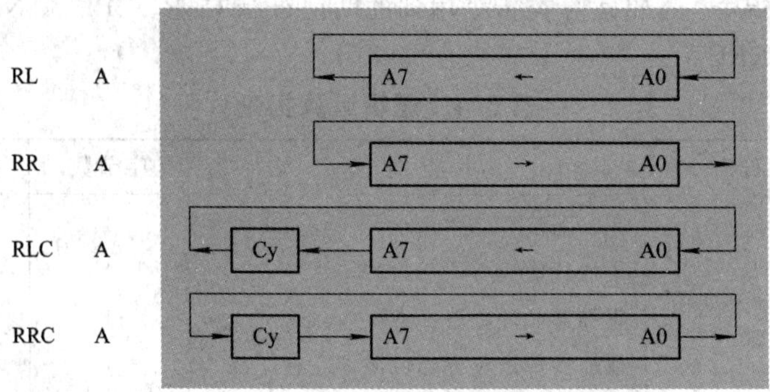

图 3.2 移位指令示意图

2. 逻辑与指令

```
ANL A, Rn            ；A←(A)∧(Rn)
ANL A, direct        ；A←(A)∧(direct)
ANL A, @Ri           ；A←(A)∧((Ri))
ANL A, #data         ；A←(A)∧data
ANL direct, A        ；direct←(direct)∧(A)
ANL direct, #data    ；direct←(direct)∧data
```

这组指令的功能是：将两个操作数的内容按位进行逻辑与操作，并将结果送回目的操作数的单元中。

3. 逻辑或指令

```
ORL A, Rn            ；A←(A)∨(Rn)
ORL A, direct        ；A←(A)∨(direct)
ORL A, @Ri           ；A←(A)∨((Ri))
ORL A, #data         ；A←(A)∨data
ORL direct, A        ；direct←(direct)∨(A)
ORL direct, #data    ；direct←(direct)∨data
```

这组指令的功能是：将两个操作数的内容按位进行逻辑或操作，并将结果送回目的操作数的单元中。

4. 逻辑异或指令

```
XRL  A, Rn            ; A←(A)⊕(Rn)
XRL  A, direct        ; A←(A)⊕(direct)
XRL  A, @Ri           ; A←(A)⊕((Ri))
XRL  A, #data         ; A←(A)⊕data
XRL  direct, A        ; direct←(direct)⊕(A)
XRL  direct, #data    ; direct←(direct)⊕data
```

这组指令的功能是：将两个操作数的内容按位进行逻辑异或操作，并将结果送回到目的操作数的单元中。

3.2.5　控制转移类指令

控制转移类指令共有 16 条(见表 3.5)，不包括按布尔变量控制程序转移指令。其中包括 64 KB 范围内的长调用、长转移指令，2 KB 范围内的绝对调用和绝对转移指令；全空间的相对长转移及一页范围内的相对短转移指令，多种条件转移指令。由于 MCS－51 提供了较丰富的控制转移类指令，因此在编程上相当灵活方便。这类指令用到的助记符共有 10 种：AJMP、LJMP、SJMP、JMP、ACALL、LCALL、JZ、JNZ、CJNE、DJNZ。

表 3.5　控制转移指令

指令助记符	功 能 简 述	字节数	振荡器周期数
AJMP $addr_{11}$	2 KB 范围内绝对转移	2	24
LJMP $addr_{16}$	64 KB 范围内绝对转移	3	24
SJMP rel	相对短转移	2	24
JMP @A+DPTR	相对长转移	1	24
JZ rel	累加器为零转移	2	24
JNZ rel	累加器不为零转移	2	24
CJNE A, direct, rel	A 的内容与直接寻址字节的内容不等转移	3	24
CJNE A, #data, rel	A 的内容与立即数不等转移	3	24
CJNE Rn, #data, rel	Rn 的内容与立即数不等转移	3	24
CJNE @Rn, #data, rel	内部 RAM 单元的内容与立即数不等转移	3	24
DJNZ Rn, rel	寄存器内容减 1 不为零转移	2	24
DJNZ direct, rel	直接寻址字节内容减 1 不为零转移	3	24
ACALL $addr_{11}$	2 KB 范围内绝对调用	2	24
LCALL $addr_{16}$	64 KB 范围内绝对调用	3	24
RET	子程序返回	1	24
RETI	中断返回	1	24

1. 无条件转移指令

1）绝对跳转指令

AJMP $addr_{11}$　　　　　；PC←(PC)＋2，$PC_{10\sim0}$←$addr_{11}$

这是 2 KB 范围内的无条件跳转指令，执行该指令时，先将(PC)＋2，然后将 $addr_{11}$ 送入 PC_{10}～PC_0，而 PC_{15}～PC_{11} 保持不变。这样就得到跳转的目标地址。需要注意的是，目标地址与 AJMP 后面一条指令的第一个字节必须在同一个 2 KB 区域的存储地址空间内。

2）短跳转指令

SJMP rel　　　　　；PC←(PC)＋2，PC←(PC)＋rel

执行该指令时，先将(PC)＋2，再把指令中带符号的偏移量加到 PC 上，得到跳转的目标地址送入 PC。

3）长跳转指令

LJMP $addr_{16}$　　　　　；PC←$addr_{16}$

执行该指令时，将 16 位目标地址 $addr_{16}$ 装入 PC，程序无条件转向指定的目标地址。转移的目标地址可以在 64 KB 程序存储器地址空间的任何地方，不影响任何标志位。

4）散转指令

JMP　@A＋DPTR　　　　　；PC←(A)＋(DPTR)

执行该指令时，把累加器 A 中的 8 位无符号数与数据指针中的 16 位数相加，结果作为下条指令的地址送入 PC，不改变累加器 A 和数据指针 DPTR 的内容，也不影响标志位。

2. 条件转移指令

JZ rel　　　　　；若(A)＝0 转移，PC←(PC)＋2＋rel

JNZ rel　　　　　；若(A)≠0 转移，PC←(PC)＋2＋rel

这类指令是依据累加器 A 的内容是否为 0 的条件来转移的。条件满足时，转移(相当于一条相对转移指令)；条件不满足时，则顺序执行下面一条指令。转移的目标地址在以下一条指令的起始地址为中心的 256 个字节范围之内(－128～＋127)。当条件满足时，PC←(PC)＋N＋rel，其中(PC)为该条件转移指令的第一个字节的地址，N 为该转移指令的字节数(长度)，本转移指令 N＝2。

3. 比较转移指令

在 MCS－51 中没有专门的比较指令，但提供了下面 4 条比较不相等转移指令：

CJNE A，direct，rel　　　；若(A)≠(direct)，则 PC←(PC)＋3＋rel

CJNE A，＃data，rel　　　；若(A)≠data，则 PC←(PC)＋3＋rel

CJNE Rn，＃data，rel　　　；若(Rn)≠data，则 PC←(PC)＋3＋rel

CJNE　@Ri，＃data，rel　；若((Ri))≠data，则 PC←(PC)＋3＋rel

这组指令的功能是：比较前面两个操作数的大小，如果它们的值不相等，则转移；否则，不转移。转移地址的计算方法与绝对跳转指令和条件转移指令相同。如果第一个操作数(无符号整数)小于第二个操作数，则进位标志位 Cy 置“1”，否则清“0”，但不影响任何操作数的内容。

4. 减 1 不为 0 转移指令

DJNZ Rn，rel　　　　　；Rn←(Rn)－1

DJNZ direct, rel　　　　; direct←(direct)－1

这两条指令把源操作数减 1，结果送到源操作数中去，如果结果不为 0，则转移(转移地址的计算方法同前)。

5. 调用及返回指令

在程序设计中，通常把具有一定功能的公用程序段编制成子程序，当主程序需要使用子程序时用调用指令，而在子程序的最后安排一条子程序返回指令，以便执行完子程序后能返回主程序继续执行。

1) 绝对调用指令

ACALL $addr_{11}$　　　　; PC←(PC)＋2

; SP←(SP)＋1，(SP)←$(PC)_{7\sim0}$

; SP←(SP)＋1，(SP)←$(PC)_{15\sim8}$

; $PC_{10\sim0}$←$addr_{11}$

这是一条 2 KB 范围内的子程序调用指令。执行该指令时，先将 PC＋2 以获得下一条指令的首地址，然后将 16 位地址压入堆栈(PCL 内容先进栈，PCH 内容后进栈)，SP 内容加 2，最后把 PC 的高 5 位 $PC_{15}\sim PC_{11}$ 与指令中提供的 11 位地址 $addr_{11}$ 相连接($PC_{15}\sim PC_{11}$，$A_{10}\sim A_0$)，形成子程序的入口地址送入 PC，使程序转向子程序执行。所用的子程序的入口地址必须与 ACALL 下面一条指令的第一个字节在同一个 2 KB 区域的存储地址空间内。

2) 长调用指令

LCALL $addr_{16}$　　　　; PC←(PC)＋3

; SP←(SP)＋1，(SP)←$(PC)_{7\sim0}$

; SP←(SP)＋1，(SP)←$(PC)_{15\sim8}$

; PC←$addr_{16}$

这条指令无条件调用位于 16 位地址 $addr_{16}$ 的子程序。执行该指令时，先将 PC＋3 以获得下一条指令的首地址，并把它压入堆栈(先低字节后高字节)，SP 内容加 2，然后将 16 位地址放入 PC 中，转去执行以该地址为入口的程序。LCALL 指令可以调用 64 KB 范围内任何地方的子程序。指令执行后，不影响任何标志位。

3) 子程序返回指令

RET　　　　; $PC_{15\sim8}$←((SP))，SP←(SP)－1

; $PC_{7\sim0}$←((SP))，SP←(SP)－1

这条指令的功能是：恢复断点，将调用子程序时压入堆栈的下一条指令的首地址取出送入 PC，使程序返回主程序继续执行。

4) 中断返回指令

RETI　　　　; $PC_{15\sim8}$←((SP))，SP←(SP)－1

; $PC_{7\sim0}$←((SP))，SP←(SP)－1

这条指令的功能与 RET 指令相似，不同的是它还要清除 MCS - 51 单片机内部的中断状态标志。

3.2.6 位操作类指令

MCS－51 单片机内部有一个布尔处理机，因而有一个专门对位地址空间进行操作的指令，称为位操作指令或布尔变量操作指令(见表 3.6)。位操作类指令包括布尔变量的传送、逻辑运算、控制转移等指令，它共有 17 条指令，所用的助记符有 MOV、CLR、CPL、SETB、ANL、ORL、JC、JNC、JB、JNB、JBC 共 11 种。

表 3.6 位 操 作 指 令

指令助记符	功 能 简 述	字节数	振荡器周期数
MOV C, bit	Cy←(bit)	2	12
MOV bit, C	bit← Cy	2	12
CLR C	Cy←0	1	12
CLR bit	bit←0	2	12
CPL C	Cy←($\overline{\text{Cy}}$)	1	12
CPL bit	bit←($\overline{\text{bit}}$)	2	12
SETB C	Cy←1	1	12
SETB bit	bit←1	2	12
ANL C, bit	Cy←(Cy)∧(bit)	2	24
ANL C, /bit	Cy←(Cy)∧($\overline{\text{bit}}$)	2	24
ORL C, bit	Cy←(Cy)∨(bit)	2	24
ORL C, /bit	Cy←(Cy)∨($\overline{\text{bit}}$)	2	24
JC rel	若(Cy)＝1，则转移，PC←(PC)＋2＋rel	2	24
JNC rel	若(Cy)＝0，则转移，PC←(PC)＋2＋rel	2	24
JB bit, rel	若(bit)＝1，则转移，PC←(PC)＋3＋rel	3	24
JNB bit, rel	若(bit)＝0，则转移，PC←(PC)＋3＋rel	3	24
JBC bit, rel	若(bit)＝1，则转移，PC←(PC)＋3＋rel，并 bit←0	3	24

在布尔处理机中，进位标志位 Cy 的作用相当于 CPU 中的累加器 A，通过 Cy 完成位的传送和逻辑运算。布尔变量可以是内部 RAM 20H～2FH 单元中连续的 128 位(位地址 00H～7FH)和特殊功能寄存器的可寻址位(位地址分布在 80H～0FFH 范围内)。指令中位地址的表达形式有以下几种：

(1) 直接地址方式，如 0A8H；

(2) 点操作符方式，如 IE.0；

(3) 位名称方式，如 EX_0；

(4) 用户定义名方式，如用伪指令 BIT 定义：

WBZD0　BIT　EX_0

经定义后，允许指令中使用 WBZD0 代替 EX_0。

以上 4 种方式都是指允许中断控制寄存器 IE 中的位 0(外部中断 0 允许位 EX_0)，它的位地址是 0A8H，而名称为 EX_0，用户定义名为 WBZD0。

1. 位数据传送指令

```
MOV C, bit        ; Cy←(bit)
MOV bit, C        ; bit←(Cy)
```

这组指令的功能是：把源操作数指出的布尔变量送到目的操作数指定的位地址单元中。其中，一个操作数必须为进位标志位 Cy，另一个操作数可以是任何可直接寻址位。

2. 位变量修改指令

```
CLR C          ; Cy←0
CLR bit        ; bit←0
CPL C          ; Cy←(/Cy)
CPL bit        ; bit←(/bit)
SETB C         ; Cy←1
SETB bit       ; bit←1
```

这组指令的功能是：对操作数所指出的位进行清“0”、取反、置“1”的操作，不影响其他标志位。

3. 位变量逻辑与指令

ANL C，bit　　　　; Cy←(Cy)∧(bit)

ANL C，/bit　　　; Cy←(Cy)∧($\overline{\text{bit}}$)

这组指令的功能是：如果源位的布尔值是逻辑 0，则将进位标志位清“0”；否则，进位标志位保持不变，不影响其他标志位。bit 前的斜线表示对(bit)取反。直接寻址位取反后用作源操作数，但不改变直接寻址位原来的值。例如：

ANL C，/ACC.0

执行前 ACC.0 为 0，C 为 1，则指令执行后，C 为 1，而 ACC.0 仍为 0。

4. 位变量逻辑或指令

ORL C，bit　　　　; Cy←(Cy)∨(bit)

ORL C，/bit　　　; Cy←(Cy)∨($\overline{\text{bit}}$)

这组指令的功能是：如果源位的布尔值是逻辑 1，则将进位标志位置“1”；否则，进位标志位保持不变，不影响其他标志位。

5. 位变量条件转移指令

JC rel　　　　; 若(Cy)=1，则转移 PC←(PC)+2+rel

JNC rel　　　; 若(Cy)=0，则转移 PC←(PC)+2+rel

JB bit，rel　　; 若(bit)=1，则转移 PC←(PC)+3+rel

JNB bit，rel　; 若(bit)=0，则转移 PC←(PC)+3+rel

JBC bit，rel　; 若(bit)=1，则转移 PC←(PC)+3+rel，bit←0

这组指令的功能是：当某一特定条件满足时，执行转移操作指令(相当于一条相对转移指令)；条件不满足时，顺序执行下面的一条指令。前面 4 条指令在执行中不改变条件位的布尔值，而最后一条指令在转移时将 bit 清“0”。

以上介绍了 MCS - 51 指令系统，理解和掌握本章的内容是应用 MCS - 51 单片机的一个重要前提。

习题与思考题

1. MCS - 51 指令系统按功能可分为几类？具有几种寻址方式？它们的寻址范围如何？

2. 设内部 RAM 中 59H 单元的内容为 50H，写出当执行下列程序段后寄存器 A，R0 和内部 RAM 中 50H、51H 单元的内容为何值。

```
MOV A，59H
MOV R0，A
MOV A，#00
MOV @R0,A
MOV A，#25H
MOV 51H，A
MOV 52H，#70H
```

3. PSW 中 Cy 与 OV 有何不同？下列程序段执行后，Cy、OV 分别为多少？

```
MOV A，#56H
ADD A，#74H
```

4. MOVC A，@A+DPTR 与 MOVX A，@DPTR 指令有何不同？

5. AJMP、LJMP、SJMP 指令在功能上有何不同？

6. 设堆栈指针 SP 中的内容为 60H，内部 RAM 中 30H 和 31H 单元的内容分别为 24H 和 10H，执行下列程序段后，61H，62H，30H，31H，DPTR 及 SP 中的内容将有何变化？

```
PUSH 30H
PUSH 31H
POP DPL
POP DPH
MOV 30H，#00H
MOV 31H，#0FFH
```

7. 试分析下列程序段，当程序执行后，位地址 00H 和 01H 中的内容将为何值？P1 口的 8 条 I/O 线为何状态？

```
        CLR C
        MOV A，#66H
        JC LOOP1
        CPL C
        SETB 01H
LOOP1： ORL C，ACC.0
        JB ACC.2，LOOP2
LOOP2： MOV P1，A
        ⋮
```

8. 要完成以下的数据传送，应如何用 MCS－51 指令实现？

（1）R1 的内容传送到 R0；

（2）片外 RAM 20H 单元的内容送到 R0；

（3）片外 RAM 20H 单元的内容送到片内 RAM 20H 单元；

（4）片外 RAM 1000H 单元的内容送到片内 RAM 20H 单元；

（5）ROM 2000H 单元的内容送到 R0；

（6）ROM 2000H 单元的内容送到片内 RAM 20H 单元；

（7）ROM 2000H 单元的内容送到片外 RAM 20H 单元。

9. 分析以下程序每一条指令执行的结果。

```
MOV A，#25H
MOV R1，#33H
MOV 40H，#1AH
MOV R0，#40H
ADD A，R1
ADDC A，@R0
ADDC A，40H
```

10. 设 A＝83H，R0＝17H，(17H)＝34H，执行下面程序段后，(A)＝?

```
ANL A，#17H
ORL 17H，A
XRL A，@R0
CPL A
```

11. 两个 4 位 BCD 码数相加，被加数和加数分别存于 30H、31H 和 40H、41H 单元中(次序为千位、百位在低地址中，十位、个位在高地址中)，和数放在 50H、51H、52H 中(52H 用于存放最高位的进位)，试编写加法程序。

12. 试编写一程序，查找内部 RAM 单元的 20H～50H 中是否有 0AAH 这一数据，若有，则将 51H 单元置为 01H；若没有，则使 51H 单元置 0。

第4章

MCS－51 汇编语言程序设计

汇编语言是面向机器硬件的语言，要求程序设计者对 MCS－51 单片机具有很好的“软硬结合”功底，本章主要介绍程序设计的基本知识以及如何使用汇编语言来进行基本的程序设计。

4.1 汇编语言程序设计概述

4.1.1 机器语言、汇编语言和高级语言

用于程序设计的语言基本上分为 3 种：机器语言、汇编语言和高级语言。

1. 机器语言

用二进制代码表示的指令、数字和符号的语言称为机器语言。机器语言具有灵活、直接执行和速度快等特点，但直观性差，不易懂，难记忆，易出错。

2. 汇编语言

用英文助记符表示的指令称为符号语言或汇编语言；将汇编语言程序转换成为二进制代码表示的机器语言程序称为汇编程序；经汇编程序“汇编(翻译)”得到的机器语言程序称为目标程序，原来的汇编语言程序称为源程序。

汇编语言有以下几个特点：

(1) 它是面向机器的语言，程序设计员须对 MCS－51 的硬件有相当深入的了解。

(2) 汇编语言中，助记符指令和机器指令一一对应，用汇编语言编写的程序效率高，占用存储空间小，运行速度快。用汇编语言能编写的程序可直接管理和控制硬件设备(功能部件)，能处理中断，也能直接访问存储器及 I/O 接口电路。汇编语言和机器语言都离不开具体机器的硬件，均是面向“机器”的语言，缺乏通用性。

3. 高级语言

高级语言不受具体机器的限制，能使用许多数学公式和数学计算上的习惯用语，擅长科学计算，常用的高级语言有 BASIC、FORTRAN、PASCAL 以及 C 语言等。其优点是：通用性强、直观、易懂、易学、可读性好。可使用 C 语言(C51)、PL/M 语言来进行 MCS－51

的应用程序设计。但在对程序的空间和时间要求很高的场合，汇编语言仍是首选，C 语言和汇编语言可进行混合编程。在很多需要直接控制硬件的应用场合中，则非用汇编语言不可。掌握 MCS－51 汇编语言编程，是单片机程序设计的基本功之一。

4.1.2　汇编语言语句的种类和格式

1. 汇编语言语句的种类

汇编语言语句有两种基本类型：指令语句和伪指令语句。

1）指令语句

用第 3 章介绍的指令编写的语句称为指令语句，每一条指令语句在汇编时都产生一个指令代码(机器代码)。

2）伪指令语句

伪指令语句(也称指示性语句)不由 CPU 执行，只为汇编程序在汇编源程序时提供有关信息，如程序如何分段，有哪些逻辑段，定义了哪些数据单元和数据，内存单元如何分配等。伪指令语句除了其所定义的具体数据要生成目标代码外，其他项均不生成目标代码。也就是说，伪指令语句的功能是由汇编程序在汇编源程序时，通过执行汇编程序的某些程序段来实现的。

2. 汇编语言语句的格式

MCS－51 汇编语言的四分段格式为：

　　标号字段　操作码字段　操作数字段　注释字段

汇编语言语句的格式规则：

(1) 标号字段和操作码字段之间要由冒号"："相隔；

(2) 操作码字段和操作数字段间的分界符是空格；

(3) 双操作数之间用逗号相隔；

(4) 操作数字段和注释字段之间的分界符用分号"；" 相隔；

其中，操作码字段为必选项，其余各段为任选项。

下面是一段汇编语言程序的四分段书写格式举例：

```
标号字段  操作码字段  操作数字段          注释字段
START：   MOV         A，#00H             ；0→A
          MOV         R1，#10             ；10→R1
          MOV         R2，#00000011B      ；3→R2
LOOP：    ADD         A，R2               ；(A)+(R2)→A
          DJNZ        R1，LOOP            ；若 R1 内容减 1 不为零，则循环
          NOP
HERE：    SJMP        HERE
```

四分段格式的基本语法规则：

1）标号字段

它是语句所在地址的标志符号，应注意以下几个方面：

(1) 标号后面必须跟冒号"："；

(2) 由 1～8 个 ASCII 字符组成；

(3) 同一标号在一个程序中只能定义一次；

(4) 不能使用汇编语言已经定义的符号作为标号。

2) 操作码字段

它是汇编语言指令中唯一不能空缺的部分，汇编程序就是根据这一字段来生成机器代码的。

3) 操作数字段

它通常有单操作数、双操作数和无操作数三种情况，如果是双操作数，则操作数之间要以逗号隔开。

(1) 十六进制、二进制和十进制形式的操作数的表示。

操作数一般用十六进制形式来表示，某些特殊场合可用二进制或十进制的表示形式。十六进制数后缀是“H”，二进制数后缀是“B”，十进制数后缀是“D”(也可省略)。若十六进制的操作数以字符 A～ F 中的某个开头，则需在它前面加一个“0”，以便在汇编时把它和字符 A～F 区别开来。

(2) 工作寄存器和特殊功能寄存器的表示。

它们可采用工作寄存器和特殊功能寄存器的代号来表示，也可用其地址来表示。例如，累加器可用 A(或 Acc)表示，也可用 0E0H 来表示。

(3) 美元符号 $ 的使用。

$ 用于表示该转移指令操作码所在的地址。例如，指令 JNB F0，$ 与指令 HERE：JNB F0，HERE 是等价的。再如，HERE：SJMP HERE 可写为：SJMP $。

4) 注释字段

必须以分号“;”开头，可换行书写，但必须注意也要以分号“;”开头。汇编时，注释字段不会产生机器代码。

4.1.3 伪指令

在 MCS-51 汇编语言源程序中应有向汇编程序发出的指示信息，告诉它如何完成汇编工作，这是通过使用伪指令来实现的。只有在汇编前的源程序中才有伪指令。经过汇编得到目标程序(机器代码)后，伪指令已无存在的必要，所以“伪”体现在汇编时伪指令没有相应的机器代码产生。下面介绍几条常用的伪指令。

1. 汇编起始地址命令 ORG

在汇编语言源程序的开始，通常都用一条 ORG 伪指令来规定程序的起始地址。如果不用 ORG 指令，则汇编得到的目标程序将从 0000H 开始。例如：

```
          ORG 2000H
START：   MOV A，#00H
              ⋮
```

规定标号 START 代表起始地址为 2000H。在一个源程序中，可多次使用 ORG 指令来规定不同的程序段的起始地址，但地址必须由小到大排列，不能交叉、重叠。例如：

```
ORG 2000H
```

```
   ⋮
ORG 2500H
   ⋮
ORG 3000H
   ⋮
```

2. 汇编终止命令 END

END 命令是汇编语言源程序的结束标志，用于终止源程序的汇编工作。在整个源程序中只能有一条 END 命令，且位于程序的最后。

3. 定义字节命令 DB

DB 的功能是在程序存储器的连续单元中定义字节数据。例如：

```
ORG 2000H
DB 30H，40H，24，"C"，"B"
```

汇编后：(2000H)＝30H，(2001H)＝40H，(2002H)＝18H(十进制数 24)，(2003H)＝43H(字符“C”的 ASCII 码)，(2004H)＝42H(字符“B”的 ASCII 码)。

该组指令的功能是从指定单元开始定义(存储)若干个字节，十进制数自然转换成十六进制数，字母按 ASCII 码存储。

4. 定义数据字命令 DW

DW 的功能是从指定地址开始，在程序存储器的连续单元中定义 16 位的数据字。例如：

```
ORG 2000H
DW 1246H，7BH，10
```

汇编后：(2000H)＝12H，(2001H)＝46H；第 1 个字：(2002H)＝00H，(2003H)＝7BH；第 2 个字：(2004H)＝00H，(2005H)＝0AH。

5. 赋值命令 EQU(＝)

EQU(＝)用于给标号赋值。赋值以后，其标号值在整个程序有效。例如：

```
TEST EQU 2000H
```

上述指令表示标号 TEST＝2000H。在汇编时，凡是遇到标号 TEST 时，均以 2000H 来代替。用 EQU 指令赋值以后的字符名可以用作数据地址、代码地址、位地址或者直接当作一个立即数使用。

6. 预留存储区命令 DS

DS 的功能是从指定地址开始，定义一个存储区，以备源程序使用。存储区预留的存储单元数由表达式的值决定。例如：

```
ORG 1000H
TMP：DS 8            ；从标号 TMP 的起始地址 1000H 开始保留 8 个连续的存
                       储单元(字节)
```

7. 赋值命令 SET

SET 指令类似于 EQU 指令，不同的是 SET 指令定义过的符号可重复定义。例如：

```
MAX SET 2000
```

```
        ⋮
MAX SET 3000
```

8. 定义位地址命令 BIT

BIT 用于将一个位地址赋给指定的符号名，定义过的位符号名不能更改。例如：

```
X_ON    BIT    60H      ；定义 X_ON 为位地址 60H
X_OFF   BIT    P3.7     ；定义 X_OFF 为位地址 P3.7
```

9. 定义内部 RAM 的地址命令 DATA

DATA 用于将一个内部 RAM 的地址赋给指定的符号名。例如：

```
PORT1 DATA 40H      ；定义 PORT1 为内部 RAM 的地址 40H
```

10. 定义外部 RAM 的地址命令 XDATA

XDATA 用于将一个外部 RAM 的地址赋给指定的符号名。例如：

```
ORG    100H
DATE  DB 5，10
TIME   XDATA DATE+5      ；定义 TIME 为外部 RAM 的地址 105H
```

4.2 汇编语言源程序的汇编

汇编语言源程序被“翻译”成机器代码(指令代码)的过程称为“汇编”。汇编可分为手工汇编和机器汇编两类。

4.2.1 手工汇编

人工查表翻译指令的过程称为手工汇编。在遇到的相对转移指令偏移量的计算时，手工汇编要根据转移的目标地址计算偏移量，较麻烦，易出错。

4.2.2 机器汇编

用编辑软件编辑源程序后，生成一个 ASCII 码文件，扩展名为“.ASM”，然后在计算机上运行汇编程序，把汇编语言源程序翻译成机器代码的过程称为机器汇编。将运行在计算机上的汇编语言翻译成能运行在单片机上的机器指令的过程称为交叉汇编。MCS-51 单片机的应用程序的完成应经过以下三个步骤：

(1) 在计算机上进行源程序的输入和编辑；

(2) 对源程序进行交叉汇编，得到机器代码；

(3) 通过计算机的串行口(或并行口)把机器代码传送到用户样机(或在线仿真器)，进行程序的调试和运行。

第(1)步只需在计算机上使用通用的编辑软件即可完成；第(2)步的交叉汇编所用的汇编程序可在购买单片机的仿真开发工具时，由厂商提供；第(3)步的实现要借助于单片机仿真开发工具进行。

反汇编用于分析现有产品的程序，它将二进制的机器代码语言程序翻译成汇编语言源程序，常用于软件破解。

4.3　汇编语言程序设计

在单片机系统的设计中，程序设计是重要的一环，它的质量直接影响到整个系统的功能。用汇编语言进行程序设计的过程和用高级语言设计程序的过程有相似之处，其设计过程大致可以分为以下几个步骤：

(1) 明确课题对程序功能、运算精度、执行速度等方面的要求及硬件条件。

(2) 把复杂问题分解为若干个模块，确定各模块的处理方法，画出程序流程图(简单问题可以不画)。对复杂问题可分别画出分模块流程图和总的流程图。

(3) 分配存储器资源，如各程序段的存放地址、数据区地址、工作单元分配等。

(4) 编制程序，根据程序流程图精心选择合适的指令和寻址方式来编制源程序。

(5) 对程序进行汇编、调试和修改。将编制好的源程序进行汇编，并执行目标程序，检查修改程序中的错误，对程序的运行结果进行分析，直至正确为止。

4.3.1　简单程序设计

简单程序又称为顺序程序，其特点是按逻辑操作的顺序，从某条指令开始逐条执行。一般的应用程序远比顺序程序结构复杂，但顺序程序是组成各种复杂程序的基础和主干，下面举例说明。

【例 1】 两个无符号双字节数相加。设被加数存放于内部 RAM 的 40H(高位字节)、41H(低位字节)，加数存放于 50H(高位字节)、51H(低位字节)，和数存入 40H 和 41H 单元中。

程序如下：

```
START：CLR  C              ；将 Cy 清零
       MOV  R0，#41H       ；将被加数地址送数据指针 R0
       MOV  R1，#51H       ；将加数地址送数据指针 R1
AD1：  MOV  A，@R0         ；被加数低位字节的内容送入 A
       ADD  A,@R1          ；两个低位字节相加
       MOV  @R0，A         ；低位字节的和存入被加数低位字节中
       DEC  R0             ；指向被加数高位字节
       DEC  R1             ；指向加数高位字节
       MOV  A，@R0         ；被加数高位字节送入 A
       ADDC A，@R1         ；两个高位字节带 Cy 相加
       MOV  @R0，A         ；高位字节的和送被加数高位字节
       RET
```

【例 2】 将两个半字节数合并成一个一字节数。

设内部 RAM 40H、41H 单元中分别存放着 8 位二进制数，要求取出两个单元中的低半字节，合并成一个字节后，存入 50H 单元中。

程序如下：

```
START：MOV  R1，#40H       ；设置 R1 为数据指针
```

```
MOV A，@R1        ；取出第一个单元中的内容
ANL A，#0FH       ；取第一个数的低半字节
SWAP A            ；移至高半字节
INC R1            ；修改数据指针
XCH A，@R1        ；取第二个单元中的内容
ANL A，#0FH       ；取第二个数的低半字节
ORL A，@R1        ；拼字
MOV 50H，A        ；存放结果
RET
```

上面的程序均设置了数据指针，操作数通过寄存器间接寻址方式获得，这样只要修改指针就可以方便地取数、存数。

4.3.2 分支程序设计

在处理实际问题时，只用简单程序设计的方法是不够的。例如，有多个子程序时，为判断执行哪个子程序，就需要使用分支结构的程序。图 4.1 为两种分支结构的形式，其中图(*a*)为单分支结构，图(*b*)为多分支结构，它们使计算机有了初级智能。

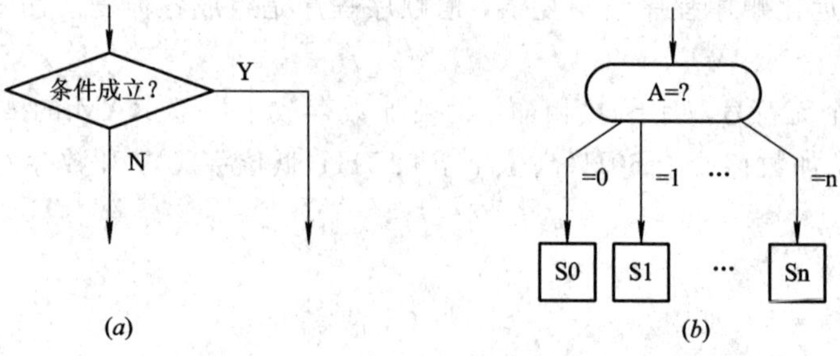

图 4.1 分支结构框图
(*a*) 单分支结构；(*b*) 多分支结构

单分支结构的指令有：JZ、JNZ、JC、JNC、CJNZ 等。下面举两个分支程序的例子。多分支结构中常用指令 JMP @A+DPTR 来实现多分支转移功能，这将在散转程序中介绍。

【例 3】 x、y 均为 8 位二进制数，设 x 存入 R0，y 存入 R1，求解：

$$y=\begin{cases}+1 & x>0\\ -1 & x<0\\ 0 & x=0\end{cases}$$

程序流程图如图 4.2 所示。

程序如下：

```
START：CJNE R0，#00H，SUL1      ；R0 中的数与 00 比较不等转移
       MOV R1，#00H             ；(R0)=0，R1← 0
       SJMP SUL2
SUL1：  JC NEG                   ；两数不等，若(R0)<0，转向 NEG
       MOV R1，#01H             ；(R0)>0，则 R1←01H
```

```
        SJMP SUL2
NEG:    MOV  R1, #0FFH          ;若(R0)<0, 则 R1←0FFH
SUL2:   RET
```

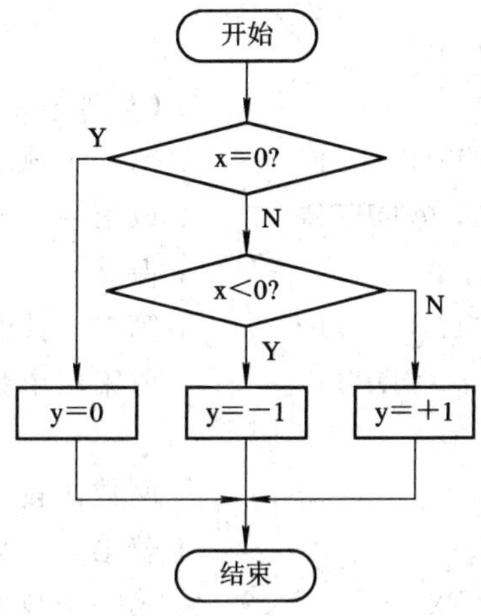

图 4.2　例 3 的程序流程图

【例 4】 比较两个无符号数的大小。

设外部 RAM 的存储单元 ST1 和 ST2 中存放两个不带符号的二进制数，找出其中的大数存入外部 RAM 中的 ST3 单元中。

程序流程图如图 4.3 所示。

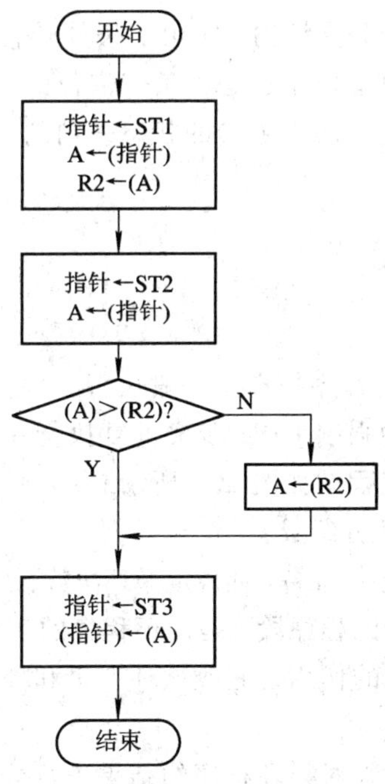

图 4.3　例 4 的程序流程图

程序如下：

```
          ORG   1000H
ST1       EQU   2000H
ST2       EQU   2100H
ST3       EQU   2200H
START:    CLR C                   ; Cy 清零
          MOV DPTR, #ST1          ; 第一个数的指针
          MOVX A, @DPTR           ; 取第一个数
          MOV R2, A               ; 保存
          MOV DPTR, #ST2          ; 第二个数的指针
          MOVX A, @DPTR           ; 取第二个数
          CLR C
          SUBB A, R2              ; 两数比较
          JNC BIG1                ; 若第二个数大，则转移
          XCH A, R2               ; 第一个数大
BIG0:     MOV DPTR, #ST3
          MOVX  @DPTR, A          ; 存大数
          RET
BIG1:     MOVX A, @DPTR           ; 第二个数大
          SJMP BIG0
          RET
```

例 3、例 4 的两段程序都是分支结构，使用了条件转移指令。例 4 的程序采用了减法指令 SUBB 来比较两个数的大小。由于这是一条带借位的减法指令，在执行该指令前，先把借位位清零，用减法指令通过借位位(Cy)的状态来判别两个数的大小，这是两个无符号数比较大小时常用的方法。

4.3.3 循环程序设计

1. 循环程序

前面介绍的简单程序和分支程序的指令一般执行一次。而在一些实际应用系统中，往往同一组操作要重复多次，这种强制 CPU 多次重复执行一串指令的基本程序结构称为循环程序结构。这种结构的程序流程图如图 4.4 所示。

循环程序一般由四个主要部分组成：

(1) 初始化部分：为循环程序做准备，如规定循环次数、给各变量和地址指针预置初值。

(2) 处理部分：是反复执行的程序段，是循环程序的实体，也是循环程序的主体。

(3) 循环控制部分：这部分的作用是修改循环变量和控制变量，并判断循环是否结束，直到符合结束条件时，跳出循环。

(4) 结束部分：这部分主要是对循环程序的结果进行分析、处理和存放。

循环程序中，控制循环次数的方式有多种：若循环次数已知，则常用 DJNZ 指令来控制循环；若循环次数未知，则可按条件控制循环，常用条件转移指令来控制。

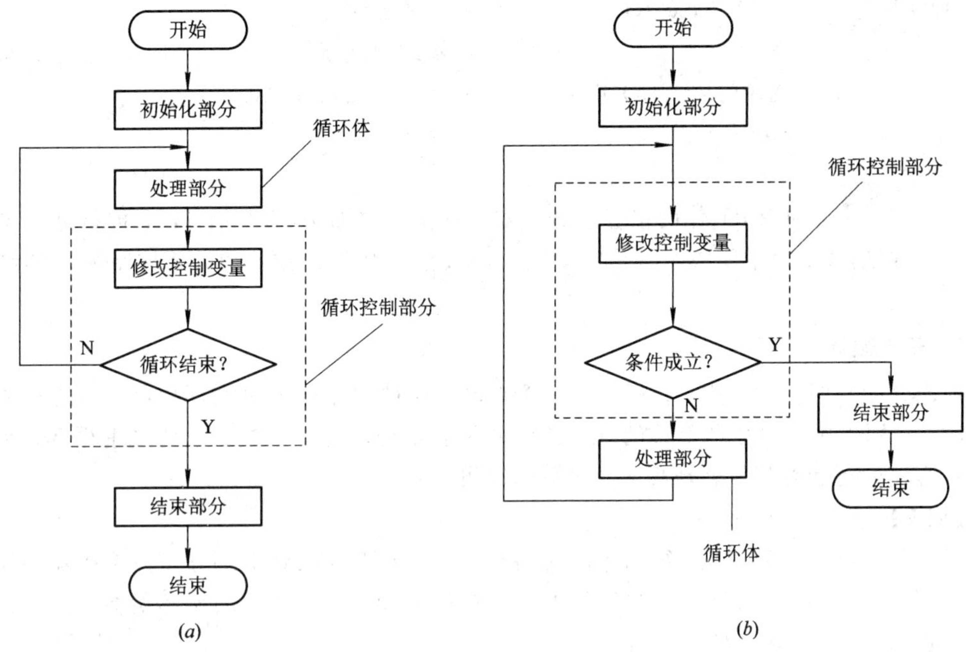

图 4.4　循环结构程序流程图

【例 5】 在应用系统程序设计时，有时经常需要将存储器中各部分地址单元作为工作单元，存放程序执行的中间值或执行结果，工作单元清零工作常常放在程序的初始化部分。试写出工作单元清零的程序。

设有 50 个工作单元，其首址为外部存储器 8000H 单元，则其工作单元清零程序如下：

```
CLEAR:  CLR A
        MOV DPTR, #8000H      ；工作单元首址送指针
        MOV R2, #50           ；置循环次数
CLEAR1: MOVX @DPTR, A
        INC DPTR              ；修改指针
        DJNZ R2, CLEAR1       ；控制循环
        RET
```

本例程序中，循环次数存放在 R2 寄存器中，每执行一次循环，R2 的内容减 1，直到 R2＝0，循环结束，使 8000H 开始的连续 50 个工作单元清零。

【例 6】 设在内部 RAM 的 BLOCK 单元开始有长度为 LEN 的无符号数据块，试编一个求和程序，并将和存入内部 RAM 的 SUM 单元(设和不超过 8 位)。

程序如下：

```
BLOCK   EQU  20H
LEN     EQU  30H
SUM     EQU  40H
START:  CLR A                  ；清累加器 A
        MOV R2, #LEN           ；数据块长度送 R2
        MOV R1, #BLOCK         ；数据块首址送 R1
```

```
LOOP:   ADD A, @R1          ; 循环加法
        INC R1              ; 修改地址指针
        DJNZ R2, LOOP       ; 修改计数器并判断
        MOV SUM, A          ; 存和
        RET
```

本例程序中，利用R1作间接寻址寄存器，每作一次加法，R1加1，数据指针指向下一个数据地址，R2为循环次数计数器，用DJNZ指令修改计数器值，并控制循环的结束与否。

2. 多重循环

前面介绍的两个例子中，程序只有一个循环，这种程序称为单循环程序。而遇到复杂问题时，采用单循环往往是不够的，还必须采用多重循环才能解决。所谓多重循环，是指在循环程序中还套有其他循环程序，现举例说明。

【例7】 10秒延时程序。

延时程序与MCS-51执行指令的时间有关，如果使用6 MHz晶振，一个机器周期为2 μs，计算出一条指令以及一个循环所需要的执行时间，给出相应的循环次数，便能达到延时的目的。10秒延时程序如下：

```
DELAY: MOV R5, #100
DEL0:  MOV R6, #100
DEL1:  MOV R7, #248
DEL2:  DJNZ R7, DEL2
       DJNZ R6, DEL1
       DJNZ R5, DEL0
       RET
```

本例程序中，采用了多重循环程序，即在一个循环体中又包含了其他的循环程序，这种方式是实现延时程序的常用方法。使用多重循环时，必须注意：

(1) 循环嵌套，必须层次分明，不允许产生内外层循环交叉。

(2) 外循环可以一层层向内循环进入，结束时由里往外一层层退出。

(3) 内循环可以直接转入外循环，实现一个循环由多个条件控制的循环结构方式。

【例8】 在外部RAM中，BLOCK开始的单元中有一无符号数据块，其个数为LEN个字节。试将这些无符号数按递减次序重新排列，并存入原存储区。

处理这个问题要利用双重循环程序。在内循环中将相邻两个单元的数进行比较，若符合从大到小的次序，则不动；否则，两个数交换，这样两两比较下去，比较n－1次，所有的数都比较与交换完毕，最小数沉底。在下一个内循环中将减少一次比较与交换。此时，若不再出现交换，则说明这些数据已经是按递减次序排列了，程序可结束；否则，将进行下一个循环。如此反复比较与交换，每次内循环的最小数都沉底，而较大的数一个个冒上来，这种排序方法称为“冒泡法”。

用P2口作为数据地址指针的高字节地址；用R0、R1作为相邻两单元的低字节地址；用R7、R6作为外循环与内循环计数器；用程序状态字PSW的F0作为交换标志。图4.5为例8的“冒泡法”程序流程图。

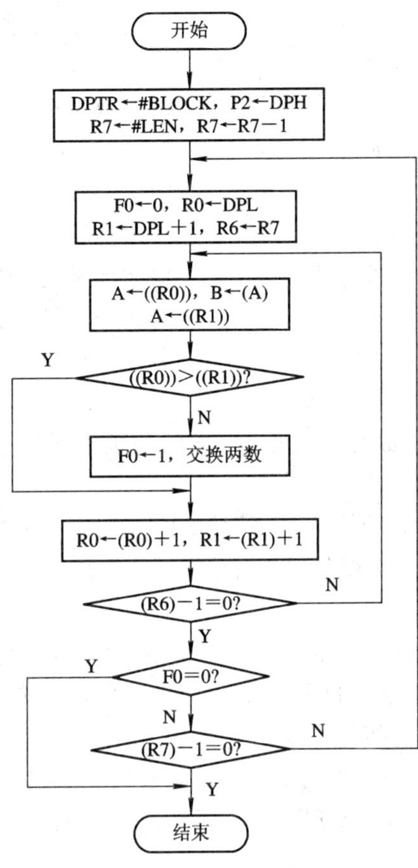

图 4.5　例 8 的“冒泡法”程序流程图

程序如下：

```
        ORG  1000H
START：MOV DPTR，#BLOCK      ；置地址指针
        MOV P2，DPH           ；P2 作地址指针高字节
        MOV R7，#LEN          ；置外循环计数初值
        DEC R7                ；比较与交换 n－1 次
LOOP0：CLR F0                ；交换标志清 0
        MOV R0，DPL；
        MOV R1，DPL           ；置相邻两个数地址指针低字节
        INC R1
        MOV R6，R7            ；置内循环计数器初值
LOOP1：MOVX A，@R0           ；取数
        MOV B，A              ；暂存
        MOVX A，@R1           ；取下一个数
        CJNE A，B，NEXT       ；相邻两个数比较，若不等，则转移
        SJMP NOCHA            ；若相等，则不交换
NEXT：  JC NOCHA              ；若 Cy =1，则前者大于后者，不必交换
```

```
        SETB F0               ；否则，置交换标志
        MOVX  @R0, A          ；
        XCH  A, B             ；两个数交换，大者在前，小者在后
        MOVX  @R1, A          ；
NOCHA:  INC R0
        INC R1                ；修改指针
        DJNZ R6, LOOP1        ；内循环未完，则继续
        JNB F0, EXIT          ；若从未交换，则结束
        DJNZ R7, LOOP0        ；若外循环未完，则继续
EXIT:   RET
```

本例循环程序中，循环次数是已知的。下面的例子中循环次数未知，此时必须采用条件来判断是否循环。

【例 9】 设某系统的模/数转换器是 ADC0809，它的转换结束信号 EOC 连接到 8031 的 P1.7 端，当 EOC 的状态由低变高时，则结束循环等待，并读取转换值。

其程序如下：

```
START:  MOV DPTR, #addr       ；0809 端口地址送 DPTR
        MOV A, #00H           ；启动 0809 转换
        MOVX  @DPTR, A
LOOP:   JNB P1.7, LOOP        ；检测 P1.7 状态，判断是否转换结束
        MOVXA, @DPTR          ；读取转换结果
          ⋮
```

【例 10】 在内部 RAM 中从 50H 单元开始的连续单元依次存放了一串字符，该字符串以回车符为结束标志，要求测试该字符串的长度。

要测试字符串长度，必须将该字符串中的每一个字符依次与回车符相比较。若不相等，则统计字符串长度的计数器加 1，继续比较，直至相等。若相等，则表示该字符串结束，计数器中的值就是字符串的长度。

程序如下：

```
START:  MOV R2, #0FFH
        MOV R0, #4FH          ；数据指针 R0 置初值
LOOP:   INC R0
        INC R2
        CJNE  @R0, #0DH, LOOP
        RET
```

待测字符以 ASCII 码形式存放在 RAM 单元中，回车符的 ASCII 码为 0DH，程序中用一条 CJNE @R0，#0DH，LOOP 指令实现字符比较和控制循环的任务，当循环结束时，R2 的内容为字符串的长度。

4.3.4 散转程序设计

在程序中往往会碰到这样的问题，要求根据某个数实现不同的转移，当转移的分支比

较多时，使用比较转移指令和条件判断转移指令进行转移很不方便，会使程序较长和执行速度慢，而根据这个数一次转移就能进入相应的分支程序，则程序效率就可以大大提高，能够实现这种分支方式的程序称为散转程序。

散转程序是分支程序的一种，它可根据运算结果或输入数据将程序转入不同的分支。MCS－51 指令系统中有一条跳转指令 JMP　@A＋DPTR，用它可以很容易地实现散转功能。该指令把累加器的 8 位无符号数与 16 位数据指针的内容相加，并把相加的结果装入程序计数器 PC，控制程序转向目标地址去执行。此指令的特点是，转移的目标地址不是在编程或汇编时预先确定的，而是在程序运行过程中动态地确定的。目标地址是以数据指针 DPTR 的内容为起始的 256 字节范围内的指定地址，即由 DPTR 的内容决定分支转移程序的首地址，由累加器 A 的内容来动态选择其中的某一个分支转移程序。

下面介绍最基本的实现散转程序的方法。

【例 11】 根据工作寄存器 R0 内容的不同，使程序转入相应的分支。

(R0)＝0　对应的分支程序标号为 PR0；

(R0)＝1　对应的分支程序标号为 PR1；

⋮

(R0)＝N　对应的分支程序标号为 PRN。

程序如下：

```
LP0:    MOV DPTR, #TAB          ;取表头地址
        MOV A, R0
        ADD A, R0               ;R0 内容乘以 2
        JNC LP1                 ;无进位转移
        INC DPH                 ;加进位位
LP1:    JMP  @A+DPTR            ;跳至散转表中相应位置
          ⋮
TAB:    AJMP PR0
        AJMP PR1
          ⋮
        AJMP PRN
```

本例程序仅适用于散转表首地址 TAB 和处理程序入口地址 PR0，PR1，…，PRN 在同一个 2 KB 范围的存储区内的情形。若超出 2 KB 范围，可在分支程序入口处安排一条长跳转指令，可采用如下程序：

```
        MOV DPTR, #TAB
        MOV A, R0
        MOV B, #03H             ;长跳转指令占 3 个字节
        MUL AB
        XCH A, B
        ADD A, DPH
        MOV DPH, A
        XCH A, B
```

```
        JMP  @A+DPTR          ；跳至散转表中相应的位置
          ⋮
TAB：   LJMP PR0              ；跳至不同的分支
        LJMP PR1
          ⋮
        LJMP PRN
```

4.3.5 子程序和参数传递

1. 子程序的概念

在编程过程中，常有相同问题多次出现的情况。例如，求三角函数和各种加、减、乘、除运算，代码转换以及延时等。如果编程中每次遇到这样的操作都编写一段程序，会使编程十分繁琐，也会占用大量程序存储器空间。通常把这些基本操作功能编制为程序段作为独立的子程序，以供不同程序或同一程序反复调用。在程序中需要执行这种操作的地方放置一条调用指令，当程序执行到该调用指令时，就转到子程序中完成规定的操作，然后再返回到原来的程序继续执行下去。

2. 子程序的调用

调用子程序的指令有“ACALL”和“LCALL”，执行调用指令时，先将程序地址指针 PC 改变(“ACALL”加 2，“LCALL”加 3)，然后将 PC 值压入堆栈，用新的地址代替。执行返回指令时，再将 PC 值弹出。

子程序调用中，主程序应先把有关的参数存入约定的位置，子程序在执行时，可以从约定的位置取得参数。当子程序执行结束时，将得到的结果再存入约定的位置，返回主程序后，主程序可以从这些约定的位置上取得需要的结果，这就是参数的传递。

MCS－51 单片机在汇编语言中有多种参数传递的方法，如用累加器、寄存器、堆栈等进行参数的传递。下面举一个例子加以说明。

【例 12】 把内部 RAM 某一单元中一个字节的十六进制数转换成两位 ASCII 码，结果存放在内部 RAM 的两个连续单元中。

假设一个字节的十六进制数在内部 RAM 40H 单元，而结果存入 50H、51H 单元，可以用堆栈进行参数传递，程序如下：

```
MAIN： MOV R1，#50H        ；R1 为存结果的指针
       MOV  A，40H         ；A 为需转换的十六进制数
       SWAP  A             ；先转换高半字节
       PUSH  ACC           ；压栈
       LCALL  HEASC        ；调用将低半字节的内容转换
                           ；成 ASCII 码的子程序 HEASC
       POP  ACC
       MOV  @R1，A         ；存高半字节转换结果
       INC  R1
       PUSH  40H
```

```
        LCALL  HEASC
        POP  ACC
        MOV  @R1, A           ；存低半字节转换结果
        END
HEASC:  MOV  R0, SP
        DEC  R0
        DEC  R0               ；R0 指向十六进制数参数地址
        XCH  A, @R0           ；取被转换参数
        ANL  A, #0FH          ；保留低半字节
        ADD  A, #2            ；修改 A 值
        MOVC  A, @A+PC        ；查表
        XCH  A, @R0           ；结果送回堆栈
        RET
TAB:    DB  30H, 31H, 32H, …
```

本例程序中，子程序 HEASC 把 1 位十六进制数转换成对应的 ASCII 码。主程序中先压入被转换的 1 位十六进制数，调用子程序时，堆栈中压入了两个字节的返回地址，故进入子程序后，不能直接从栈顶中取被转换的参数，而是借用工作寄存器 R0，使其指向原输入的参数。而返回主程序时，RET 指令将返回地址弹出，堆栈指针直接指向了转换的结果，将其直接弹出即可。

4.3.6　查表程序设计

查表程序是一种常用程序，它广泛应用于 LED 显示控制、打印机打印控制、数据补偿、数值计算、转换等功能程序中，这类程序具有简单、执行速度快等特点。

所谓查表法，就是预先将满足一定精度要求的表示变量与函数值之间关系的一张表求出，然后把这张表存于单片机的程序存储器中，这时自变量值为单元地址，相应的函数值为该地址单元中的内容。查表就是根据变量 X 在表格中查找对应的函数值 Y，使 Y＝f(X)。

MCS－51 指令系统中，有两条查表指令：

```
MOVC  A, @A+PC
MOVC  A, @A+DPTR
```

上面第一条指令中 PC 为当前程序计数器指针，A 为无符号的偏移量，因此表格必须设置在查表指令之后，且长度不超过 256 字节。在例 12 中已使用了该查表指令。一般在 MOVC A，@A＋PC 指令之前要写上一条 ADD A，# data 指令，data 的值是指 MOVC A，@A＋PC 指令执行后的 PC 值至表格首地址之间的字节数。使用这种查表指令时，表格必须靠近查表指令，且表格末尾离查表指令所在地址的字节数必须小于 256，即它适用于“本地”较小的表格。

第二条指令中，DPTR 可设置为任何单元，因此表格可在 64 KB 范围之内的任何地方，使用非常方便。

【例 13】　一个十六进制数存放在内部 RAM 的 HEX 单元的低 4 位中，将其转换成

ASCII 码并送回 HEX 单元。

十六进制中，0～9 的 ASCII 码为 30H～39H，A～F 的 ASCII 码为 41H～46H，ASCII 码表格的首地址为 ASCTAB。编程如下：

```
        ORG  1000H
HEXASC: MOV  A, HEX
        ANL  A, #0FH
        ADD  A, #3              ；修改指针
        MOVC A, @A+PC
        MOV  HEX, A
        RET
ASCTAB: DB  30H, 31H, 32H, 33H, 34H
        DB  35H, 36H, 37H, 38H, 39H
        DB  41H, 42H, 43H, 44H, 45H
        DB  46H
```

在本例程序中，查表指令 MOVC A，@A+PC 到表格首地址有两条指令，占用 3 个字节地址空间，故修改指针应加 3。

【例 14】 在一个温度检测系统中，温度模拟信号由 10 位 A/D 输入。将 A/D 结果转换为对应温度值，可采用查表方法实现。先由实验测试出整个温度量程范围内的 A/D 转换结果，把 A/D 转换结果 000H～3FFH 所对应的温度值组织为一个表，存储在程序存储器中，那么就可以根据检测到的模拟量的 A/D 转换值查找出相应的温度值。

设测得的 A/D 转换结果已存入 20H、21H 单元中(高位字节在 20H 中，低位字节在 21H 中)，查表得到的温度值存放在 22H、23H 单元(高位字节在 22H 中，低位字节在 23H 中)。

程序如下：

```
FTMP: MOV  DPTR, #TAB          ；DPTR←表首地址
      MOV  A, 21H              ；(20H)(21H)×2
      CLR  C
      RLC  A
      MOV  21H, A
      MOV  A, 20H
      RLC  A
      MOV  20H, A
      MOV  A, 21H              ；表首地址+偏移量
      ADDC A, DPL
      MOV  DPL, A
      MOV  A, 20H
      ADDC A, DPH
      MOV  DPH, A
      CLR  A
```

```
        MOVC A，@A+DPTR        ；查表，得温度值高位字节
        MOV 22H，A
        CLR  A
        INC  DPTR
        MOVC A，@A+DPTR        ；查表，得温度值低位字节
        MOV 23H，A
        RET
TAB：   DW …
```

本例程序中，表格字节长度超过 256 个，且每一个温度值占两个字节存储单元，因此使用 MOVC A，@A＋DPTR 指令修改数据指针 DPTR 可很方便地查得结果。

4.3.7　数制转换

计算机能够直接识别和处理的只能是二进制数，但有些输入输出设备，如键盘、扫描仪、液晶显示器等，往往要求计算机以 ASCII 码的形式与其交换信息。另外，人们又习惯使用十进制数，希望能以十进制数进行输入和输出。因此，数制转换和代码转换在编程时是不可缺少的部分。例 12、例 13 中已经介绍了两种十六进制数转换为 ASCII 码的方法，下面再举例介绍几种常用的转换程序。

【例 15】 将一个字节的二进制数转换成 3 位非压缩型 BCD 码。

设一个字节的二进制数在内部 RAM 40H 单元，转换结果放入内部 RAM 50H、51H、52H 单元中(高位在前)，程序如下：

```
HEXBCD：MOV A，40H
        MOV B，#100
        DIV  AB
        MOV 50H，A
        MOV A，#10
        XCH  A，B
        DIV  AB
        MOV 51H，A
        MOV 52H，B
        RET
```

【例 16】 设 4 位 BCD 码依次存放在内存 RAM 40H～43H 单元的低 4 位，高 4 位都为 0，要求将其转换为二进制数，结果存入 R2R3 中。

一个十进制数可表示为：

$$D_n \times 10^n + D_{n-1} \times 10^{n-1} + \cdots + D_0 \times 10^0$$
$$= (\cdots((D_n \times 10 + D_{n-1}) \times 10 + D_{n-2}) \times 10 + \cdots) + D_0$$

当 n＝3 时，上式可表示为：

$$((D_3 \times 10 + D_2) \times 10 + D_1) \times 10 + D_0$$

由此，可编制程序如下：

```
BCDHEX：MOV R0，#40H        ；R0 指向最高位地址
        MOV R1，#03         ；计数值送 R1
```

```
        MOV R2, #0            ; 存放结果的高位清零
        MOV A, @R0
        MOV R3, A
LOOP:   MOV A, R3
        MOV B, #10
        MUL AB
        MOV R3, A             ; (R3)×10 的低 8 位送至 R3
        MOV A, B
        XCH A, R2             ; (R3)×10 的高 8 位暂存于 R2
        MOV B, #10
        MUL AB
        ADD A, R2
        MOV R2, A             ; R2×10+(R3×10)高 8 位送至 R2
        INC R0                ; 取下一个 BCD 数
        MOV A, R3
        ADD A, @R0
        MOV R3, A
        MOV A, R2
        ADDC A, #0            ; 加低字节的进位
        MOV R2, A
        DJNZ R1, LOOP
        RET
```

4 位 BCD 码最大值为 9999，转换成二进制数为 270FH，故不超过两个字节，可用两个字节来表示转换结果。

4.3.8 运算程序

大多数单片机应用系统都离不开数值运算，而最基本的数值运算为四则运算。数值运算又可以分为符号数运算和无符号数运算、定点数运算和浮点数运算。定点数运算程序简单，执行速度快，所以多数情况下采用定点数运算。下面介绍一些定点数运算程序。

1. 加、减法运算程序

加法程序已在 4.3.1 节例 1 中作了介绍，减法程序与加法程序类似，只需将其中加法指令换成减法指令即可。

【例 17】 将从 40H 开始存放的 10 个字节的数与从 50H 开始存放的 10 个字节的数相减(假设被减数大于减数)。

设被减数指针为 R0，减数指针为 R1，差数放回被减数单元，R5 存放字节个数，则程序如下：

```
SUB:  MOV R0, #40H
      MOV R1, #50H
      MOV R5, #10
      CLR C
```

```
SUB1： MOV A，@R0
       SUBB A，@R1
       MOV @R0，A
       INC  R0
       INC  R1
       DJNZ R5，SUB1
       RET
```

2. 乘法运算程序

在计算机中，常采用移位和加法来实现乘法运算。

【例 18】 将(R2R3)和(R6R7)中双字节无符号数相乘，结果存入 R4R5R6R7。此乘法可以采用部分积右移的方法来实现，其程序流程图如图 4.6 所示。

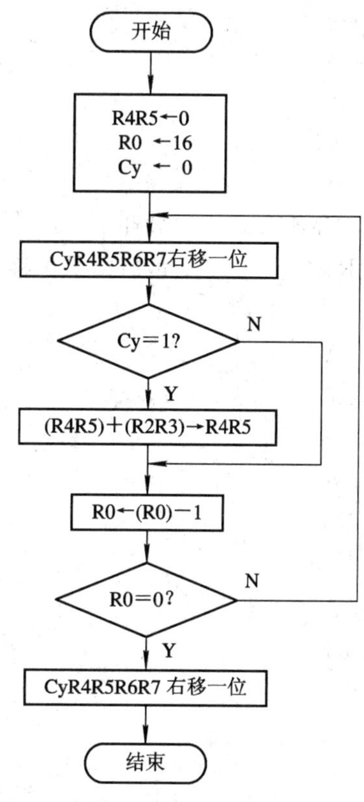

图 4.6　例 18 的程序流程图

程序如下：

```
NMUL：  MOV R4，#0          ；初始化
        MOV R5，#0
        CLR  C
        MOV R0，#16
NMUL1： MOV A，R4           ；CyR4R5R6R7 右移一位
        RRC  A
        MOV R4，A
```

```
        MOV  A, R5
        RRC  A
        MOV  R5, A
        MOV  A, R6
        RRC  A
        MOV  R6, A
        MOV  A, R7
        RRC
        MOV  R7, A
        JNC  NMUL2          ; C为移出乘数的最低位
        MOV  A, R5          ; (R4R5)+(R2R3)→(R4R5)
        ADD  A, R3
        MOV  R5, A
        MOV  A, R4
        ADDC A, R2
        MOV  R4, A
NMUL2:  DJNZ R0, NMUL1      ; 循环16位
        MOV  A, R4          ; 最后结果再移一位
        RRC  A
        MOV  R4, A
        MOV  A, R5
        RRC  A
        MOV  R5, A
        MOV  A, R6
        RRC  A
        MOV  R6, A
        MOV  A, R7
        RRC  A
        MOV  R7, A
        RET
```

对于16位×8位数的乘法子程序，可采用快速乘法实现。

【例19】 假定被乘数放在(R4R3)中，乘数放在R2中，将乘积放在R7R6和R5中。MCS-51中有8位数的乘法指令MUL，用它来实现多字节乘法时，可表示为

$$
\begin{aligned}
(R4R3)\times(R2) &= [(R4)\times 2^8+(R3)]\times(R2)\\
&= (R4)\times(R2)\times 2^8+(R3)\times(R2)
\end{aligned}
$$

其中，(R4)×(R2)和(R3)×(R2)都是可直接用MUL指令来实现的，而乘以2^8意味着左移8位。由此可编写如下程序：

```
NMUL1:  MOV  A, R2
        MOV  B, R3
```

```
MUL  AB          ；(R3)×(R2)
MOV  R5，A       ；积的低位送至 R5
MOV  R6，B       ；积的高位送至 R6
MOV  A，R2
MOV  B，R4
MUL  AB          ；(R4)×(R2)
ADD  A，R6       ；(R3)×(R2)的高位加(R4)×(R2)的低位
MOV  A，B
ADDC A，#00H     ；(R4)×(R2)的高位加 Cy
MOV  R7，A       ；结果送至 R7
RET
```

根据上面的算法，很容易推广到 16 位×16 位、32 位×16 位数的乘法上去，编程完全可仿照上面的程序，充分利用 MUL 指令来实现。

3. 除法运算程序

除法是乘法的逆运算，用移位、相减的方法来完成。首先比较被除数的高位与除数，如果被除数的高位大于除数，则商为 1，并从被除数中减去除数，形成一个部分余数；否则，商为 0，不执行减法。然后把新的部分余数左移一位，并与除数再次进行比较。循环此步骤，直到被除数的所有位都处理完为止。若商的字长为 n，则需循环 n 次。一般计算机中，被除数均为双倍位，即如果除数和商为双字节，则被除数为四字节。如果在除法中商大于规定字节，称为溢出。在进行除法前，应该检查是否会产生溢出。一般可在进行除法前，先比较被除数的高位与除数，如果被除数高位大于除数，则溢出，置溢出标志位，不执行除法。

根据上述运算，可画出除法程序的流程图，如图 4.7 所示。

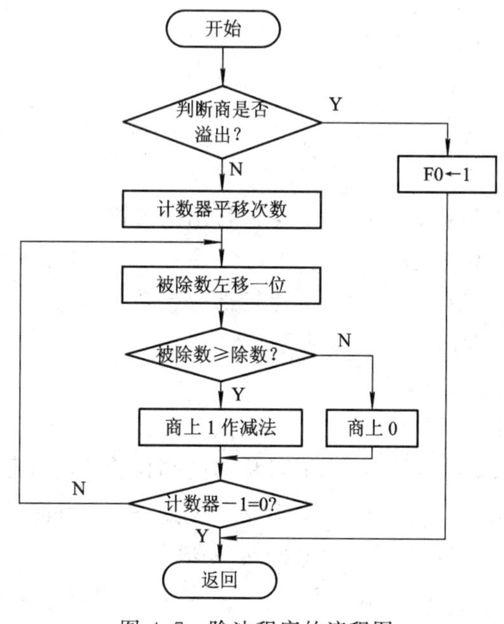

图 4.7　除法程序的流程图

【例 20】 将(R4R5R6R7)除以(R2R3)，商放在(R6R7)中，余数放在(R4R5)中。

按题目要求，R4R5R6R7 为被除数，同时 R6R7 又是商。在运算前，先比较 R4R5 与除数 R2R3，若前者大，则为溢出，置位 F0(溢出标志位)，然后直接退出，不进行除法。上商时，上商 1 采用加 1 的方法；上商 0 不加 1。比较操作采用减法来实现，只是先不回送减法结果，而是保存在累加器 A 和寄存器 R1 中，在需要执行减法时，才送回结果。B 为循环次数控制计数器，其值为 16(除数和商为 16 位)。在左移时，把移出的最高位保留到标志位 F0 中，如果 F0=1，则被除数(部分余数，有 17 位)总是大于除数，因为除数最多为 16 位，这时必然执行减法并上商 1。其程序如下：

```
NDIV：  MOV A, R5        ；判断商是否产生溢出
        CLR  C
        SUBB A, R3
        MOV A, R4
        SUBB A, R2
        JNC  NDIV1       ；若溢出，则转溢出处理
        MOV B, #16       ；若无溢出，则执行除法
NDIV2： CLR  C           ；被除数左移一位，低位送 0
        MOV A, R7
        RLC  A
        MOV R7, A
        MOV A, R6
        RLC  A
        MOV R6, A
        MOV A, R5
        RLC  A
        MOV R5, A
        XCH  A, R4
        RLC  A
        XCH  A, R4
        MOV F0, C        ；保护移出的最高位
        CLR  C
        SUBB A, R3       ；比较部分余数与除数
        MOV R1, A
        MOV A, R4
        SUBB A, R2
        JB F0, NDIV3     ；若移出的高位为 1，则肯定够减
        JC NDIV4         ；否则，(Cy)=0 才够减
NDIV3： MOV R4, A        ；回送减法结果
        MOV A, R1
        MOV R5, A
```

```
        INC  R7             ；商上1
NDIV4： DJNZ B，NDIV2       ；循环次数减1，若不为零，则循环
        CLR  F0             ；正常执行无溢出，F0=0
        RET
NDIV1： SETB F0             ；溢出，F0=1
        RET
```

习题与思考题

1. 若有两个符号数 x、y 分别存放在内部存储器 50H、51H 单元中，试编写一个程序实现 x×10+y，结果存入 52H、53H 单元中。

2. 在以 3000H 为首地址的外部 RAM 单元中，存放了 14 个 ASCII 码表示的 0～9 之间的数，试编写程序将它们转换为 BCD 码，并以压缩型 BCD 码的形式存放在以 2000H 为首地址的外部 RAM 单元中。

3. 采样的 5 个值分别存放在 R0、R1、R2、R3、R4 中，试编写一程序，求出它们的中间值，并存放在 R2 中。

4. 以 BUF1 为起始地址的外部数据存储器区中，存放有 16 个单字节无符号二进制数，试编写一程序，求其平均值并送 BUF2 单元。

5. 试编写程序，将内部 RAM 中以 DATA1 单元开始的 20 个单字节数据依次与以 DATA2单元开始的 20 个单字节数据进行交换。

6. 某场歌手赛共有 10 个评委，试编一程序，输入 10 个评分，去掉最高分和最低分，求平均分(均为 BCD 码)。

7. 编写将一个单字节十六进制数转换为十进制数的子程序。

8. 在内部 RAM 的 BLOCK 开始的单元中有一无符号数据块，数据块长度存入 LEN 单元。试编程求其中的最大数并存入 MAX 单元中。

9. 试编写程序，将内部 RAM 中 41H～43H 单元中的数左移 4 位，移出部分送至 40H 单元。

10. 在外部 RAM 的 BLOCK 开始的单元有一数据块，数据块长度存入内部 RAM 的 LEN 单元。试编程统计其中正数、负数和零的个数并分别存入内部 RAM 的 PCOUNT、MCOUNT 和 ZCOUNT 单元。

11. 试编写一查表求平方子程序 SQR(设 X 在累加器 A 中，A 小于 15，平方数存入工作寄存器 R7 中)。

12. 试编写一程序，将外部数据区以 DATA1 单元开始的 50 个单字节数逐一依次移至内部 RAM 中以 DATA2 单元开始的数据区中。

13. 试编写一个 3 字节数乘 1 字节数的子程序。

14. 试编写一个 4 字节数除以 1 字节数的子程序。

第 5 章

MCS－51 单片机的中断系统

5.1 中断的概述

中断是计算机中一个很重要的概念，中断技术的引入使计算机的发展和应用大大地推进了一步。因此，中断功能的强弱已成为衡量一台计算机功能完善与否的重要指标之一。

1. 中断

中断是指计算机在执行某一程序的过程中，由于计算机系统内、外的某种原因，而必须中止原程序的执行，转去执行相应的处理程序，待处理结束之后，再回来继续执行被中止的原程序的过程。

采用了中断技术后的计算机，可以解决 CPU 与外设之间速度匹配的问题，使计算机可以及时处理系统中许多随机的参数和信息。同时，它也提高了计算机处理故障与应变的能力。

2. 中断源

中断源是指在计算机系统中向 CPU 发出中断请求的来源，中断可以人为设定，也可以为响应突发性随机事件而设置。中断源通常有 I/O 设备、实时控制系统中的随机参数、信息、故障源等。

3. 中断优先级

由于在实际的系统中，往往有多个中断源，且中断申请是随机的，故有时可能会有多个中断源同时提出中断申请，但 CPU 一次只能响应一个中断源发出的中断请求，这时 CPU 应响应哪个中断请求？这就需要用软件或硬件按中断源工作性质的轻重缓急，给它们安排一个优先顺序，即所谓的优先级排队。中断优先级越高，则响应优先权就越高。当 CPU 正在执行中断服务程序时，又有中断优先级更高的中断申请产生，这时 CPU 就会暂停当前的中断服务转而处理高级中断申请，待高级中断处理程序完毕后再返回原中断程序断点处继续执行，这一过程称为中断嵌套。

4. 中断响应的过程

中断响应的过程包括以下几个方面。

(1) 在每条指令结束后，系统都自动检测中断请求信号。如果有中断请求，且 CPU 处于开中断状态下，则响应中断。

(2) 保护现场，在保护现场前，一般要关中断，以防止现场被破坏。保护现场一般是用堆栈指令将原程序中用到的寄存器推入堆栈。在保护现场之后要开中断，以响应更高优先级的中断申请。

(3) 中断服务，即为相应的中断源服务。

(4) 恢复现场，用堆栈指令将保护在堆栈中的数据弹出来，在恢复现场前要关中断，以防止现场被破坏。在恢复现场后应及时开中断。

(5) 返回，此时 CPU 将推入到堆栈的断点地址弹回到程序计数器，从而使 CPU 继续执行刚才被中断的程序。

5.2　MCS-51 中断系统

MCS-51 单片机的中断系统由与中断有关的特殊功能寄存器、中断入口、顺序查询逻辑电路组成，其结构如图 5.1 所示。

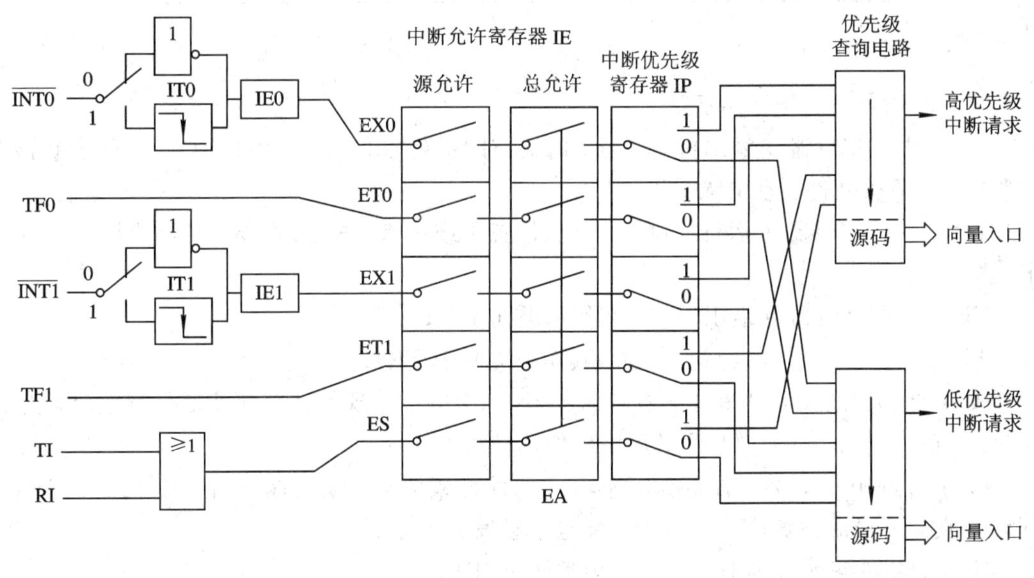

图 5.1　MCS-51 中断系统结构框图

5.2.1　中断源

MCS-51 单片机的中断系统是 8 位单片机中功能最强的一种。8051 提供 5 个中断源(8052 提供 6 个)，其作用如表 5.1 所示。

8051 的中断请求分别由特殊功能寄存器 TCON 和 SCON 的相应位锁存。

表 5.1 8051 中断源

中断源	说明
$\overline{INT0}$	P3.2 引脚输入，低电平/负跳变有效，在每个机器周期的 S5P2 采样并建立 IE0 标志
定时器 0	当定时器 T0 产生溢出时，置位内部中断请求标志 TF0，发中断申请
$\overline{INT1}$	P3.3 引脚输入，低电平/负跳变有效，在每个机器周期的 S5P2 采样并建立 IE1 标志
定时器 1	当定时器 T1 产生溢出时，置位内部中断请求标志 TF1，发中断申请
串行口	当一个串行帧接收/发送完时，使中断请求标志 RI/TI 置位，发中断申请

1. 特殊功能寄存器 TCON 中的标志

TCON 为内部定时器/计数器 T0、T1 的控制寄存器，其字节地址为 88H，位地址为 88H～8FH，图 5.2 表示出了 TCON 各位的定义。

(MSB)							(LSB)
TF1	TR1	TF0	TR0	IE1	IT1	IE0	IT0

图 5.2 TCON 格式

图 5.2 中各位的作用如下：

TF1：内部定时器 1 溢出标志。当定时器/计数器溢出时，由硬件置位，申请中断，进入中断服务后被硬件自动清除。

TR1：内部定时器 1 运行控制位。靠软件置位或清除，置位时，定时器/计数器接通工作；清除时，停止工作。

TF0：内部定时器 0 溢出标志。其作用类同于 TF1。

TR0：内部定时器 0 运行控制位。其作用类同于 TR1。

IE1：外部中断 1 请求标志。检测到在 $\overline{INT1}$ 引脚上出现的外部中断信号有效时，由硬件置位，请求中断，进入中断服务后被硬件自动清除。

IT1：外部中断 1 类型控制位。靠软件来设置或清除，以控制外部中断的触发类型。IT1=1 时，下降沿触发；IT1=0 时，低电平触发。

IE0：外部中断 0 请求标志。其作用类同于 IE1。

IT0：外部中断 0 类型控制位。其作用类同于 IT1。

2. 特殊功能寄存器 SCON 中的标志

SCON 用于控制和监视串行口的工作状态。其字节地址为 98H，位地址为 98H～9FH，各位定义如图 5.3 所示。

(MSB)							(LSB)
SM0	SM1	SM2	REN	TB8	RB8	TI	RI

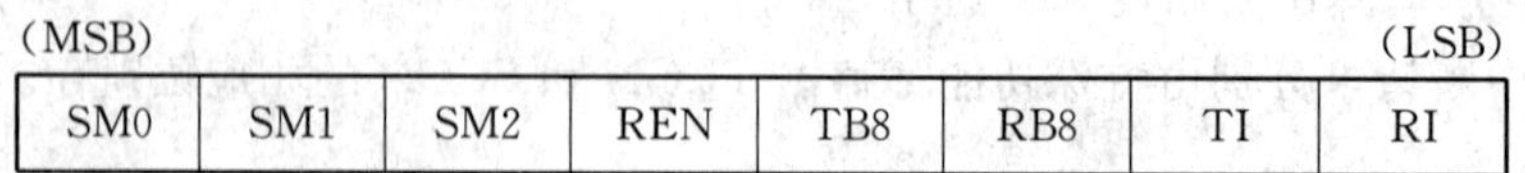

图 5.3 SCON 格式

图 5.3 中各位的作用如下：

SM0 和 SM1：串行口操作模式选择位。

SM2：多机通信使能位。

REN：允许接收位。

TB8：发送数据位 8。

RB8：接收数据位 8。

以上 6 位定义将在串行接口中说明。

TI：串行口发送中断标志。串行口每发送完一帧数据后，硬件置位 TI。CPU 响应中断后不会自动清零 TI，需由软件来完成。

RI：串行口接收中断标志。串行口每接收完一帧数据后，硬件置位 RI。CPU 响应中断后不会自动清零 RI，需由软件来完成。

5.2.2　中断控制

1. 中断允许控制

MCS-51 单片机有 5 个(8052 有 6 个)中断源，为了使每个中断源都能独立地被允许或禁止，以便用户能灵活使用，它在每个中断信号的通道中设置了一个中断屏蔽触发器。只有该触发器无效，它所对应的中断请求信号才能进入 CPU，即此类型中断开放。否则，即使其对应的中断标志位置 1，CPU 也不会响应中断，即此类型中断被屏蔽了。同时 CPU 内还设置了一个中断允许触发器，它可控制 CPU 能否响应中断。

中断屏蔽触发器和中断允许触发器由中断允许寄存器 IE 控制，IE 的字节地址为 A8H，位地址为 A8H～AFH，其各位定义如图 5.4 所示，它的各位的置位和复位均由用户通过软件编程实现。

(MSB)　　　　　　　　　　　　　　　　　　　　(LSB)

EA	X	ET2	ES	ET1	EX1	ET0	EX0

图 5.4　IE 格式

图 5.4 中各位的作用如下：

EA：中断总允许位。若 EA=0，则禁止一切中断；若 EA=1，则某一个中断源是否允许中断分别由各自的允许位确定。

ET2：内部定时器 2 中断允许位。ET2=0，禁止 T2 中断；ET2=1，允许 T2 中断。

ES：串行口中断允许位。ES=0，禁止串行口中断；ES=1，允许串行口中断。

ET1：内部定时器 1 中断允许位。ET1=0，禁止 T1 中断；ET1=1，允许 T1 中断。

EX1：外部中断 1 允许位。EX1=0，禁止外部中断 1 中断；EX1=1，允许中断。

ET0：内部定时器 0 中断允许位。ET0=0，禁止 T0 中断；ET0=1，允许 T0 中断。

EX0：外部中断 0 允许位。EX0=0，禁止外部中断 0 中断；EX0=1，允许外部中断 0 中断。

2. 中断优先级

MCS-51 单片机的中断源分为两个优先级，每个中断源的优先级都可以通过中断优先级寄存器 IP 中的相应位来设定。IP 中各位由用户通过软件编程，其字节地址为 0B8H，位地址为 0B8H～0BCH，其各位定义如图 5.5 所示。

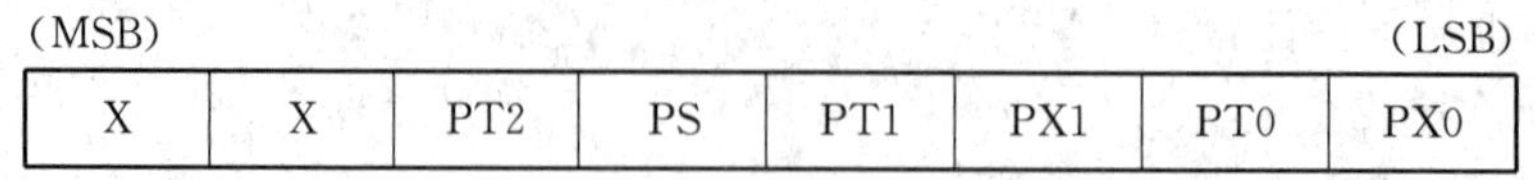

图 5.5 IP 格式

图 5.5 中各位的作用如下：

PT2：内部定时器 2 中断优先级设定位。PT2=1，设定 T2 中断为高优先级；PT2=0，设定 T2 中断为低优先级。

PS：串行口中断优先级设定位。PS=1，设定串行口为高优先级；PS=0，设定串行口为低优先级。

PT1：内部定时器 1 中断优先级设定位。PT1=1，设定 T1 中断为高优先级；PT1=0，设定 T1 中断为低优先级。

PX1：外部中断 1 优先级设定位。PX1=1，设定外部中断 1 为高优先级；PX1=0，设定外部中断 1 为低优先级。

PT0：内部定时器 0 中断优先级设定位。PT0=1，设定 T0 中断为高优先级；PT0=0，设定 T2 中断为低优先级。

PX0：外部中断 0 优先级设定位。PX0=1，设定外部中断 0 为高优先级；PX0=0，设定外部中断 0 为低优先级。

中断优先级寄存器 IP 把各中断源的优先级分为高优先级和低优先级，但中断源有 5 个(8052 有 6 个)，当有两个以上中断源同时提出申请时，CPU 到底响应哪一个中断源发出的中断申请呢？它们遵循以下两条基本规则：

(1) 低优先级中断可被高优先级中断所中断，反之不能；

(2) 一种中断(不管是什么优先级)一旦得到响应，与它同级的中断不能再中断它。

为了实现这两条规则，中断系统内部设置了两个不可寻址的"优先级激活"触发器。其中一个指示某高优先级的中断正在得到服务，所有后来的中断都被阻断。另一个触发器指示某低优先级的中断正得到服务，所有同级的中断都被阻断，但不阻断高优先级的中断。

当同时收到几个同一优先级的中断请求时，哪一个请求得到服务，取决于"内部查询次序"，相当于在每个优先级中，还有按次序决定的第二优先级结构，其顺序见表 5.2 所示。

表 5.2 同级内第二优先级次序

中　断　源	中断标志位	同级内优先级
外部中断 0	IE0	最高
定时器 0 溢出中断	TF0	↑
外部中断 1	IE1	
定时器 1 溢出中断	TF1	
串行口中断	RI 或 TI	
定时器 2 中断	TF2 或 EXF2	最低

例如，某软件中对寄存器 IE、IP 设置如下：

MOV IE，#8FH

MOV IP，#06H

则此时该系统中：

· CPU 中断允许。

· 允许外部中断 0、外部中断 1、定时器/计数器 0、定时器/计数器 1 提出的中断申请。

· 允许中断源的中断优先次序为：

定时器/计数器 0>外部中断 1>外部中断 0>定时器/计数器 1

5.2.3 中断响应

1. 中断响应的条件

MCS-51 系列单片机，在 CPU 允许中断(EA=1)，中断源允许中断的标志位被软件置 1 的前提下，CPU 将在每一个机器周期的 S5P2 期间顺序检测所有的中断源。这样到任意周期的 S6 状态时，找到了所有已激活的中断请求，并排好了优先权。在下一个机器周期的 S1 状态，只要不受阻断就开始响应其中最高优先级的中断请求。若发生下列情况，中断响应会受到阻断：

(1) 同级或高优先级的中断已在进行中；

(2) 当前的机器周期还不是正在执行指令的最后一个机器周期(换言之，正在执行的指令完成前，任何中断请求都得不到响应)；

(3) 正在执行的是一条 RETI 或者访问特殊功能寄存器 IE 或 IP 的指令(换言之，在 RETI 或读写 IE 或 IP 之后，不会马上响应中断请求，而至少执行一条其他指令之后才会响应)。

若下一周期上述条件不满足，中断标志有可能已经消失，因此会拖延了的中断请求，可能不会再得到响应。

2. 中断响应过程

单片机一旦响应中断请求，就由硬件完成以下功能：

(1) 根据响应的中断源的中断优先级，使相应的优先级状态触发器置 1；

(2) 执行硬件中断服务子程序，并把当前程序计数器 PC 的内容压入堆栈；

(3) 清除相应的中断请求标志位(串行口中断请求标志 RI 和 TI 除外)；

(4) 把被响应的中断源所对应的中断服务程序的入口地址(中断矢量)送入 PC，从而转入相应的中断服务程序。

MCS-51 系统的中断响应入口地址即中断矢量是由硬件自动生成的。各中断源与它所对应的中断服务程序入口地址见表 5.3 所示。

中断响应的过程，相当于执行了一条调用指令，或称隐指令。当 TF0 出现高电平且响应中断时，CPU 就自动执行一条隐指令“LCALL 000BH”。应当注意，在中断服务子程序的调用过程中，只保存了 PC 的信息，其余的信息都要编程者通过软件来保护。

表 5.3　中断服务程序入口地址表

中　断　源	中 断 矢 量
外部中断 0	0003H
定时器 T0 中断	000BH
外部中断 1	0013H
定时器 T1 中断	001BH
串行口中断	0023H
定时器 T2 中断(仅 8052 有)	002BH

例如，现由外部中断 1 提出申请，且主程序中有 R0、R1、DPTR、累加器 A 需保护，则编写的程序应为：

```
        ORG  0000H
        AJMP MAIN
        ORG  0013H
        LJMP INT1
         ⋮
        ORG  0100H
MAIN:   …                  ；主程序
        …
        ORG  1000H
INT1:   PUSH ACC           ；中断服务程序
        PUSH DPH
        PUSH DPL
        PUSH R0
        PUSH R1
          ⋮
        POP R1
        POP R0
        POP DPL
        POP DPH
        POP ACC
        RETI
```

编程中应注意：

(1) 在 0000H 放一条跳转到主程序的跳转指令，这是因为 MCS－51 单片机复位后，PC 的内容变为 0000H，程序从 0000H 开始执行，紧接着 0003H 是中断程序入口地址，故在此中间只能插入一条转移指令。

(2) 响应中断时，先自动执行一条隐指令“LCALL 0013H”，而 0013H 至 001BH(定时器 1 溢出中断入口地址)之间可利用的存储单元不够，故放一条无条件转移指令。

(3) 在中断服务程序的末尾，必须安排一条中断返回指令 RETI，使程序自动返回主程序。

5.3　中断系统的应用

【例 1】 单步操作的中断实现。

中断请求只有在一条指令执行完之后才会得到响应，并且正在响应一个中断时，同级的中断请求是不会得到响应的，利用这个特点即可实现单步操作。

这里介绍一种方法。

把一个外部中断(设为 $\overline{INT0}$)设置为电平激活方式。其中断服务程序的末尾写上如下几条指令：

```
JNB P3.2，$        ；在 INT0变高前原地等待(死循环)
JB   P3.2，$       ；在 INT0变低前原地等待(死循环)
RETI               ；返回并执行一条指令
```

现在，若 $\overline{INT0}$保持低电平，且允许 $\overline{INT0}$中断，则 CPU 就进入外部中断 0 服务程序。由于有上述几条指令，它就会停在 JNB 处，原地等待。当 $\overline{INT0}$端出现一个正脉冲(由低到高，再到低)时，程序就会往下执行，执行 RETI 后，将返回主程序，往下执行一条指令，然后又立即响应中断，以等待 $\overline{INT0}$端出现的下一个正脉冲。这样在 $\overline{INT0}$端每出现一个正脉冲，主程序就执行一条指令，实现了单步执行的目的。要注意的是，这个正脉冲的高电平持续时间不小于 3 个周期，以确保 CPU 能采集到高电平值。

【例 2】 多中断源。

MCS－51 单片机有两个外部中断输入端，当有两个以上中断源时，它的中断输入端就不够了。此时，可以采用中断与查询相结合的方法来实现。可以使每个中断源都接在同一个外部中断输入端上，同时利用输入口线作为多中断源情况下各中断源的识别线。具体电路如图 5.6 所示。同一根外部中断输入端 $\overline{INT0}$上接有 4 个中断源，集电极开路的非门构成或非电路，无论哪个外部装置提出中断请求，都会使 $\overline{INT0}$端变化。究竟是哪个外部装置造成的中断，可以靠查询 P0.4～P0.7 的逻辑电平获知，这 4 个中断源的优先级由软件决定。下面是有关程序，中断优先级按装置 1～4 由高到低顺序排列。

```
          ORG  0003H
          LJMP INT0
          …
INT0：    PUSH PSW
          PUSH ACC
          JB P0.7，DV1
          JB P0.6，DV2
          JB P0.5，DV3
          JB P0.4，DV4
GOBACK：  POP ACC
          POP PSW
          RETI
DV1：     …
```

```
                          ；装置 1 中断服务程序
        …
        AJMP  GOBACK
DV2：   …
                          ；装置 2 中断服务程序
        …
        AJMP  GOBACK
DV3：   …
                          ；装置 3 中断服务程序
        …
        AJMP  GOBACK
DV4：   …
                          ；装置 4 中断服务程序
        …
        AJMP  GOBACK
```

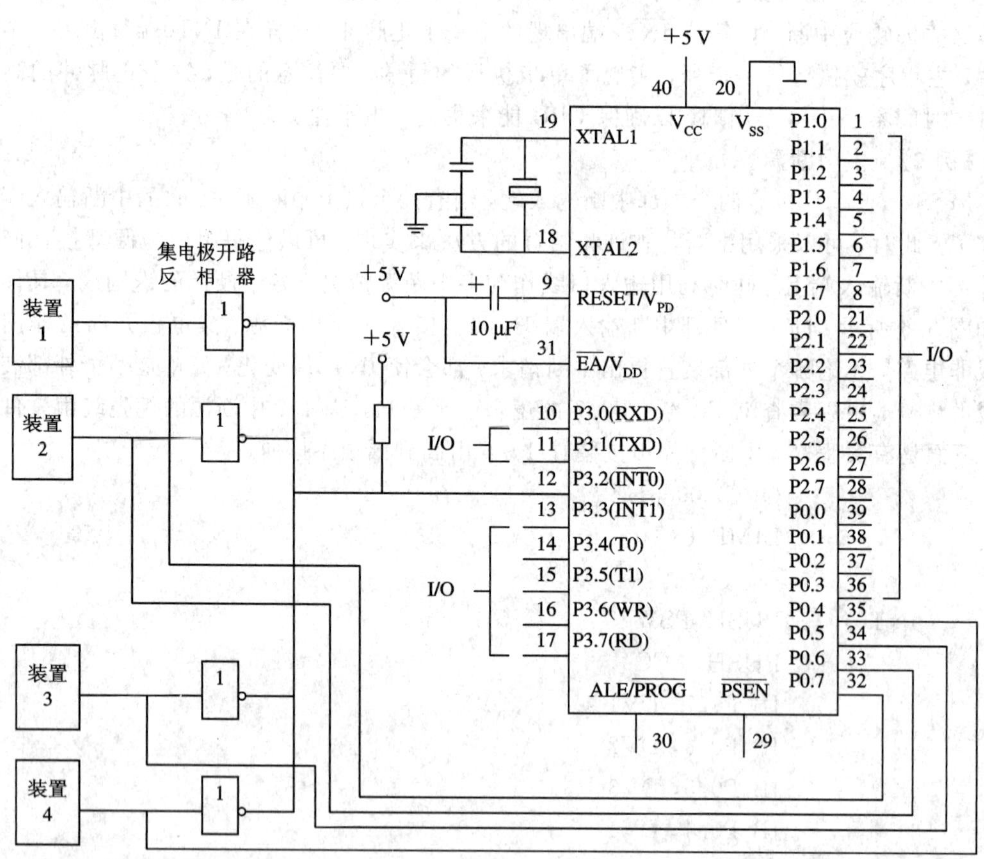

图 5.6　多中断源

使用此方法时应特别注意：装置 1～4 的 4 个中断输入均为高电平有效，能被相应的中断服务程序清除，并且在 CPU 响应该中断之前保持有效，外部中断 0 采用电平触发方式。

使用此种方法的优点是：如果干扰信号引起中断请求，则进入中断服务程序后，CPU依次查询一遍后又返回主程序，增强了抗干扰能力。

习题与思考题

1. 简述中断、中断源、中断源的优先级及中断嵌套的含义。

2. MCS－51 单片机提供几个中断源？几个中断优先级？

3. 简述 TCON、SCON、IE、IP 四个特殊功能寄存器各位的定义和功能。

4. 简述 MCS－51 单片机的中断响应过程。

5. 说明 MCS－51 单片机响应中断后，中断服务程序的入口地址。

6. 指出哪几个中断申请标志位在 CPU 响应该中断申请后能够被硬件自动清零。

7. 在 MCS－51 单片机的应用系统中，如果有多个外部中断源，怎样进行处理？

8. 外部中断 $\overline{\text{INT0}}$、$\overline{\text{INT1}}$的两种触发方式在原理上有何区别？如何用软件设置(说明一种)？

9. 在一个应用系统中，晶振频率为 12 MHz，一个外部中断请求信号的宽度为 300 ns的负脉冲，应该采用哪种触发方式？如何实现？

10. MCS－51 的中断服务程序能否放在 64 KB 程序存储器的任意区域？如何实现？

第6章

MCS－51单片机内部定时器/计数器及串行接口

MCS－51单片机内部带有两个16位定时器/计数器(8052有3个)，以及一个全双工的异步通信串行接口，这给用户带来了极大的方便。本章介绍8051系列单片机内部定时器/计数器和串行口的结构、工作原理及应用。

6.1 定时器/计数器的结构及工作原理

定时器/计数器实质上是加法计数器，当它对具有固定时间间隔的内部机器周期进行计数时，它是定时器；当它对外部事件进行计数时，它是计数器。

定时器/计数器的基本结构如图6.1所示。

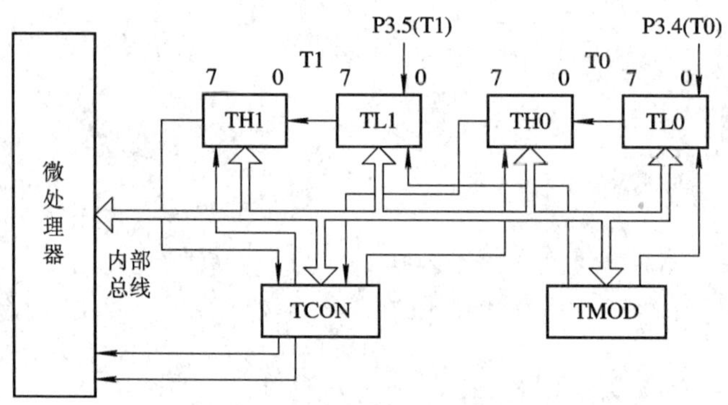

图6.1 定时器/计数器结构框图

图6.1中，基本部件是四个8位的计数器，其中TH1、TL1是T1的计数器，TH0、TL0是T0的计数器。TH1和TL1、TH0和TL0构成两个16位加法计数器，它的工作状态及工作方式由定时器/计数器的方式寄存器TMOD和控制寄存器TCON的各位决定。它的工作状态有定时和计数两种，由TMOD中的一位控制。它的工作方式有方式0～3共四种，由TMOD中的两位编码决定。TMOD和TCON的内容由软件写入。定时器/计数器的输出是加法计数器的计满溢出信号，它使TCON的某位(TF0或TF1)置1，作为定时器/计数器的溢出中断标志。

当加法计数器的初值被设置，用指令改变 TMOD 和 TCON 的内容后，就会在下一条指令的第一个机器周期的 S1P1 时按设定的方式自动工作。

工作方式在后面讨论，这里先讨论定时和计数两种工作状态。在作定时器使用时，输入的时钟脉冲是由晶体振荡器的输出经 12 分频后得到的，所以定时器可看做是对计算机机器周期的计数器(因为每个机器周期包含 12 个振荡周期，故每个机器周期定时器加 1，可以把输入的时钟脉冲看成机器周期信号)，故其频率为晶振频率的 1/12。如果晶振频率为 12 MHz，则定时器每接收一个输入脉冲的时间为 1 μs。

当它用作对外部事件计数时，接相应的外部输入端 T0(P3.4)或 T1(P3.5)。在这种情况下，当检测到输入端的电平由高跳变到低时，计数器就加 1(它在每个机器周期的 S5P2 时采样外部输入，当采样值在这个机器周期为高，在下一个机器周期为低时，则计数器加 1)。加 1 操作发生在检测到这种跳变后的一个机器周期中的 S3P1，因此需要两个机器周期来识别一个从"1"到"0"的跳变，故最高计数频率为晶振频率的 1/24。这就要求输入信号的电平要在跳变后至少应在一个机器周期内保持不变，以保证在给定的电平再次变化前至少被采样一次。

这里要注意的是：加法计数器是计满溢出时才申请中断，所以在给计数器赋初值时，不能直接输入所需的计数值，而应输入的是计数器计数的最大值与这一计数值的差值，设最大值为 M，计数值为 N，初值为 X，则 X 的计算方法如下：

计数状态：X＝M－N

定时状态：X＝M－定时时间/T

其中　　　T＝12÷晶振频率

6.2　方式和控制寄存器

定时器/计数器有 4 种工作方式，由 TMOD 设置，并由 TCON 控制。TMOD 和 TCON 都属于特殊功能寄存器。

1. 定时器/计数器的方式寄存器 TMOD

TMOD 的地址是 89H，它不能位寻址，它里面的内容称为方式字，设置时一次写入，其各位的定义如图 6.2 所示。高 4 位用于定时器 T1，低 4 位用于定时器 T0。

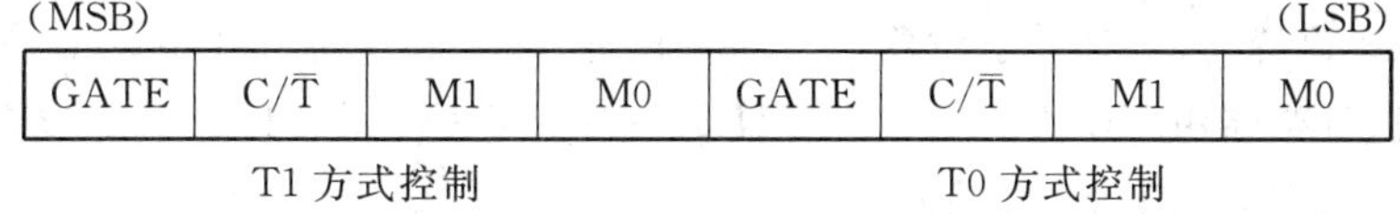

图 6.2　TMOD 各位定义

下面介绍 TMOD 各位功能。

1) M1 和 M0：工作方式控制位

两位可组合成 4 种编码，分别对应 4 种工作方式，见表 6.1 所示。

表 6.1　工作方式选择表

M1	M0	方　式	说　　明
0	0	0	13 位定时器(TH 的高 8 位和 TL 的低 5 位)
0	1	1	16 位定时器/计数器
1	0	2	自动重新装入初值的 8 位计数器
1	1	3	T0 分成两个独立的 8 位计数器，T1 在方式 3 时停止工作

2) $C/\overline{T}$：定时器方式或计数器方式选择位

当 $C/\overline{T}=1$ 时，为计数器方式；当 $C/\overline{T}=0$ 时，为定时器方式。

3) GATE：定时器/计数器运行门控标志位

当 GATE=1 时，只有 $\overline{INT0}$(或 $\overline{INT1}$)引脚为高电平且 TR0(或 TR1)置 1 时，相应的定时器/计数器才被选通工作，这时可用于测量在 $\overline{INTX}$ 端出现的正脉冲的宽度。若 GATE=0，则只要 TR0 (或 TR1)置 1，定时器/计数器就被选通，而不管 $\overline{INT0}$(或 $\overline{INT1}$)的电平是高还是低。

2. 定时器/计数器的控制寄存器 TCON

特殊功能寄存器 TCON 用于控制定时器的操作及对定时器中断的控制，其各位定义及功能已在中断系统的相关章节中介绍，此处不再详述。

TF0、TF1 分别是定时器/计数器 T0、T1 的溢出标志位，加法计数器计满溢出时置 1，申请中断，在中断响应后自动复 0。TF 产生的中断申请是否被接受，还需要由中断是否开放来决定。

TR1、TR0 分别是定时器/计数器 T1、T0 的运行控制位，通过软件置 1 后，定时器/计数器才开始工作，在系统复位时被清 0。

6.3　工 作 方 式

定时器/计数器的工作方式有 4 种，由 TMOD 中的 M1 和 M0 位选择，工作方式不同，计数长度(即最大值 M)和计数方式也不同。

方式 0：

当 M1 M0 设置为 00 时，定时器选定为工作方式 0。在这种方式下，16 位寄存器只用了 13 位，加法计数器由 TL 的低 5 位和 TH 的高 8 位组成，而 TL 的高 3 位弃之不用。工作方式 0 的控制逻辑图如图 6.3 所示。

当 GATE=0 时，只要 TCON 中的 TR0 为 1，TL0 及 TH0 组成的 13 位计数器就开始计数；当 GATE=1，TR0=1 时，仍不能使计数器计数，还需要 $\overline{INT0}$ 引脚为高电平才能使计数器工作。当 GATE=1、TR0=1 时，TH0 和 TL0 是否计数取决于 $\overline{INT0}$ 引脚的信号。当 $\overline{INT0}$ 由低电平变为高电平时，开始计数；当 $\overline{INT0}$ 由高电平变为低电平时，停止计数，这样就可以用来测量在 INT0 引脚上出现的正脉冲宽度。

当 13 位计数器加 1 到全“1”后，再加 1 就产生溢出，这时置 TCON 的 TF0 为 1，同时

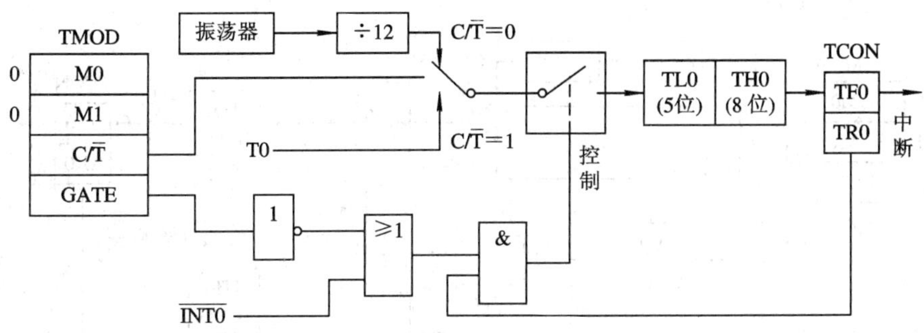

图 6.3　方式 0(13 位计数器)

把计数器全变为“0”。这种方式的计数长度 M 为 2 的 13 次方。由于加法计数器是 13 位的，故赋的初值也应是 13 位二进制数。但应注意，13 位初值的高 8 位赋值给 TH0，低 5 位数前面加 3 个 0 凑成 8 位之后赋给 TL0。如果要求计数值 N 为 1000，则初值 X 为

$$X=M-1000=8192-1000=7192=1110000011000B$$

其二进制数前 8 位是 11100000，后 5 位是 11000。因此，赋初值时，TH＝0E0H，TL＝18H。

方式 1：

方式 1 和方式 0 的工作相同，唯一不同的是方式 1 加法计数器是由 16 位计数器组成的，高 8 位为 TH，低 8 位为 TL，其控制逻辑图如图 6.4 所示。给它赋初值时，16 位二进制数的高 8 位赋给 TH，低 8 位赋给 TL，最大计数值 M 为 2 的 16 次方。

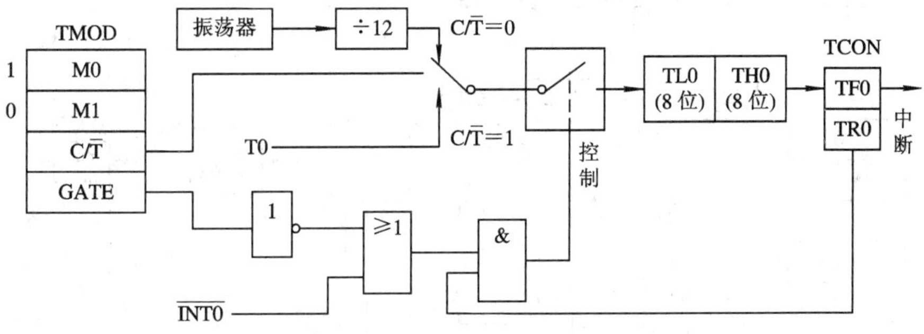

图 6.4　方式 1(16 位计数器)

方式 2：

方式 2 使定时器/计数器作为能自动重置初值连续工作的 8 位计数器，TL 作 8 位加法计数器，TH 用于重置初值的常数缓冲器，其控制逻辑图如图 6.5 所示。TH 由软件预置初值，当 TL 产生溢出时，一方面使溢出标志 TF 置 1，同时把 TH 中的 8 位数据重新装入 TL 中。

方式 0、1 在计数器计满溢出后由软件重新赋初值，方式 2 就省去了这种麻烦，所以它常用于定时控制或串行口的波特率发生器。如果希望每隔 250 μs 产生一个定时控制脉冲，若晶振频率为 12 MHz，则此时计数初值 X＝M－N＝(256－250)/1＝6，故只要在 TH0，TL0 中预置初始值 6，将定时器/计时器 T0 设置成定时工作方式 2，则就能很方便地实现

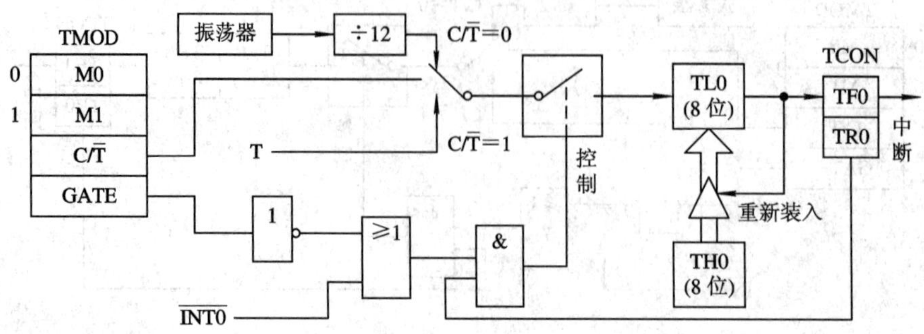

图 6.5 方式 2(初始常数自动重装载)

上述功能。

方式 3:

方式 3 对 T0 和 T1 是不相同的，若 T1 设置为方式 3，则停止工作(其效果与 TR1=0 相同)，所以方式 3 只适用于 T0。

在方式 3 中，定时器/计数器 T0 被分成两个独立的 8 位计数器 TL0 和 TH0，其控制逻辑图如图 6.6 所示。由图 6.6 可知，TL0 利用了 T0 本身的一些控制(C/T，GATE，TR0，INT0 和 TF0)，它的操作与方式 0 和方式 1 类似，只不过是一个 8 位计数器，而 TH0 借用了 T1 的控制位 TR1 和 TF1，并规定只能用作定时器功能，对机器周期计数。在这种方式中，TH0 控制了 T1 的中断，T1 可以设置为方式 0～2，主要用于任何不需要中断控制的场合或用作串行口的波特率发生器。

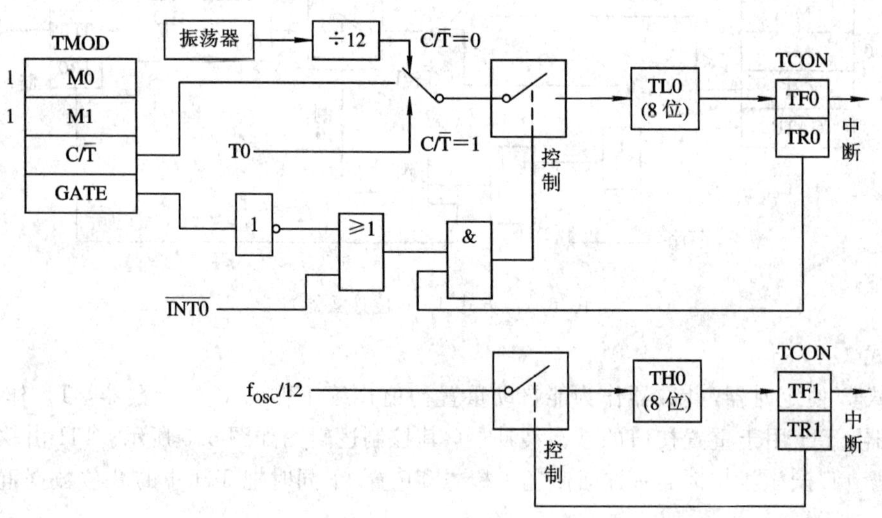

图 6.6 方式 3(两个 8 位独立计数器)

通常，当 T1 用作串行口波特率发生器时，T0 才定义为方式 3，以增加一个 8 位计数器。

6.4　定时器/计数器应用举例

从前面几节可知，MCS－51 的内部定时器/计数器是可编程的，在使用它之前应考虑到 7 个特殊功能寄存器的应用：TMOD 和 TCON 的初始化，T0 和 T1 的初值，以及使用中断时还要用到的 SP、IE 和 IP。

1. 方式 0 的应用

【例 1】 利用定时器输出周期为 2 ms 的方波，设单片机晶振频率为 6 MHz。

选用定时器/计数器 T0 作为定时器，输出为 P1.0 引脚，2 ms 的方波可由间隔 1 ms 的高低电平相间而形成，因而只要每隔 1 ms 对 P1.0 取反一次即可得到这个方波。

定时 1 ms 的初值：

因为　　　　　　　机器周期＝12÷6 MHz＝2 μs

所以 1 ms 内 T0 需要计数 N 次：

N＝1 ms÷2 μs ＝ 500

由此可知，使用方式 0 的 13 位计数器即可，T0 的初值 X 为

X＝M－N＝8192－500＝7692＝1E0CH

但是，13 位计数器中低 8 位 TL0 只使用了 5 位，其余码均计入高 8 位 TH0 的初值，则 T0 的初值调整为

TH0＝0F0H，TL0＝0CH

TMOD 的初始化：

TMOD＝00000000B＝00H

(GATE＝0，C/T＝0，M1＝0，M0＝0)

TCON 的初始化：启动 TR0＝1。

IE 的初始化：开放中断 EA＝1，定时器 T0 中断允许 ET0＝1。

程序如下：

```
          ORG  0000H
          AJMP START          ；复位入口
          ORG  000BH
          AJMP TOINT          ；T0 中断入口
          ORG  0030H
START：   MOV SP，#60H        ；初始化程序
          MOV TH0，#0F0H      ；T0 赋初值
          MOV TL0，#0CH
          MOV TMOD，#00H
          SETB TR0            ；启动 T0
          SETB ET0            ；开 T0 中断
          SETB EA             ；开总允许中断
MAIN：    AJMP MAIN           ；主程序
TOINT：   CPL P1.0
```

```
MOV TL0，#0CH
MOV TH0，#0F0H
RETI
```

此程序用定时器每隔 1 ms 产生一个中断，对 P1.0 取反一次，产生 500 Hz 的方波。主程序始终循环等待中断。实际应用中，等待过程中 CPU 可以完成大量其他的任务，在这种情况下，宜采用中断方式，不宜采用查询方式。

另外，本例中 P1.0 引脚产生约 500 Hz 的方波，其定时精度并不高，原因有二：一是中断服务子程序执行时间未计入 T0 定时；二是从中断申请到 CPU 响应这个中断所经历的时间未计入 T0 定时，这个时间肯定是不确定的值，在允许 T0 中断嵌套时定时精度更差。因此，对定时精度要求十分精确的场合，必须对上述两项误差进行补偿。

2. 方式 1 的应用

方式 1 与方式 0 基本相同，只是方式 1 改用了 16 位计数器。要求定时周期较长时，13 位计数器不够用，可改用 16 位计数器。

【例 2】 已知某生产线的传送带上不断地有产品单向传送，产品之间有较大间隔。使用光电开关统计一定时间内的产品个数。假定红灯亮时停止统计，红灯灭时才在上次统计结果的基础上继续统计，试用单片机定时器/计数器 T1 的方式 1 完成该项产品的计数任务。

图 6.7 给出了完成产品计数任务的硬件原理电路，在生产线传送带一侧的光源 HL2 射出一束光线，照在传送带另一侧的光电三极管 VT 上，使之导通。每一个产品自动地从传送带上通过时，产生一次遮光，使 VT 截止。经过整形消抖延时滤波电路，使 P3.5/T1 引脚上形成一个正脉冲，定时器/计数器 T1 设置成计数状态，就可实现对此正脉冲的计数。由前面叙述可知，P3.3/$\overline{\text{INT1}}$可作为 T1 的外部启/停控制信号，灯控开关 S 可控制红灯 HL1 的亮、灭，同时经过消抖延时滤波电路，在 P3.3/$\overline{\text{INT1}}$上得到用于控制 T1 启/停的高、低电平。

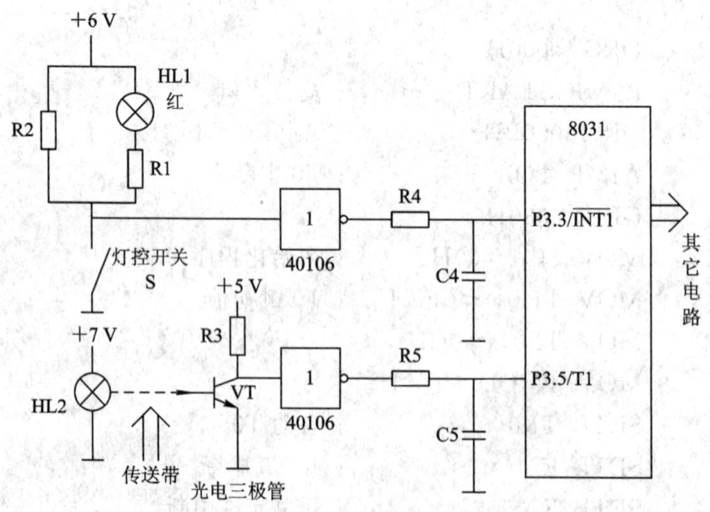

图 6.7　例 2 的硬件原理图

(1) 初始化：TMOD＝11010000B＝0D0H

(GATE＝1，C/T＝1，M0M1＝01)

TCON＝00H

(2) T1 在方式 1 时，溢出产生中断，且计数器复零，故在中断服务程序中，需用 R0 计数中断次数，以保护累积计数结果。

(3) 启动 T1 计数，开 T1 中断。

程序如下：

```
        ORG  0000H
        AJMP START          ；复位入口
        ORG  001BH
        AJMP T1INT          ；T1 中断入口
        ORG  0100H
START:  MOV  SP，#60H       ；初始化程序
        MOV  TCON，#00H
        MOV  TMOD，#0D0H
        MOV  TH1，#00H
        MOV  TL1，#00H
        MOV  R0，#00H       ；清中断次数计数单元
        MOV  P3，#28H       ；设置 P3.5 第二功能
        SETB TR1            ；启动 T1
        SETB ET1            ；开 T1 中断
        SETB EA             ；开总中断
MAIN：  ACALL DISP          ；主程序调用显示子程序
        …
        ORG  0A00H
T1INT： INC  R0             ；中断服务子程序
        RETI
DISP：  …                   ；显示子程序
        RET
```

此程序中，除了执行简短的中断服务程序和调用显示统计结果子程序之外，并不多占 CPU，因此主程序中 CPU 可以处理很多其他事件。最终统计的产品累计总数 M＝(R0)×65 536＋(TH1)(TL1)。

3. 方式 2 的应用

方式 2 是定时器自动重新装载的操作方式，在这种方式下，定时器 0 和 1 的工作是相同的，它的工作过程与方式 0、方式 1 基本相同，只不过在溢出的同时，将 8 位二进制初值自动重新装载，即在中断服务子程序中，不需要编程送初值，这里不再举例。定时器 T1 工作在方式 2 时，可直接用作串行口波特率发生器，这一部分内容在串行口这一节介绍。

4. 方式 3 的应用

定时器 T0 工作在方式 3 时是 2 个 8 位定时器/计数器，且 TH0 借用了定时器 T1 的

溢出中断标志 TF1 和运行控制位 TR1。

【例 3】 假设有一个用户系统中已使用了两个外部中断源，并置定时器 T1 于方式 2，作串行口波特率发生器用，现要求再增加一个外部中断源，并由 P1.0 口输出一个 5 Hz 的方波(假设晶振频率为 6 MHz)。

在不增加其他硬件开销时，可把定时器/计数器 T0 置于工作方式 3，利用外部引脚 T0 端作附加的外部中断输入端，把 TL0 预置为 0FFH，这样在 T0 端出现由 1 至 0 的负跳变时，TL0 立即溢出，申请中断，相当于边沿激活的外部中断源。在方式 3 下，TH0 总是作 8 位定时器用，可以靠它来控制由 P1.0 输出 5 kHz 的方波。

由 P1.0 输出 5 kHz 的方波，即每隔 100 μs 使 P1.0 的电平发生一次变化，则 TH0 中的初始值 X=M−N=256−100/2=206。

下面是有关的程序。

初始化程序：

```
    MOV TL0，#0FFH
    MOV TH0，#206
    MOV TL1，#BAUD          ；BAUD根据波特率要求设置常数
    MOV TH1，#BAUD
    MOV TMOD，#27H          ；置T0工作方式3
                            ；TL0工作于计数器方式
    MOV TCON，#55H          ；启动定时器T0、T1，置外部中断0和1
                            ；为边沿激活方式
    MOV IE，#9FH            ；开放全部中断
```

TL0 溢出中断服务程序(由 000BH 单元转来)：

```
    TL0INT：MOV TL0，#0FFH
            …                  ；外部引脚T0引起中断处理程序
            RETI
```

TH0 溢出中断服务程序(由 001BH 单元转来)：

```
    TH0INT：MOV TH0，#206
            CPL P1.0
            RETI
```

此处，串行口中断服务程序、外部中断 0 和外部中断 1 的中断服务程序没有列出。

6.5 MCS-51 单片机的串行接口

6.5.1 串行通信的基本概念

CPU 与外部设备交换数据有并行和串行通信两种方式。并行通信是指数据的各位同时进行传送的方式，其特点是传送速度快、效率高，并行传送的数据有多少位就需要有多少根传输线。当传送距离较远时，位数较多就会导致通信线路成本的大幅度增加，因此它仅适合于短距离传送。串行通信是指数据的各位按顺序一位一位地传送的通信方式，其特

点是只要一对传输线就可实现通信。当传输的数据较多、距离很远时，它可以大量节约系统的硬件投资。因此，在远距离的数据通信系统中一般采用串行通信方式。

串行通信按收发功能分为 3 种方式。① 单工方式：信息只能沿着一个方向传输，例如甲设备只能发送而乙设备只能接收。② 半双工方式：信息可以沿一条信号线的两个方向传输，但不能同时实现双向传输，只能交替地收或发。③ 全双工方式：使用两条相互独立的数据线，分别传输两路方向相反的信息，使收和发能同时进行。

在串行通信过程中，数据传送方式有两种：同步方式和异步方式。

(1) 同步方式是将一大批数据分成几个数据块，数据块之间用同步字符予以隔开，而传输的各位二进制码之间都没有间隔。其基本特征是发送与接收时钟始终保持严格同步。

(2) 异步通信是按帧传送数据，它利用每一帧的起、止信号来建立发送与接收之间的同步，每帧内部各位均采用固定的时间间隔，但帧与帧之间的时间间隔是随机的。其基本特征是每个字符必须用起始位和停止位作为字符开始和结束的标志，它是以字符为单位一个个地发送和接收的。

一个字符(一帧)由起始位、数据位、奇偶校验位和停止位组成。起始位表示一个字符的开始，接收方可用起始位使自己的接收时钟与数据同步。停止位表示一个字符的结束。在传送一个字符时，由一位低电平的起始位开始，接着传送数据位，数据位的位数为5～8。在传输时，按低位在前、高位在后的顺序传送。奇偶校验位用于检验数据传送的正确性，可有可无，由程序来指定。最后传送的是高电平的停止位，停止位可以是 1 位、1.5 位或 2 位。停止位结束到下一个字符的起始位之间的空闲位要由高电平 1 来填充(只要不发送下一个字符，线路上就始终为空闲位)，异步通信的 8 位字符格式如图 6.8 所示。

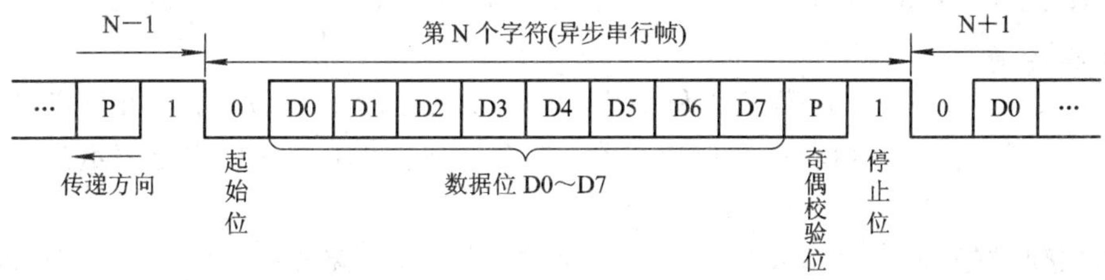

图 6.8　异步通信的 8 位字符格式

MCS－51 单片机内部有一个全双工异步串行 I/O 口，占用 P3.0 和 P3.1 两个引脚。这两个引脚的第二功能是：P3.0 是串行数据接收端 RXD，P3.1 是串行数据发送端 TXD。

下面先介绍与串行口有关的几个特殊功能寄存器，然后再叙述串行口的 4 种工作模式及其应用。

6.5.2　与串行口有关的特殊功能寄存器

使用串行口时，要使用特殊功能寄存器 SBUF 作为传送和接收数据的缓冲器，要用 SCON 作为串行口控制，要用 SP、IE 和 IP 作为串行口中断控制，必要时还可能用到 T1 和 PCON 以设定波特率。

1. 串行口数据缓冲器 SBUF

串行口数据缓冲器 SBUF 是可直接寻址的特殊功能寄存器，其内部 RAM 的地址是 99H。它对应着两个独立的寄存器，一个发送寄存器，一个接收寄存器。发送时，就是

CPU 写入 SBUF 的过程，51 系列单片机没有专门的启动发送状态的指令；接收时，就是读取 SBUF 的过程。接收寄存器是双缓冲的，以避免在接收下一帧数据之前，CPU 未能及时响应接收器的中断，没有把上一帧数据读走，而产生两帧数据重叠的问题。

2. 串行口控制寄存器 SCON

SCON 用于控制和监视串行口的工作状态，其各位定义如图 5.3 所示。相应的各位功能介绍如下：

SM0、SM1：用于定义串行口的操作模式，两个选择位对应 4 种模式，如表 6.2 所示。其中，f_{OSC}是振荡器频率，UART 为通用异步接收和发送器的英文缩写。

表 6.2 串行口操作模式选择

SM0	SM1	模 式	功 能	波 特 率
0	0	0	同步移位寄存器	$f_{OSC}/12$
0	1	1	8 位 UART	可变(T1 溢出率)
1	0	2	9 位 UART	$f_{OSC}/64$ 或 $f_{OSC}/32$
1	1	3	9 位 UART	可变(T1 溢出率)

SM2：多机通信时的接收允许标志位。在模式 2 和 3 中，若 SM2 ＝ 1，且接收到的第 9 位数据(RB8)是 0，则接收中断标志(RI)不会被激活。在模式 1 中，若 SM2＝1，且没有接收到有效的停止位，则 RI 不会被激活。在模式 0 中，SM2 必须是 0。

REN：允许接收位。由软件置位或清零，REN＝1 时，串行口允许接收数据；REN＝0 时，禁止接收。

TB8：发送数据位 8。在模式 2 和 3 中，它是要发送的第 9 位数据，在许多通信协议中，该位是奇偶位，可以由软件置位或清除。在多机通信中，这一位用于表示是地址帧还是数据帧。

RB8：接收数据位 8。在模式 2 和 3 中，它是接收的第 9 位数据。在模式 1 中，若 SM2＝0，则 RB8 是接收的停止位。在模式 0 中，该位未使用。

3. 电源控制寄存器 PCON

电源控制寄存器 PCON 的各位定义如图 6.9 所示。PCON 的地址为 87H，不可位寻址，初始化时需要进行字节传送。

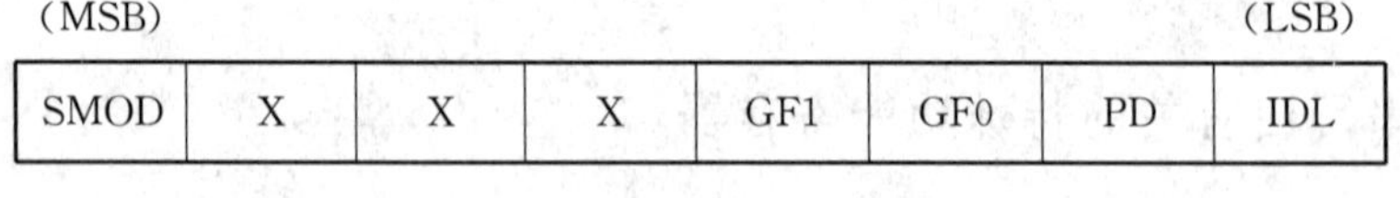

图 6.9 PCON 的格式

SMOD：与串行口的工作有关，该位是波特率倍增位。SMOD＝1 时，波特率加倍；否则，不加倍。

GF1、GF0：通用标志位，由软件置位、复位。

PD：掉电方式控制位。PD＝0，为正常方式；PD＝1，为掉电方式。

IDL：空闲方式控制位。IDL＝0，为正常方式；IDL＝1，为空闲方式。

由软件将 PD 位置 1，单片机进入掉电保护状态，内部 RAM 和专用寄存器的内容被保存，单片机停止一切工作，掉电保护时的备用电源可通过 V_{CC} 引脚接入。当电源恢复后，系统要维持 10 ms 的复位时间后才能退出掉电保护状态，复位操作将重新定义专用寄存器，但内部 RAM 的内容不变。

6.5.3　串行口的 4 种工作模式

串行口的结构比较复杂，它具有 4 种工作模式，这些工作模式可以用 SCON 中的 SM0 和 SM1 两位编码决定。以下重要介绍各种模式的工作原理。

模式 0：

串行口工作模式 0 为同步移位寄存器输入/输出模式，可外接移位寄存器，以扩展 I/O 口。

模式 0 又分为模式 0 输出和模式 0 输入两种工作状态。但应注意：在这种模式下，不管输出还是输入，通信数据总是从 P3.0(RXD)管脚输出或输入，而 P3.1(TXD)管脚总是用于输出移位脉冲，每一个移位脉冲将使 RXD 端输出或者输入一位二进制码。在 TXD 端的移位脉冲即为模式 0 的波特率，其值固定为晶振频率 f_{OSC} 的 1/12，即每个机器周期移动一位数据。

(1) 模式 0 输出状态。

当一个数据写入串行口数据缓冲器时，就开始发送。在此期间，发送控制器送出移位信号，使发送移位寄存器的内容右移一位，直至最高位(D7 位)移出后，停止发送数据和移位脉冲，完成了发送一帧数据的过程，并置发送中断标志 TI 为 1，申请中断或用于查询。

这是将单片机的串行口扩展为若干并行输出口的工作模式，常用的外接扩展芯片是串行输入/8 位并行输出的移位寄存器 74LS164。它与单片机的连接电路如图 6.10 所示。

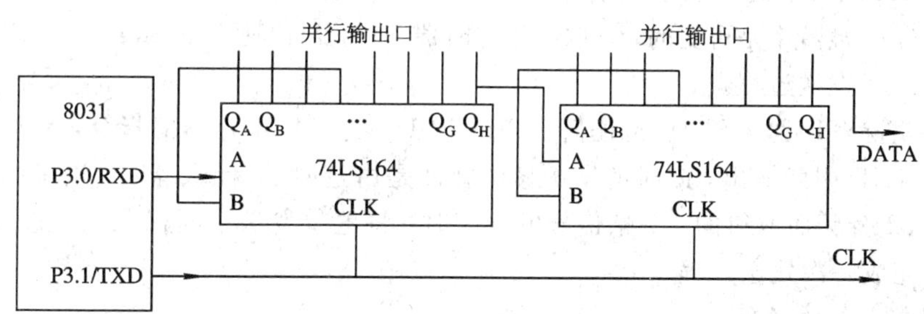

图 6.10　外接移位寄存器输出

每片 74LS164 有两个串行数据输入端和一个同步移位脉冲输入端，以及 8 个并行输出口。时钟 CLK 端上每一个上升沿都会使该芯片的 8 位数据输出右移一位。

(2) 模式 0 输入状态。

在特殊功能寄存器 SCON 中，位 REN 是串行口允许接收控制位。当 REN＝0 时，禁止接收；当 REN＝1 时，允许接收。当串行口置为模式 0，且满足 REN＝1 和 RI＝0 的条件时，就会启动一次接收过程。在机器周期的 S6P2 时刻，在串行口内接收控制器向移位寄存器写入 11111110，并在 TXD 端输出移位脉冲，从 RXD 端输入一位数据，同时使输入移位寄存器内容左移一位，其右端补上刚由 RXD 端输入的数据。这样，原先在输入移位寄存器中的 1 就逐位从左端移出，而在 RXD 引脚上的数据就逐位从右端移入。当写入移位寄存器最左端的一个 0 移到最左端时，其右边已经接收了 7 位数据。这时，将通知接收控制器进行最后一次移位，并把所接收的数据装入 SBUF，置位接收中断标志位 RI，提供申请中断或查询标志。

这是将单片机的串行口扩展为若干并行输入口的工作模式，常用的外接扩展芯片是 8 位并行输入/串行输出移位寄存器 74LS165。它与单片机的连接电路如图 6.11 所示。74LS165 有 8 个并行输入端，一个串行输出端，以及一个用于移位的时钟输入端。在同步移位脉冲的作用下，每个脉冲使 8 位并行输入数据左移一位，最高位移入单片机 RXD 端，8 个移位脉冲可以使 1 个字节信息通过 RXD 引脚送入单片机的 SBUF 中。

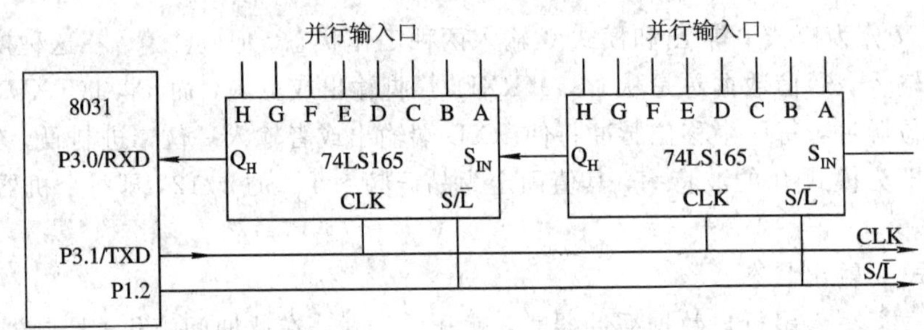

图 6.11　外接移位寄存器输入

模式 1：

串行口工作于模式 1 时，为波特率可变的 8 位异步通信接口。数据位由 P3.0(RXD)端接收，由 P3.1(TXD)端发送。传送一帧信息为 10 位：一位起始位(0)，8 位数据位(低位在前)和一位停止位(1)。波特率是可变的，它取决于定时器 T1 的溢出速率及 SMOD 的状态。

(1) 模式 1 发送过程。

用软件清除 TI 后，CPU 执行任何一条以 SBUF 为目标寄存器的指令，就启动发送过程。数据由 TXD 引脚输出，此时的发送移位脉冲是由定时器/计数器 T1 送来的溢出信号经过 16 或 32 分频而取得的。一帧信号发送完时，将置位发送中断标志 TI 置 1，向 CPU 申请中断，完成一次发送过程。

(2) 模式 1 接收过程。

用软件清除 RI 后，当允许接收位 REN 被置位 1 时，接收器以选定波特率的 16 倍的速率采样 RXD 引脚上的电平，即在一个数据位期间有 16 个检测脉冲，并在第 7、8、9 个脉冲期间采样接收信号，然后用三中取二的原则确定检测值，以抑制干扰。并且采样是在每个数据位的中间，避免了信号边沿的波形失真造成的采样错误。当检测到有从“1”到“0”的负跳变时，则启动接收过程，在接收移位脉冲的控制下，接收完一帧信息。当最后一次移位脉冲产生时能满足下列两个条件：

① RI=0；

② 接收到的停止位为 1 或 SM2=0。

则停止位送入 RB8，8 位数据进入 SBUF，并置接收中断标志位 RI=1，向 CPU 发出中断请求，完成一次接收过程。否则，所接收的一帧信息将丢失，接收器复位，并重新检测由“1”至“0”的负跳变，以便接收下一帧信息。注意：接收中断标志应由软件清除，通常串行口以模式 1 工作时，SM2 设置为“0”。

模式 2 和模式 3：

串行口工作于模式 2 和模式 3 时，被定义为 9 位异步通信接口。它们的每帧数据结构是 11 位的：最低位是起始位(0)，其后是 8 位数据位(低位在先)，第 10 位是用户定义位(SCON 中的 TB8 或 RB8)，最后一位是停止位(1)。模式 2 和模式 3 工作原理相似，唯一的差别是模式 2 的波特率是固定的，即为 $f_{OSC}/32$ 或 $f_{OSC}/64$；而模式 3 的波特率是可变的，与定时器 T1 的溢出率有关。

(1) 模式 2 和模式 3 发送过程。

模式 2 和模式 3 发送过程是由执行任何一条 SBUF 为目的寄存器的指令来启动的。由“写入 SBUF”信号把 8 位数据装入 SBUF，同时还把 TB8 装入发送移位寄存器的第 9 位，并通知发送控制器要求进行一次发送。发送开始，把一个起始位(0)送到 TXD 端。移位后，数据由移位寄存器送到 TXD 端。再过一位，出现第一个移位脉冲。第一次移位时，把一个停止位“1”由控制器的停止位发生端送入移位寄存器的第 9 位。此后，每次移位时，把 0 送入第 9 位。因此，当 TB8 的内容送到移位寄存器的输出位置时，其左面一位是停止位“1”，而再往左的所有位全为“0”。这种状态由零检测器检测到后，就通知发送控制器作最后一次移位，然后置 TI=1，请求申请中断。第 9 位数据(TB8)由软件置位或清零，可以作为数据的奇偶校验位，也可以作为多机通信中的地址、数据标志位。如把 TB8 作为奇偶校验位，可以在发送程序中，在数据写入 SBUF 之前，先将数据位写入 TB8。

(2) 模式 2 和模式 3 接收过程。

与模式 1 类似，模式 2 和模式 3 接收过程始于在 RXD 端检测到负跳变时，为此，CPU 以波特率 16 倍的采样速率对 RXD 端不断采样。一检测到负跳变，16 分频计数器就立刻复位，同时把 1FFH 写入输入移位寄存器。计数器的 16 个状态把一位时间等分成 16 份，在每一位的第 7、8、9 个状态时，位检测器对 RXD 端的值采样。如果所接收到的起始位无效(为 1)，则复位接收电路，等待另一个负跳变的到来。若起始位有效(为 0)，则起始位移入移位寄存器，并开始接收这一帧的其余位。当起始位 0 移到最左面时，通知接收控制器进行最后一次移位。把 8 位数据装入接收缓冲器 SBUF，第 9 位数据装入 SCON 中的 RB8，并置中断标志 RI=1。装入 SBUF 和 RB8 以及置位 RI 的信号只有在产生最后一个移位脉冲且同满足下列两个条件时，才会产生：

① RI=0；

② SM2=0 或接收到的第 9 位数据为“1”。

上述两个条件中任一个不满足，所接收的数据帧就会丢失，不再恢复。两者都满足时，第 9 位数据装入 TB8，前 8 位数据装入 SBUF。

请注意：与模式 1 不同，模式 2 和 3 中装入 RB8 的是第 9 位数据，而不是停止位，所接收的停止位的值与 SBUF、RB8 和 RI 都没有关系，利用这一特点可将其用于多机通信中。

6.5.4　多机通信

如前所述，串行口以模式 2 或 3 接收时，若 SM2 为“1”，则只有接收到的第 9 位数据为“1”时，数据才装入接收缓冲器，并将中断标志 RI 置“1”，向 CPU 发出中断请求；如果接收到的第 9 位数据为“0”，则不产生中断标志(RI=0)，信息将丢失。而当 SM2=0 时，则接收到一个字节后，不管第 9 位数据是“1”还是“0”，都产生中断标志(RI=1)，将接收到的数据装入接收缓冲器 SBUF。利用这一特点，可实现多个处理机之间的通信。图 6.12 为一种简单的主从式多机通信系统。

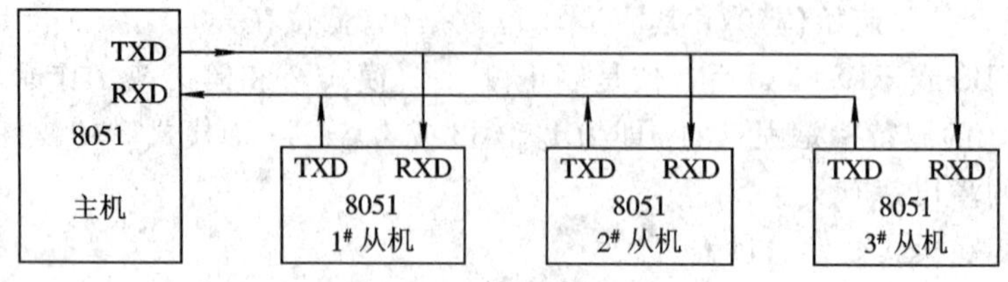

图 6.12 多处理机通信系统

从机系统由从机的初始化程序(或相关的处理程序)将串行口编程为模式 2 或 3 的接收方式，且置 SM2=1，允许串行口中断，每一个从机系统有一个对应的地址编码。当主机要发送一数据块给某一从机时，它先送出一地址字节，称地址帧，它的第 9 位是“1”，此时各从机的串行口接收到的第 9 位(RB8)都为“1”，则置中断标志 RI 为“1”，这样使每一台从机都检查一下所接收的主机发送的地址是否与本机相符。若为本机地址，则清除 SM2，而其余从机保持 SM2=1 状态。接下来主机可以发送数据块，称数据帧，它的第 9 位是“0”，各从机接收到的 RB8 为“0”。因此只有与主机联系上的从机(此时 SM2=0)才会置中断标志 RI 为“1”，接收主机的数据，实现与主机的信息传递。其余从机因 SM2=1，且第 9 位 RB8=0，不满足接收数据的条件，而将所接收的数据丢失。

6.5.5 波特率

串行口每秒钟发送或接收的数据位数称为波特率。假设发送一位数据所需时间为 T，则波特率为 1/T。

(1) 模式 0 的波特率等于单片机晶振频率的 1/12，即每个机器周期接收或发送一位数据。

(2) 模式 2 的波特率与电源控制器 PCON 的最高位 SMOD 的写入值有关：

$$\text{模式 2 的波特率} = \text{晶振频率} \times \frac{2^{SMOD}}{64}$$

即 SMOD=0，波特率为$(1/64)f_{OSC}$；SMOD=1，波特率为$(1/32)f_{OSC}$。

(3) 模式 1 和模式 3 的波特率除了与 SMOD 位有关之外，还与定时器 T1 的溢出率有关。定时器 T1 作为波特率发生器，常选用定时方式 2(8 位重装载初值方式)，并且禁止 T1 中断。此时 TH1 从初值计数到产生溢出，它每秒钟溢出的次数称为溢出率。于是，有

$$\text{模式 1 或 3 的波特率} = \text{T1 的溢出率} \times \frac{2^{SMOD}}{32} = \frac{2^{SMOD}}{32} \times \frac{f_{OSC}}{12 \times (256 - TH1)}$$

表 6.3 列出了单片机串行口模式 1 或 3 的常用波特率及其设置方法，以便简化波特率的软件设计。

表 6.3　定时器 T1 产生的常用波特率

串行口模式	波特率/MHz	晶振频率 f_{OSC}/MHz	SMOD	定时器 T1		
				C/T	定时器方式	重装载值
模式 0	最大 1 M	12	×	×	×	×
模式 2	最大 375 k	12	1	×	×	×
模式 1 或 模式 3	62.5 k	12	1	0	2	FFH
	19.2 k	11.059	1	0	2	FDH
	9.6 k	11.059	0	0	2	FDH
	4.8 k	11.059	0	0	2	FAH
	2.4 k	11.059	0	0	2	F4H
	1.2 k	11.059	0	0	2	E8H
	137.5	11.986	0	0	2	1DH
	110	6	0	0	2	72H
	110	12	0	0	1	FEEBH

如果需要很低的波特率，可以把 T1 设置成为其他工作方式，并且允许 T1 中断，在中断服务子程序中实现初始值的重装。

假设某 MCS-51 单片机系统，串行口工作于模式 3，要求传送波特率为 1200 Hz，作为波特率发生器的定时器 T1 工作在方式 2 时，请求出计数初值为多少？设单片机的振荡频率为 6 MHz。

因为串行口工作于模式 3 时的波特率为

$$\text{模式 3 的波特率} = \frac{2^{SMOD}}{32} \times \frac{f_{OSC}}{12 \times (256 - TH1)}$$

所以

$$TH1 = 256 - \frac{f_{OSC}}{\text{波特率} \times 12 \times (32/2^{SMOD})}$$

当 SMOD=0 时，初值 $TH1 = 256 - \frac{6 \times 10^6}{1200 \times 12 \times 32/1} = 243 = 0F3H$

当 SMOD=1 时，初值 $TH1 = 256 - \frac{6 \times 10^6}{1200 \times 12 \times 32/2} = 230 = 0E6H$

6.6　串行口的应用

1. 串行口的编程

串行口需初始化后，才能完成数据的输入、输出。其初始化过程如下：

(1) 按选定串行口的操作模式设定 SCON 的 SM0、SM1 两位二进制编码。

(2) 对于操作模式 2 或 3，应根据需要在 TB8 中写入待发送的第 9 位数据。

(3) 若选定的操作模式不是模式 0，还需设定接收/发送的波特率。

设定 SMOD 的状态，以控制波特率是否加倍。若选定操作模式 1 或 3，则应对定时器 T1 进行初始化以设定其溢出率。

2. 串行口的应用

【例 1】 用 8051 串行口外接 74LS165 移位寄存器扩展 8 位输入口，输入数据由 8 个开关提供，另有一个开关 K 提供联络信号，电路示意图如图 6.13 所示。当开关 K 合上时，表示要求输入数据。输入 8 位开关量，处理不同的程序。

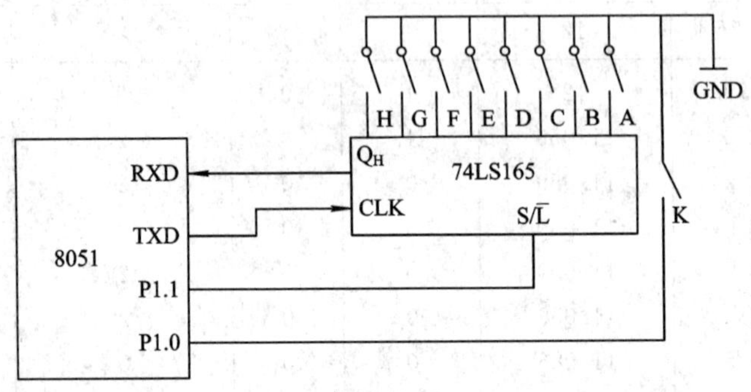

图 6.13 电路示意图

前已叙述，串行口模式 0 的接收可用于并行输入接口扩展，此时要用 SCON 的 REN 位来作开关控制，因此初始化时除设置操作模式外，还要使 REN 位为 1。提供联络信号的开关 K 输入到 8051 的 P1.0 引脚，采用查询方式。

程序如下：

```
START：JB P1.0，$            ；开关 K 未合上，等待
       SETB P1.1            ；165 并行输入数据
       CLR P1.1             ；开始串行移位
       MOV SCON，#10H        ；串行口模式 0，启动接收
       JNB RI，$             ；查询 RI
       CLR RI               ；查询结束，清 RI
       MOV A，SBUF           ；输入数据
       ⋮                    ；根据 A 处理不同任务
       SJMP START           ；准备下一次接收
```

【例 2】 利用串行口进行双机通信。

图 6.14 是双机通信系统。要求将甲机 8051 芯片内 RAM 中的 40H～4FH 的数据串行发送到乙机。甲机工作于模式 2，TB8 为奇偶校验位；乙机用于接收串行数据，工作于模式 2，并对奇偶校验位进行校验，接收数据存于 60H～6FH 中。

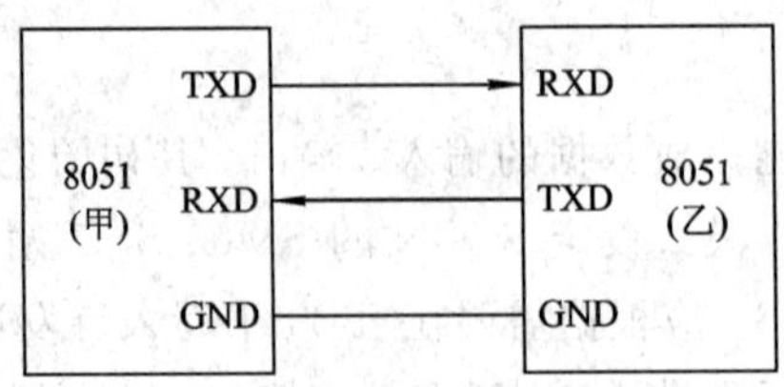

图 6.14 双机通信系统

程序如下：

甲机发送(采用查询方式)：

```
        MOV  SCON，#80H      ；设置工作方式 2
        MOV  PCON，#00       ；置 SMOD=0，波特率不加倍
        MOV  R0，#40H        ；数据区地址指针
        MOV  R2，#10H        ；数据长度
LOOP：  MOV  A，@R0          ；取发送数据
        MOV  C，P            ；奇偶位送 TB8
        MOV  TB8，C
        MOV  SBUF，A         ；送串口并开始发送数据
WAIT：  JBC  TI，NEXT        ；检测是否发送结束并清 TI
        SJMP WAIT
NEXT：  INC  R0              ；修改发送数据地址指针
        DJNZ R2，LOOP
        RET
```

乙机接收(采用查询方式)：

```
        MOV  SCON，#90H      ；操作模式 2，并允许接收
        MOV  PCON，#00H      ；置 SMOD=0
        MOV  RO，#60H        ；置数据区地址指针
        MOV  R2，#10H        ；等待接收数据长度
LOOP：  JBC  RI，READ        ；等待接收数据并清 RI
        SJMP LOOP
READ：  MOV  A，SBUF         ；读一帧数据
        MOV  C，P
        JNC  LP0             ；C 不为 1 转 LP0
        JNB  RB8，ERR        ；RB8=0，即 RB8 不为 P 转 ERR
        AJMP LP1
LP0：   JB   RB8，ERR        ；RB8=1，即 RB8 不为 P 转 ERR
LP1：   MOV  @R0，A          ；RB8=P，接收一帧数据
        INC  R0
        DJNZ R2，LOOP
        RET
ERR：   …                    ；出错处理程序
        …
```

习题与思考题

1. 8051 单片机内设有几个可编程的定时器/计数器？它们有几种工作方式，如何选择和设定？作为定时器或计数器应用时，它们的波特率各为多少？

2. 定时器/计数器作定时器用时，其定时时间与哪些因素有关？作计数器用时，对外界计数频率有何限制？

3. 单片机的晶振频率为 6 MHz，若只使用 T0 产生 500 μs 定时，可以选择哪几种定时方式？分别写出定时器的方式控制字和计数初值。

4. 某一 8051 单片机系统，晶振频率为 6 MHz，现要从单片机的 P1.7 引脚输出一个连续的 5 Hz 方波信号，请编写程序。

5. 某单片机系统，时钟频率为 12 MHz，定时器/计数器 T0 用于 20 ms 定时，T1 用于 100 次计数，两者均要求重复工作，问：

(1) 外部计数脉冲应从何引脚输入？

(2) 试编写达到上述要求的程序。

(3) 利用定时器/计数器 T0、T1 编写延时 2 s 的程序。

6. 为什么 T1 用作串行波特率发生器时常用工作方式 2？若 T1 设置为方式 2，用作波特率发生器，晶振频率为 6 MHz，求可能产生的波特率的变化范围。

7. 怎样选择串行口的工作模式？REN 位的作用是什么？T1 和 RI 位何时置 1，何时清 0？

8. 试设计一个 8051 单片机的双机通信系统，编程将 A 机片内 RAM 中 60H～6FH 的数据块通过串行口传送至 B 机片内 RAM 的 60H～6FH 单元中。

9. 试述 MCS－51 单片机的多机通信原理。

10. 试用 8051 串行口扩充 I/O 口，控制 16 个发光二极管发光，画出电路并编写显示程序。

第 7 章

单片机系统扩展与接口技术

单片机在复杂的应用中，片内的资源往往不能满足实际需求，需要扩充较大的存储容量和较多的 I/O 接口。所谓系统扩展，一般有两项主要任务：

其一，是把系统所需的外设和单片机连接起来，使单片机系统能与外界进行信息交换。如通过键盘、A/D 转换器等外部设备向单片机送入数据、命令等有关信息，去控制单片机运行；通过显示器、发光二极管、打印机等设备把单片机处理的结果送出来，向人们提供各种信息或对外界设备提供控制信号，这项任务实际上就是单片机接口设计。

其二，是扩大单片机的存储容量。由于单片机芯片的结构、集成工艺等关系，单片机内 ROM、RAM 等容量不可能很大，在使用中有时不够，需要在芯片外进行扩展。

因此，系统扩展和接口技术一般有以下几方面内容：

(1) 外部总线的扩展；

(2) 外部存储器的扩展；

(3) 输入/输出接口的扩展；

(4) 管理功能部件的扩展(如定时器/计数器、键盘/显示器等)；

(5) A/D 和 D/A 接口技术。

7.1　外部总线的扩展

7.1.1　外部总线的扩展

MCS－51 芯片没有对外专用的地址总线和数据总线，那么在进行对外扩展存储器或 I/O 接口时，首先需要扩展对外总线。通过 MCS－51 引脚 ALE 可实现对外总线的扩展。在 ALE 为有效高电平期间，P0 口上输出 $A_7 \sim A_0$，因而只需在 CPU 片外扩展一片地址锁存器，用 ALE 的有效高电平边沿作锁存信号，即可将 P0 口上的地址信息锁存，直到 ALE 再次有效。在 ALE 无效期间，P0 口传送数据，即作数据总线口，这样就可将 P0 口的地址线和数据线分开。图 7.1 为 MCS－51 扩展的外部三总线示意图。

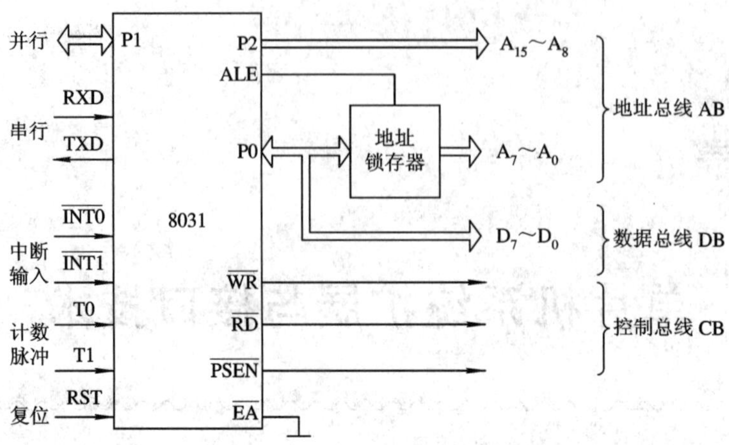

图 7.1　MCS - 51 外部三总线示意图

通常用作单片机地址锁存器的芯片有 74LS273、74LS377、74LS373、8282 等。图 7.2 的(*a*)、(*b*)和(*c*)分别给出了 74LS373、8282 和 74LS273 的引脚，以及它们用作地址锁存器的接法。

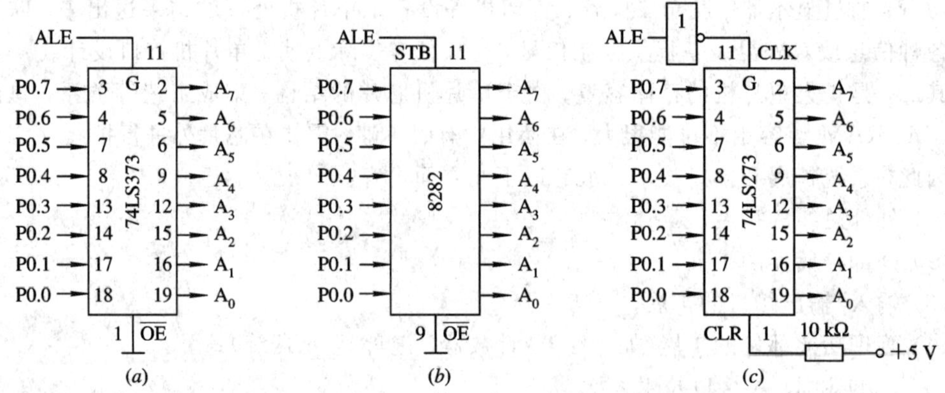

图 7.2　地址锁存器的引脚和接口

74LS373 和 8282 是带三态输出的 8 位锁存器，两者的结构和用法类似。以 74LS373 为例，当三态端 $\overline{OE}$有效，使能端 G 为高电平时，输出跟随输入变化；当 G 端由高变低时，输出端 8 位信息被锁存，直到 G 端再次有效。

74LS273 为 8D 触发器，当时钟上升沿到来时，将 D 端输入的数据锁存。它作为地址锁存器使用时，可将 ALE 反相接 74LS273 的 CLK 端，CLK 端接+5 V。

7.1.2　总线驱动

在单片机应用系统中，扩展的三总线上挂接很多负载，如存储器、并行接口、A/D 接口、显示接口等。但总线接口的负载能力有限，因此常常需要通过连接总线驱动器进行总线驱动。

总线驱动器对于单片机的 I/O 口只相当于增加了一个 TTL 负载，因此驱动器除了对后级电路驱动外，还能对负载的波动变化起隔离作用。

在对 TTL 负载驱动时，只需考虑驱动电流的大小；在对 MOS 负载驱动时，MOS 负载的输入电流很小，更多地要考虑对分布电容的电流驱动。

1. 常用的总线驱动器

系统总线中地址总线和控制总线是单向的，因此驱动器可以选用单向的，如 74LS244。74LS244 还带有三态控制，能实现总线缓冲和隔离。

系统中的数据总线是双向的，其驱动器也要选用双向的，如 74LS245。74LS245 也是三态的，有一个方向控制端 DIR。当 DIR＝1 时，表示输出($A_n \rightarrow B_n$)；当 DIR＝0 时，表示输入($A_n \leftarrow B_n$)。74LS244、74LS245 的引脚如图 7.3 所示。

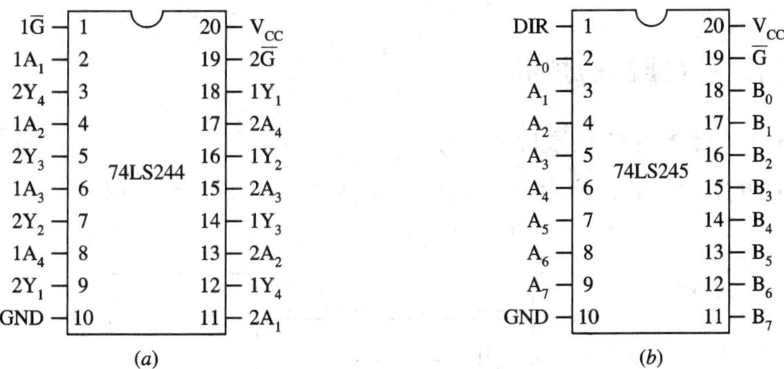

图 7.3　总线驱动器芯片管脚
(*a*) 单向驱动器；(*b*) 双向驱动器

2. 总线驱动器的接口

图 7.4 给出了总线驱动器 74LS244 和 74LS245 与 8051 管脚间的接口方法。

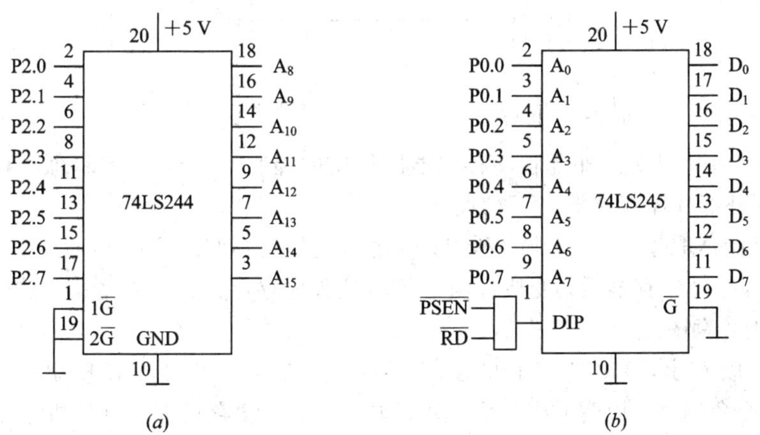

图 7.4　8051 与总线驱动器的接口
(*a*) P2 口的驱动；(*b*) P0 口的驱动

由于 P2 口始终输出地址高 8 位，为接口时 74LS244 的三态控制端 $1\overline{G}$ 和 $2\overline{G}$ 接地，P2 口与驱动器输入线对应相连。

P0 口与 74LS245 输入线相连，$\overline{G}$ 端接地，保证数据线畅通。8051 的 $\overline{RD}$ 和 $\overline{PSEN}$ 相与后接 DIP，使得 $\overline{RD}$ 或 $\overline{PSEN}$ 有效时，74LS245 输入，其他时间处于输出状态。

7.2 外部存储器的扩展

MCS－51 系列单片机具有 64 KB 的程序存储空间，其中 8051、8071 片内有 4 KB 的程序存储器，8031 片内无程序存储器。当采用 8051、8071 型单片机而程序超过 4 KB，或采用 8031 单片机时，就需对程序存储器进行外部扩展。

MCS－51 系列单片机的数据存储器与程序存储器的地址空间相互独立，其片外数据存储器的空间也是 64 KB。如果片内的数据存储器(仅 128 B)不够用时，则需进行数据存储器的外部扩展。

7.2.1 外部程序存储器的扩展

1. 外部程序存储器的扩展原理及时序

MCS－51 单片机外部程序存储器的扩展硬件电路如图 7.5 所示。

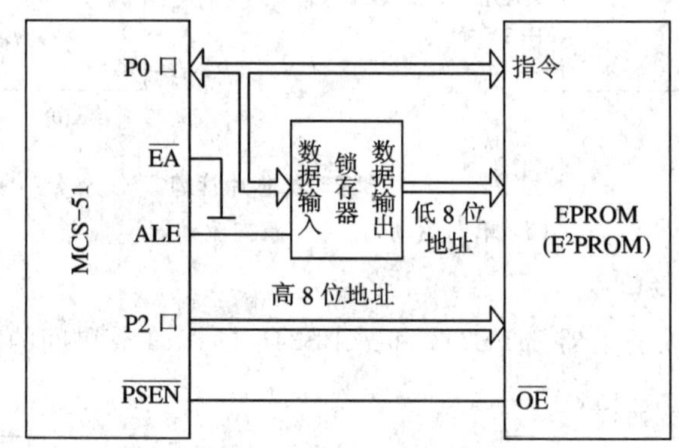

图 7.5　MCS－51 单片机程序存储器的扩展原理

MCS－51 单片机访问外部程序存储器所使用的控制信号有：ALE(低 8 位地址锁存控制)和 $\overline{\text{PSEN}}$(外部程序存储器“读取”控制)。

在外部存储器取指期间，P0 口和 P2 口输出地址码(PCL、PCH)，其中 P0 口信号由 ALE 选通进入地址锁存器后，变成高阻态等待从程序存储器读出指令码。访问外部存储器的时序参见第 2 章图 2.9。

从图中可以看出，MCS－51 的 CPU 在一个机器周期内，ALE 出现两个正脉冲，$\overline{\text{PSEN}}$出现两个负脉冲，说明 CPU 可以两次访问外部程序存储器。单片机指令系统中又有很多双字节单周期指令，使得程序的执行速度大大提高。

外部程序存储器可选用 EPROM、E^2PROM、PAGED EPROM 和 KEPROM 等。

2. EPROM 的扩展

紫外线擦除电可编程只读存储器 EPROM，典型的产品有 Intel 公司的系列芯片 2716(2 K×8 位)、2732A(4 K×8 位)、2764A(8 K×8 位)、27128A(16 K×8 位)、27256(32 K×8 位)和 27512(64 K×8 位)等。在这些芯片上均设有一个玻璃口，在紫外线下照射 20 分钟左右，存储器中的各位信息均变为 1，以后通过编程器可将程序固化到这些芯片中。

以下介绍 2716 EPROM。2716 的存储容量为 2 K×8 位，单一+5 V 供电，运行时的最大功耗为 252 mW，维持功耗为 132 mW，读出时间最大为 450 ns。2716 为 24 线双列直插式封装，其引脚如图 7.6 所示。

2716 有五种工作方式，如表 7.1 所示。

A_0～A_{10}：地址线

I/O_0～I/O_7：数据线

$\overline{CE}$：片选线

$\overline{OE}$：数据输出选通线

V_{PP}：编程电源

V_{CC}：主电源

引脚	信号	引脚	信号
1	A_7	24	V_{CC}
2	A_6	23	A_8
3	A_5	22	A_9
4	A_4	21	V_{PP}
5	A_3	20	$\overline{OE}$
6	A_2	19	A_{10}
7	A_1	18	$\overline{CE}$
8	A_0	17	I/O_7
9	I/O_0	16	I/O_6
10	I/O_1	15	I/O_5
11	I/O_2	14	I/O_4
12	GND	13	I/O_3

图 7.6　2716 的引脚图

表 7.1　2716 的工作方式

方式	$\overline{CE}$	$\overline{OE}$	V_{PP}	V_{CC}	I/O_0～I/O_7
读	L	L	5 V	5 V	输出(在线)
维持	H	X	5 V	5 V	高阻
编程	H	H	25 V	5 V	输入(离线)
编程校验	L	L	25 V	5 V	输出
编程禁止	L	H	25 V	5 V	高阻

2716 与 8031 接口主要解决两个问题：一是硬件连接问题；二是根据实际连线确定芯片地址。它们的硬件接口电路如图 7.7 所示。

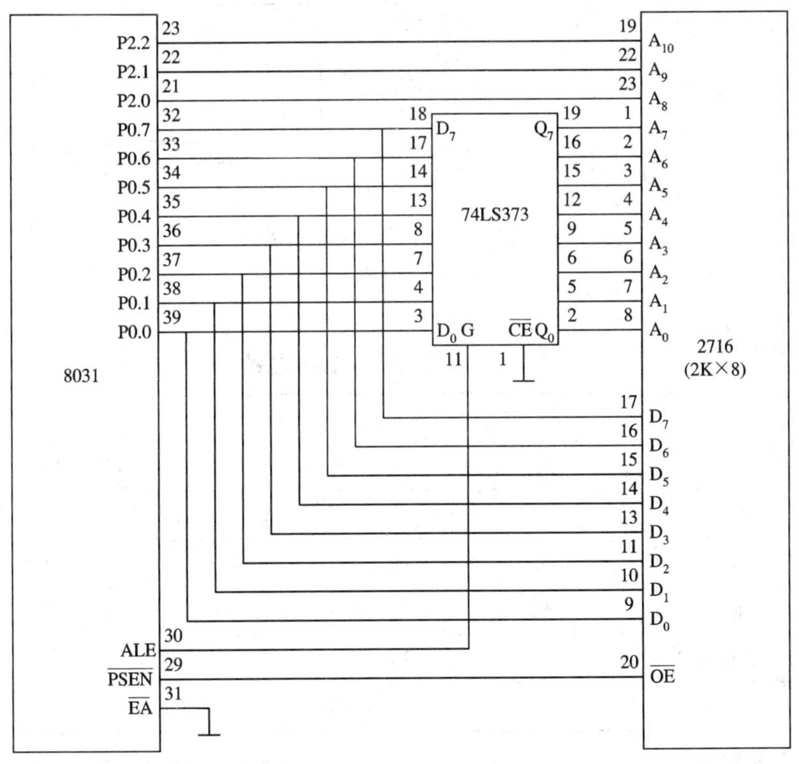

图 7.7　2716 与 8031 的连接图

由图 7.7 可确定 2716 芯片的地址范围。方法是 A_{10}～A_0 从全 0 开始，然后从最低位开始依次加 1，最后变为全 1，相当于 $2^{11}=2048$ 个单元地址依次选通，称为字选。即

P2.7～P2.3	P2.2～P2.0	P0.7～P0.0	地址范围
$A_{15}\sim A_{11}$	$A_{10}\sim A_8$	$A_7\sim A_0$	
0 … 0	0 … 0	0 … 0	0000H(首地址)
～	～	～	
0 … 0	1 … 1	1 … 1	07FFH(末地址)

3. E²PROM 的扩展

电擦除电可编程只读存储器 E²PROM 是近年来被广泛应用的一种新产品。其优点是能使 CPU 在线修改其中的数据，并可在断电情况下保存数据，集 EPROM 和 RAM 功能于一体。

Intel 公司的 2864A 是 8 K×8 位 E²PROM，单一＋5 V 供电，最大工作电流为 140 mA，维持电流 60 mA，其管脚及原理框图如图 7.8 所示。由于片内设有编程所需的高压脉冲产生电路，因此无需外加编程电源和写入脉冲。

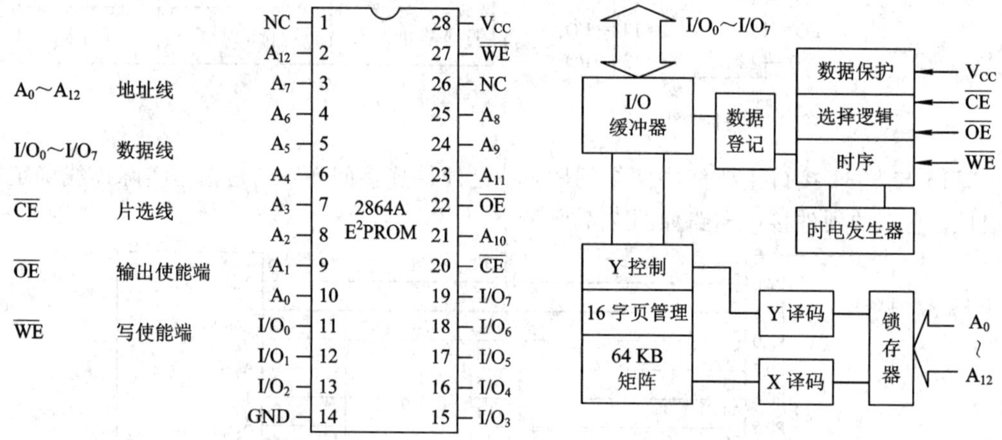

图 7.8 2864A 管脚及原理框图

(*a*) 管脚；(*b*) 原理框图

2864A 有 4 种工作方式，如表 7.2 所示。

表 7.2 2864A 的工作方式

方 式	控制脚			
	$\overline{CE}$	$\overline{OE}$	$\overline{WE}$	$I/O_0\sim I/O_7$
读出	L	L	H	输出信息
写入	L	H	L	数据输出
维持	H	X	X	高 阻
禁止写	X	L	X	—
禁止写	X	X	H	—

(1) 维持和读出方式：2864A 的维持和读出方式与普通 EPROM 完全相同。

(2) 写入方式：2864A 提供了两种数据写入操作方式，即字节写入和页面写入。

(3) 数据查询方式：数据查询方式是指用软件来检测写操作中的“页存储”周期是否完成。在“页存储”期间，如进行写操作，读出的是最后写入的字节，若芯片的存储工作未完成，则读出数据的最高位是原来写入字节最高位的反码。据此，CPU 可判断芯片的编程是否结束。

2864A 与 8031 的硬件接口电路如图 7.9 所示。

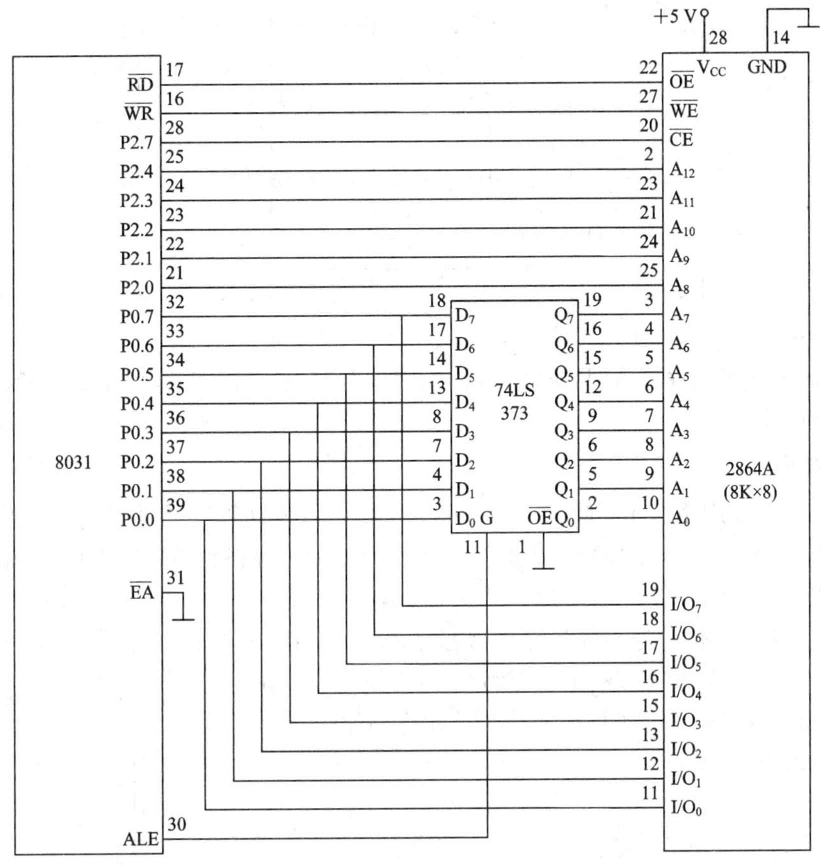

图 7.9　2864A 与 8031 的接口电路

7.2.2　外部数据存储器的扩展

8031 单片机内部仅有 128 个字节 RAM 存储器，而 CPU 对内部的 RAM 具有丰富的操作指令。如在实时数据采集和处理时，仅靠片内的 RAM 是远远不够的，因而必须扩展外部数据存储器。常用的数据存储器有静态 RAM 和动态 RAM 两种。下面主要讨论静态 RAM 与 MCS－51 的接口。

1. 外部数据存储器的扩展原理及时序

单片机扩展外部 RAM 的原理图如图 7.10 所示，数据存储器只使用 $\overline{WR}$、$\overline{RD}$扩展线而不用 $\overline{PSEN}$。因此，数据存储器与程序存储器地址可完全重叠，均为 0000H～0FFFFH。但数据存储器与 I/O 口及外围设备是统一编址的，即任何扩展的 I/O 口以及外围设备均占用数据存储器的地址。

MCS－51 单片机读/写外部数据存储器的时序如图 2.9、2.10 所示。在图 2.10 的外部 RAM 读周期中，P2 口输出高 8 位地址，P0 口分时传送低 8 位地址及数据。ALE 的下降沿将低 8 位地址打入地址锁存器后，P0 口变为输入方式，$\overline{RD}$有效选通外部 RAM，相应存储单元的内容送到 P0 口上，由 CPU 读入累加器。

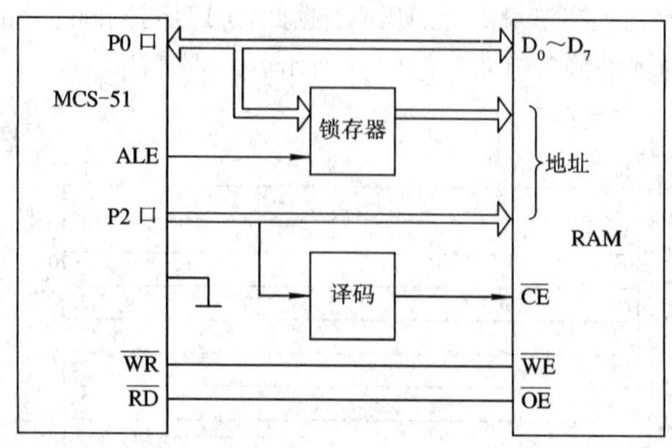

图 7.10　MCS－51 数据存储器的扩展示意图

外部 RAM 写操作时，ALE 下降为低电平后，$\overline{WR}$才有效，P0 口上出现的数据写入相应的 RAM 单元。

2. 静态 RAM 的扩展

8031 单片机应用系统中，静态 RAM 最为常用，因为这种存储器无需考虑刷新问题。但与动态 RAM 相比，静态 RAM 需要消耗较大的功率，价格也较高。下面以 6264 为例，介绍静态 RAM 的扩展。

6264 是 8 K×8 位的静态随机存储器芯片，采用 CMOS 工艺制造，单一＋5 V 供电，额定功耗为 200 mW，典型存取时间为 200 ns，为 28 线双列直插式封装，其管脚如图 7.11 所示。各管脚的含义如下：

A_0～A_{12}：13 条地址线；

I/O_0～I/O_7：双向数据线；

$\overline{CE_1}$：片选信号线 1；

CE_2：片选信号线 2；

$\overline{OE}$：输出允许信号；

$\overline{WE}$：写信号。

6264			
NC	1	28	V_{CC}
A_{12}	2	27	$\overline{WE}$
A_7	3	26	CE_2
A_6	4	25	A_8
A_5	5	24	A_9
A_4	6	23	A_{11}
A_3	7	22	$\overline{OE}$
A_2	8	21	A_{10}
A_1	9	20	$\overline{CE_1}$
A_0	10	19	I/O_7
I/O_0	11	18	I/O_6
I/O_1	12	17	I/O_5
I/O_2	13	16	I/O_4
GND	14	15	I/O_3

图 7.11　6264 管脚图

6264 的工作方式有 4 种，如表 7.3 所示。

表 7.3　6264 的工作方式

$\overline{WE}$	$\overline{CE_1}$	CE_2	$\overline{OE}$	方　式	D_0～D_7
×	1	×	×	未选中	高阻抗
×	×	0	×	未选中	高阻抗
1	0	1	1	输出禁止	高阻抗
0	0	1	1	写	D_{IN}
1	0	1	0	读	D_{OUT}

8031 与 6264 的硬件接口电路如图 7.12 所示。

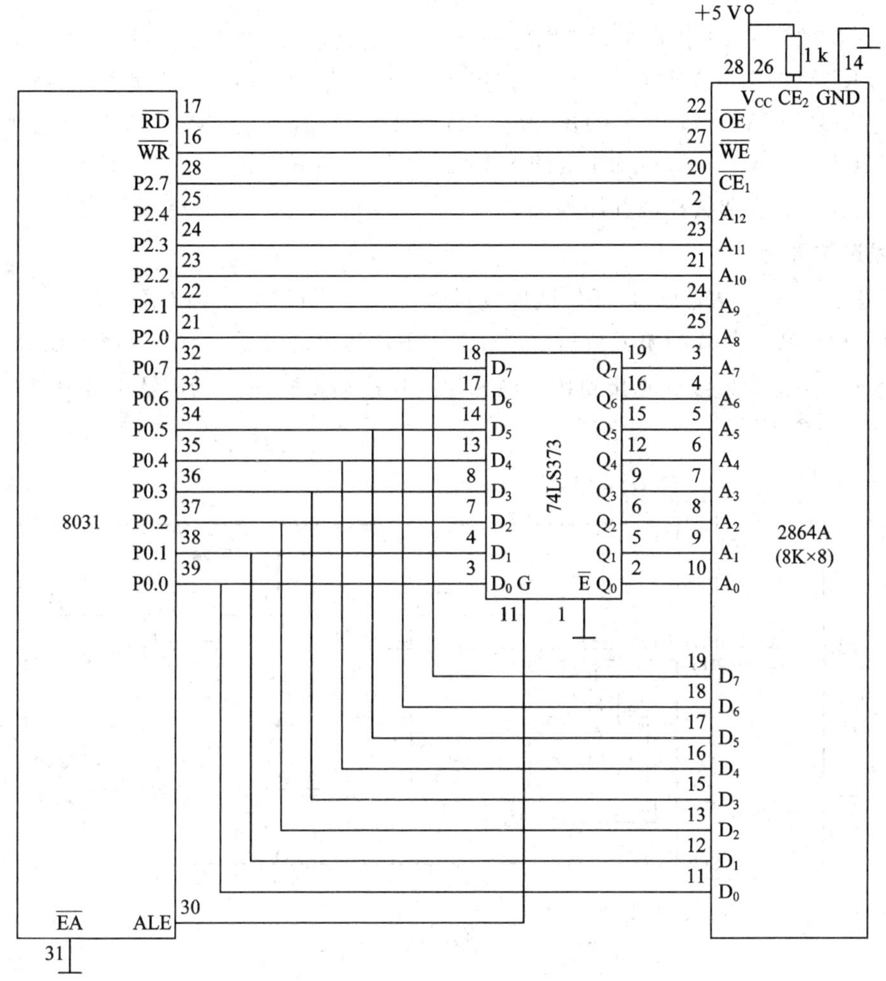

图 7.12　扩展 6264 静态 RAM

电路中 6264 的 A_0～A_{12}这 13 条地址线与锁存器的输出及 P2 口对应线相连，6264 的 D_0～D_7 这 8 条数据线与 8031 的 P0 口对应相连，6264 的 $\overline{OE}$和 $\overline{WE}$分别与 8031 的 $\overline{RD}$和 $\overline{WR}$对应，$\overline{CE_1}$接 P2.7，CE_2 接高电平。

按照这种片选方式，6264 的 8 KB 地址范围不唯一(因为 $A_{14}A_{13}$可为任意值)，6000H～7FFFH 是一种地址范围。当向该片 6000H 单元写一个数据 DATA 时，可用如下指令：

```
MOV A，#DATA
MOV DPTR，#6000H
MOVX  @DPTR，A
```

从 7FFFH 单元读一个数据时，可用如下指令：

```
MOV DPTR，#7FFFH
MOVX A，@DPTR
```

7.2.3 多片存储器芯片的扩展

上面讨论的是 8031 扩展一片 EPROM 或 RAM 的方法。在实际应用中，可能需要扩展多片 EPROM 或 ROM。如果 2764A 扩展 64 K×8 位的 EPROM，就需 8 片 2764。当 CPU 通过指令 MOVC A，@A+DPTR 发出读 EPROM 操作时，P2、P0 发出的地址信号应能选择其中一片的一个存储单元，即 8 片 2764 不应该同时被选中，这就是所谓的片选。片选方法有两种：线选法和地址译码法。

1. 线选法寻址

线选法寻址是用 P2、P0 口低位地址线对每个芯片内的同一存储单元进行寻址，称为字选。所需地址线由每片的单元数决定，对于 8 KB 容量芯片需要 13 根地址线 $A_{12}\sim A_0$，然后将余下的高位地址线分别接到各存储芯片的片选端 $\overline{CE}$。图 7.13 是用 3 片 2764 组成的 24 K×8 位的 EPROM。

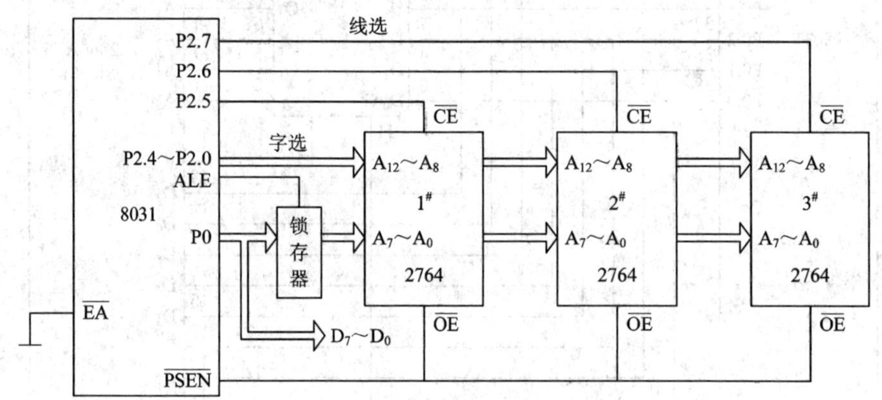

图 7.13 用线选法实现片选

各芯片的地址范围如下：

芯片	片选			字选	地址范围
	A_{15}	A_{14}	A_{13}	$A_{12}\sim A_0$	
1#	1	1	0	0…0	0 C000H(首地址)
		~		~	~
	1	1	0	1…1	0 DFFFH(末地址)
2#	1	0	1	0…0	0A000H(首地址)
		~		~	~
	1	0	1	1…1	0BFFFH(末地址)
3#	0	1	1	0 …0	6000H(首地址)
		~		~	~
	0	1	1	1… 1	7FFFH(末地址)

线选法的优点是硬件简单，不需地址译码器，用于芯片不太多的情况；缺点是各存储器芯片之间的地址不连续，给程序设计带来不便。

2. 地址译码法寻址

地址译码法寻址是利用地址译码器对系统的片外高位地址进行译码，以其译码输出作为存储器芯片的片选信号，将地址划分为连续的地址空间块，避免了地址的间断。

译码法仍用低位地址线对每片内的存储单元进行寻址，而高位地址线经过译码器译码后的输出作为各芯片的片选信号。常用的地址译码器是 3/8 译码器 74LS138。

译码法又分为完全译码和部分译码两种。

(1) 完全译码。地址译码器使用了全部地址线，地址与存储单元一一对应。

(2) 部分译码。地址译码器仅使用了部分地址，地址与存储单元不是一一对应的。部分译码会大量浪费存储单元，对于要求存储器容量较大的微机系统，一般不采用。但对于单片机系统来说，由于实际需要的存储容量不大，采用部分译码器可简化译码电路。

【例 1】 要求用 2764 芯片扩展 8031 的片外程序存储器空间，分配的地址范围为 0000H～3FFFH。

本例采用完全译码方法。

(1) 确定片数。

因为 0000H ～ 3FFFH 的存储空间为 16 KB，所以

$$所需芯片数=\frac{实际要求的存储容量}{单个芯片的存储容量}=\frac{16\ \text{KB}}{8\ \text{KB}}=2(片)$$

(2) 分配地址范围。

	A_{15}	A_{14}	A_{13}	$A_{12} \cdots A_0$	地址范围
1#	0	0	0	0 … 0	0000H
				≀	≀
	0	0	0	1 … 1	1FFFH
2#	0	0	1	0 … 0	2000H
				≀	≀
	0	0	1	1 … 1	3FFFH

(3) 存储器扩展的连接如图 7.14 所示。

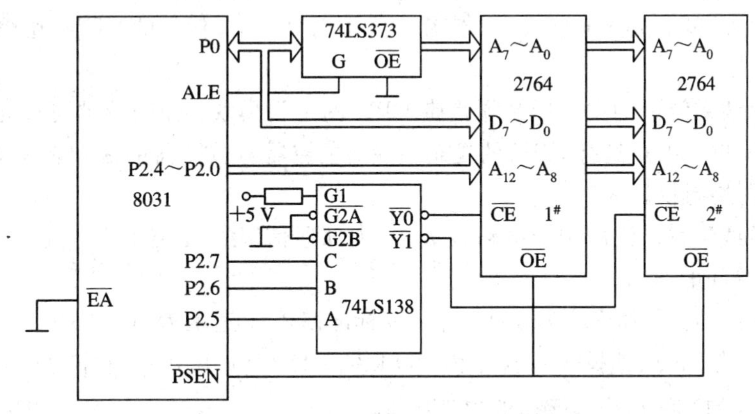

图 7.14　采用地址译码器扩展存储器的连接图

7.2.4 I²C 存储器的扩展

二线制 I²C 串行 E²PROM 是可在线电擦除和电写入的存储器，具有体积小、接口简单、数据保存可靠、可在线改写、功耗低等特点。I²C 存储器为低电压写入，在单片机系统中应用十分普遍。

1. I²C 总线

I²C(Inter－Integrated Circuit，内置集成电路)总线是一种由 Philips 公司于 20 世纪 80 年代开发的两线式串行总线。它通过 SDA(串行数据线)和 SCL(串行同步时钟线)两根线，在连到总线上的器件之间传送信息，并根据地址识别每个器件(包括单片机、存储器、LCD 驱动器和键盘接口)。

I²C 总线的主要特点有以下几个方面：

(1) 二线制结构，即采用双向的串行数据线 SDA、串行同步时钟线 SCL，总线上的所有器件其同名端都分别挂在 SDA、SCL 上。

(2) I²C 总线所有器件的 SDA、SCL 引脚的输出驱动都为漏极开路结构，通过外接上拉电阻将总线上所有节点的 SDA、SCL 信号电平实现“线与”的逻辑关系。这不仅可以将多个节点器件按同名端引脚直接挂在 SDA、SCL 上，还使 I²C 总线具备了“时钟同步”，确保不同工作速度的器件同步工作。

(3) 系统中的所有外围器件都具有一个 7 位的“从器件专用地址码”，其中高 4 位为器件类型地址(由生产厂家制定)，低 3 位为器件引脚定义地址(由使用者定义)，主控器件通过地址码建立多机通信的机制。因此 I²C 总线省去了外围器件的片选线，这样无论总线上挂接多少器件，其系统仍然为简约的二线结构。

(4) I²C 总线上的所有器件都具有“自动应答”功能，保证了数据交换的正确性。

(5) I²C 总线系统具有“时钟同步”功能。利用 SCL 线的“线与”逻辑协调不同器件之间的速度问题。

(6) 在 I²C 总线系统中可以实现“多主机(主控器)”结构。依靠“总线仲裁”机制确保系统中任何一个主控器都可以掌握总线的控制权。任何一个主控器之间没有优先级，没有中心主机的特权。当多主机竞争总线时，依靠主控器对其 SDA 信号的“线与”逻辑，自动实现“总线仲裁”功能。

(7) I²C 总线系统中的主控器必须是带 CPU 的逻辑模块；而被控器可以是无 CPU 的普通外围器件，也可以是具有 CPU 的逻辑模块。主控器与被控器的区别在于 SCL 的发送权，即对总线的控制权。

(8) I²C 总线不仅广泛应用于电路板级的“内部通信”场合，还可以通过 I²C 总线驱动器进行不同系统间的通信。

(9) I²C 总线的工作速度分为 3 种版本：S(标准模式)，速率为 100 kB/s，主要用于简单的检测与控制场合；F(快速模式)，速率为 400 kB/s；Hs(高速模式)，速率为 3.4 MB/s。

2. I²C 总线的系统结构和接口的内部结构

1) I²C 总线的系统结构

I²C 总线的系统结构如图 7.15 所示。

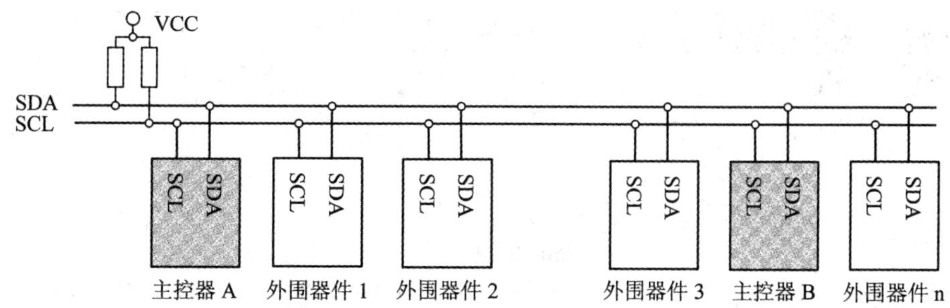

图 7.15　具有多主机的 I^2C 总线的系统结构

2) I^2C 总线接口的内部结构

每一个 I^2C 总线器件内部的 SDA、SCL 引脚电路结构都是一样的，如图 7.16 所示。引脚的输出驱动与输入缓冲连在一起，其中输出驱动为漏极开路的场效应管，输入缓冲为一只高输入阻抗的同相器。这种电路具有以下两个特点：

① 由于 SDA、SCL 为漏极开路结构，它们借助于外部的上拉电阻实现了信号的“线与”逻辑；

② 引脚在输出信号的同时还对引脚上的电平进行检测，检测其是否与刚才输出的一致，为“时钟同步”和“总线仲裁”提供硬件基础。

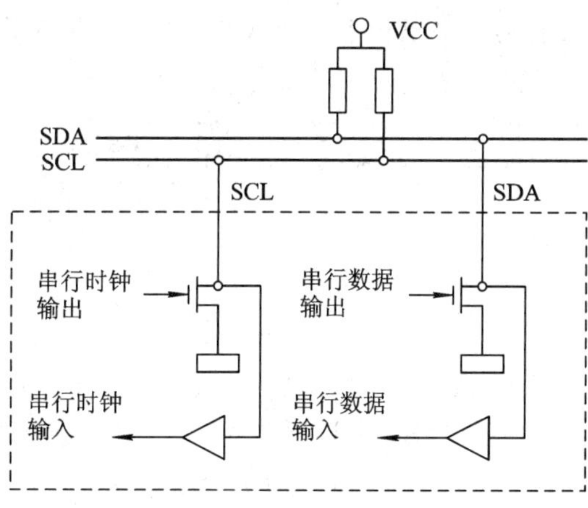

图 7.16　I^2C 总线接口的内部结构

3) I^2C 总线的工作过程与原理

总线上的所有通信都是由主控器引发的。在一次通信中，主控器与被控器总是在扮演着两种不同的角色。

(1) 主控制器向被控器发送数据。主控器向被控器发送数据的操作过程如图 7.17 所示。

① 主控器在检测到总线为“空闲状态”(即 SDA、SCL 线均为高电平)时，发送一个启动信号“S”，启动一次通信的开始；

② 主控器接着发送一个命令字节，该字节由 7 位的从机地址和 1 位读/写控制位 R/W 组成(此时 R/W=0)；

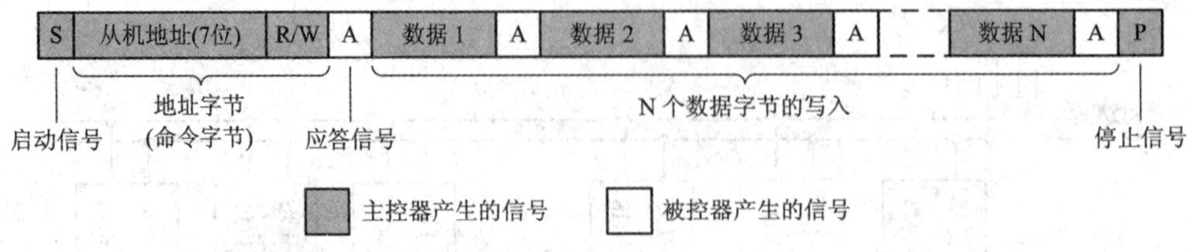

图 7.17　主控器向被控器写 N 个数据的过程

③ 相对应的被控器收到命令字节后，向主控器回馈应答信号 ACK(ACK=0)；

④ 主控器收到被控器的应答信号后，开始发送第一个字节的数据；

⑤ 被控器收到数据后，返回一个应答信号 ACK；

⑥ 主控器收到应答信号后，再发送下一个数据字节；

⑦ 当主控器发送最后一个数据字节并收到被控器的 ACK 后，通过向被控器发送一个停止信号 P 来结束本次通信并释放总线，被控器收到 P 信号后也退出与主控器之间的通信。

需要说明的是：① 主控器通过发送地址码与对应的被控器建立了通信关系，而接在总线上的其他被控器虽然同时也收到了地址码，但因为与其自身的地址不相符合，因此提前退出与主控器的通信；② 主控器在一次发送通信中，其发送的数据数量不受限制，主控器通过 P 信号通知发送的结束，被控器收到 P 信号后退出本次通信；③ 主控器的每一次发送后都是通过被控器的 ACK 信号了解被控器的接收状况的，如果应答错误，则重发。

(2) 主控器接收数据的过程。主控器接收数据的过程如图 7.18 所示。

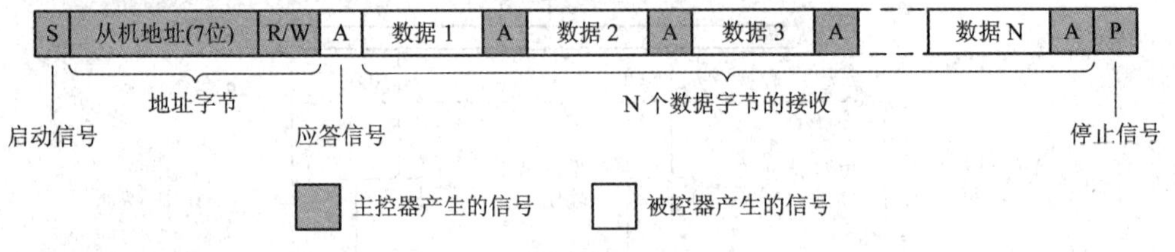

图 7.18　主控器接收 N 个数据的过程

① 主控器发送启动信号后，接着发送命令字节(其中 R/W=1)；

② 对应的被控器收到地址字节后，返回一个应答信号并向主控器发送数据；

③ 主控器收到数据后向被控器反馈一个应答信号；

④ 被控器收到应答信号后再向主控器发送下一个数据；

⑤ 当主控器完成接收数据后，向被控器发送一个“非应答信号(ACK=1)”，被控器收到 ACK=1 的非应答信号后便停止发送；

⑥ 主控器发送非应答信号后，再发送一个停止信号，释放总线结束通信。

需要说明的是：主控器所接收数据的数量是由主控器自身决定的。当发送“非应答信号”时，被控器便结束传送并释放总线(非应答信号的两个作用：前一个数据接收成功，停止被控器的再次发送)。

4) I^2C 总线的信号时序

这里以主控器向被控器发送一个字节的数据(写操作 R/W=0)为例来说明 I^2C 总线的信号时序。整个过程由主控器发送起始信号 START 开始，紧跟着发送一个字节的命令字节(7 位从机地址和一个读/写控制位 R/W=0)，得到被控器的应答信号(ACK=0)后就开始按位发送一个字节的数据。主控器得到被控器应答后发送 STOP 信号，一个字节的数据传送完毕。其数据传送的时序如图 7.19 所示。

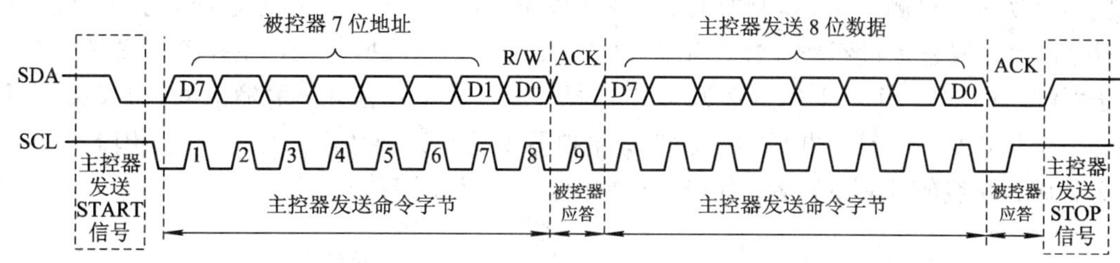

图 7.19　主控器发送一个字节数据的时序

在数据传送中数据高位(D7)在最前面，SDA 上的数据在 SCL 同步时钟脉冲为低电平时允许变化。在数据稳定且同步时钟脉冲为高电平期间传送数据有效。

主控器接收数据(R/W=1)的时序类似于发送，主要区别有两点：① 主控器接收到数据后要向被控器发送应答信号(ACK=0)；② 当主控器接收完最后一个数据时向被控器返回一个“非应答信号(ACK=1)”以通知被控器结束发送操作，最后主控器发送一位停止信号 P 并释放总线(见图 7.18)。

5) I^2C 总线的时钟同步与总线仲裁

I^2C 总线的 SCL 同步时钟脉冲一般由主控器发出并作为串行数据的移位脉冲。每当 SDA 上出现一位稳定的数据，在 SCL 上就会发送一个高电平的移位脉冲。

(1) SCL 信号的同步。如果被控器希望主控器降低传送速度，可以通过将 SCL 主动拉低延长其低电平时间的方法来通知主控器。当主控器在准备下一次传送时发现 SCL 的电平被拉低，就进行等待，直至被控器完成操作并释放 SCL 线的控制控制权。这样一来，主控器实际上受到被控器的时钟同步控制。可见 SCL 上的低电平的时间是由时钟低电平最长的器件决定的；高电平的时间是由高电平时间最短的器件决定的，这就是时钟同步，它解决了 I^2C 总线的速度同步问题。

(2) I^2C 总线上的总线仲裁。假设在同一个 I^2C 总线系统中存有两个主控器，其时钟信号分别为 SCK1、SCK2，它们都具有控制总线的能力。假设两者都开始要控制总线进行通信，由于“线与”的作用，实际的 SCL 的波形如图 7.20 所示。在总线做出仲裁之前，两个主控器都会以“线与”的形式共同参与 SCL 线的使用，速度快的主控器 1 等待落后的主控器 2。

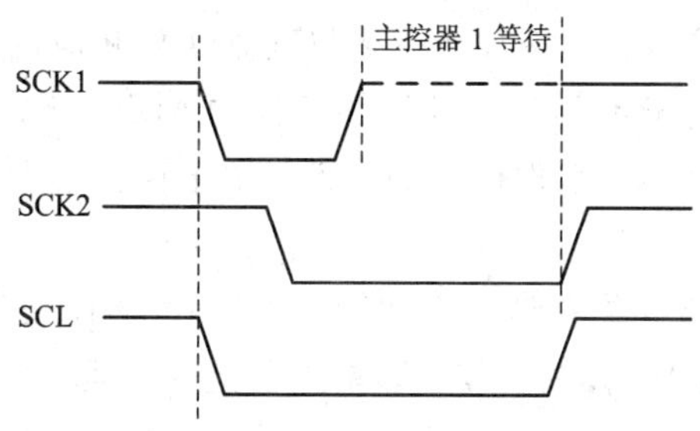

图 7.20　SCL 信号的同步波形

对于SDA线上的信号的使用，两个主控器同样也是按照“线与”的逻辑来影响SDA上的电平变化的。假设主控器1要发送的数据DATA1为“101 ……”；主控器2要发送的数据DATA2为“1001 ……”。总线被启动后，两个主控器在每发送一个数据位时都要对自己的输出电平进行检测，只要检测的电平与本身发出的电平一致，它们就会继续占用总线。在这种情况下总线还是得不到仲裁。当主控器1发送第3位数据“1”时(主控器2发送“0”)，由于“线与”的结果SDA上的电平为“0”，这样当主控器1检测自己的输出电平时，就会检测到一个与自身不相符的电平“0”。这时，主控器1只好放弃对总线的控制权。因此，主控器2就成为总线的唯一主宰者。仲裁过程如图7.21所示。不难看出：

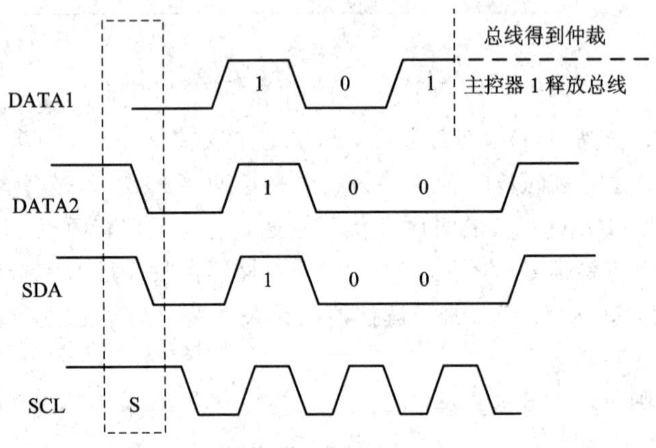

图7.21 I²C总线上的总线仲裁时序图

① 对于整个仲裁过程主控器1和主控器2都不会丢失数据；

② 各个主控器没有对总线实施控制的优先级别；

③ 总线控制随机而定，遵循“低电平优先”的原则，即谁先发送低电平谁就会掌握对总线的控制权。

根据上面的描述，“时钟同步”与“总线仲裁”规律可以总结如下：

① 主控器通过检测SCL上的电平来调节与从器件的速度同步问题——时钟同步；

② 主控器通过检测SDA上自身发送的电平来判断是否发生总线“冲突”——总线仲裁。

因此，I²C总线的“时钟同步”与“总线仲裁”是靠器件自身接口的特殊结构得以实现的。

3. I²C总线的工作时序与MCS-51单片机的模拟编程

对于具有I²C总线接口的高档单片机来说，整个通信的控制过程和时序都是由单片机内部的I²C总线控制器来实现的。编程者只要将数据送到相应的缓冲器，设定好对应的控制寄存器即可实现通信。对于不具备这种硬件条件的MCS-51单片机来说，只能借助软件模拟的方法实现通信的目的。软件模拟的关键是要准确把握I²C总线的时序及各部分定时的要求。

单片机与I²C器件的连接及引脚定义如图7.22所示，使用伪指令定义对I/O端口进行定义(设单片机的系统时钟f_{OSC}为6 M，即单周期指令的运行时间为2 μs)。

```
SDA     BIT     P1.0
SCL     BIT     P1.1
```

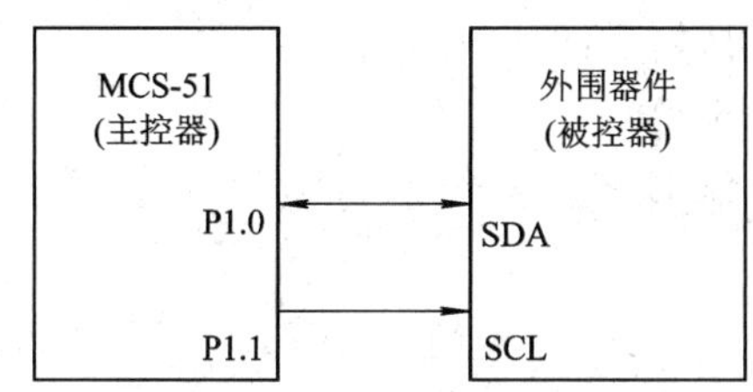

图 7.22　单片机与 I^2C 器件的连接及引脚定义

1）发送启动信号 S

在 SCL 为高电平时，数据线出现的由高到低的下降沿作为启动信号(见图 7.23)。

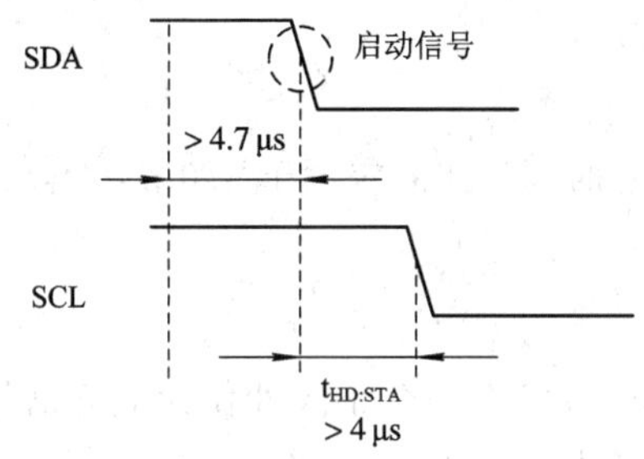

图 7.23　启动信号的时序

启动信号的子程序 STA 如下：

```
STA:    SETB   SDA
        SETB   SCL
        NOP
        NOP              ；完成 4.7 μs 定时
        CLR    SDA       ；产生启动信号
        NOP
        NOP              ；完成 tHD:STA 定时
        CLR    SCL
        RET
```

其中，$t_{HD:STA}$ 表示启动信号保持时间，最小值为 4 μs，在这个信号出现后才可以产生第一个同步信号。

2）发送停止信号 P

在 SCL 为高电平期间 SDA 发生的正跳变作为停止信号(见图 7.24)。

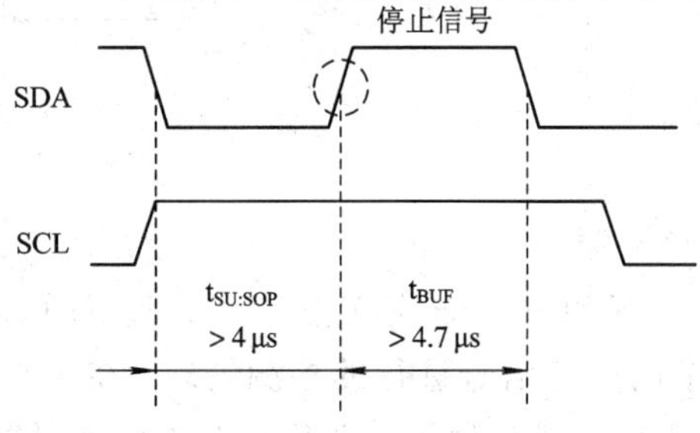

图 7.24　停止信号的时序图

停止信号的子程序 STOP 如下：

```
STOP：  CLR   SDA
        SETB  SCL
        NOP
        NOP              ；tSU；SOP定时
        SETB  SDA
        NOP
        NOP              ；tBUF定时
        CLR   SCL
        CLR   SDA
        RET
```

其中，$t_{SU;SOP}$表示停止信号建立时间，其值应大于 4.0 μs；t_{BUF}表示 P 信号和 S 信号之间的空闲时间，其值应大于 4.7 μs。

3）发送应答信号 ACK

在 SDA 为低电平期间，SCL 发送一个正脉冲作为应答信号(见图 7.25)。

应答信号的子程序 MACK 如下：

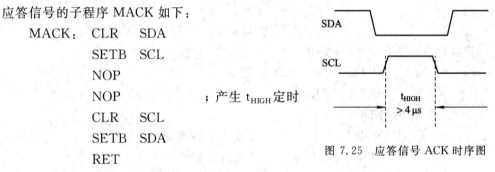

```
MACK：  CLR   SDA
        SETB  SCL
        NOP
        NOP              ；产生 tHIGH定时
        CLR   SCL
        SETB  SDA
        RET
```

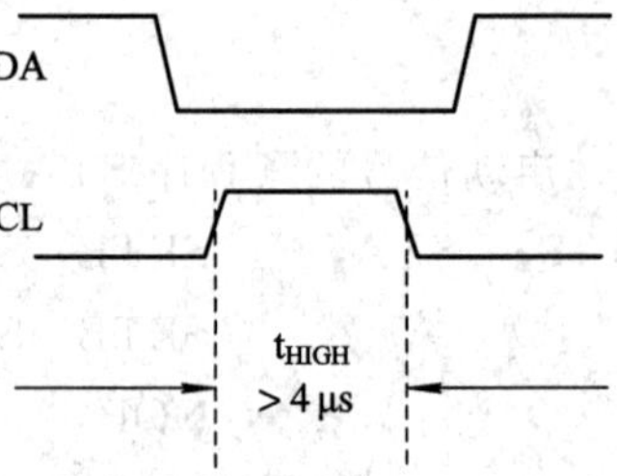

图 7.25　应答信号 ACK 时序图

其中，t_{HIGH}表示同步时钟 SCL 高电平的最小时间，其值应大于 4.0 μs。

4）发送非应答信号 NACK

在 SDA 为高电平期间，SCL 发送一个正脉冲作为非应答信号(见图 7.26)。

发送非应答信号的子程序 MNACK 如下：

```
MNACK：SETB  SDA
       SETB  SCL
       NOP
       NOP
       CLR   SCK
       CLR   SDA
       RET
```

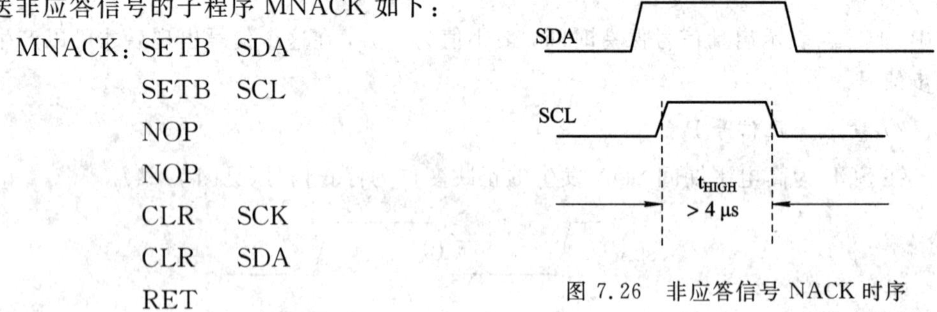

图 7.26　非应答信号 NACK 时序

5）应答位检测的子程序 CACK

与上面发送应答信号ACK和发送非应答信号NACK不同，应答位检测子程序CACK是主控器对接收被控器反馈的应答信号进行的检测处理。在正常情况下，被控器返回的应答信号 ACK=0。如果 ACK=1，则表明通信失败。在这个子程序中使用一个位标志 F0 作为出口参数。当反馈给主控器的应答信号 ACK 正确时，F0=0；反之，F0=1。

应答位检测的子程序 CACK 如下：

```
CACK:   SETB  SDA        ; I/O端口"写1"，为输入做准备
        SETB  SCL
        CLR   F0
        MOV   C, SDA     ; 对数据线SDA采样
        JNB   CEND       ; 应答正确时，转CEND
        SETB  F0         ; 应答错误时，标志F0置1
CEND:   CLR   SCL
        RET
```

6）发送一个字节的子程序 WRBYT

子程序 WRBYT 模拟 I^2C 总线的时钟信号 SCL，通过数据线 SDA 进行一个字节的数据发送。入口参数为累加器 A，A 中存有待发送的 8 位数据。按照 I^2C 的规范，先从最高位开始发送。

发送一个字节的子程序 WRBYT 如下：

```
WRBYT: MOV   R6, #08H       ; 计数器R6赋初值8
WLP:   RLCA                 ; 将A中的数据高位左移传到Cy中
       MOV   SDA, C         ; 将数据位送到SDA线上
       SETB  SCL            ; 产生SCL时钟信号
       NOP
       NOP                  ; 产生tHIGH定时(大于4 μs)
       CLR   SCL            ; 时钟信号变低
       DJNZ  R6, WLP        ; 判断8次位传送是否结束
       RET
```

7）接收一个字节数据的子程序 RDBYT

子程序 RDBYT 模拟 I^2C 总线信号，从 SDA 线上读入一个字节的数据，并存入 R2 或 A 中。

接收一个字节数据的子程序 RDBYT 如下：

```
RDBYT: MOV   R6, #08H
RLP:   SETB  SDA
       SETB  SCL
       MOV   C, SDA         ; 采样SDA上的数据，并传到Cy
       MOV   A, R2          ; R2为接收数据的缓冲寄存器
       RLC   A              ; 将Cy中的数据移入A中
       MOV   R2, A          ; 数据送回缓冲寄存器
       CLR   SCL            ; 时钟信号SCL拉低
       DJNZ  R6, RLP ; 判断8位接收是否完成，若未完成，则转RLP
       RET
```

说明：

① 将 I^2C 总线的各种信号细分至对应的子程序。当选择具有 I^2C 总线接口的外围器件进行编程时，就可根据具体器件的特性和要求，合理地组合、调用这些子程序完成相应的功能。

② 为了简化问题，上述的子程序对局部变量(如计数器、数据指针等)没有进行数据保护。为了使这些子程序具有很好的可移植性和通用性，编程者应当对它们进行进栈保护。

③ 上面的编程设 AT89C51 的硬件系统采用 6MH 的系统时钟，这样指令 NOP 的执行时间是 2 μs，如果采用 12MH 的系统时钟，NOP 指令的周期为 1 μs，这样程序要做相应的改动以满足定时要求。

④ 时序中的定时时间按 I^2C 总线的标准模式(S 模式，100 kHz)制定。

上面介绍了在 MCS－51 单片机系统中，利用软件模拟的方式完成 I^2C 总线的各种基本时序和操作的编程。作为一个单片机系统的设计、开发者，应当根据系统设计的需求，选择所需要的外围芯片构成硬件系统，再根据这些芯片的工作原理、控制方式及对应的编程命令来设计、编程，最终完成整个系统的设计工作。

4. AT24C02 与 MCS－51 单片机的接口

24 系列 E^2PROM 是目前单片机系统中应用比较广泛的存储芯片。采用 I^2C 总线接口，占用单片机的资源少、使用方便、功耗低、容量大，因而被广泛应用于智能化产品设计中。

1) 24 系列 E^2PROM 器件简介

24 系列 E^2PROM 为串行接口的电可擦除可编程 COMS 只读存储器。擦除次数高达 10 万次以上，典型的擦除时间为 5 ms，片内数据存储时间可达 40 年以上。它采用单＋5V 供电，工作电流为 1 mA，备用状态下为 10 μA。

(1) 24 系列 E^2PROM 芯片的引脚定义。

图 7.27 是 24 系列 E^2PROM 芯片的引脚图，各引脚说明如下：

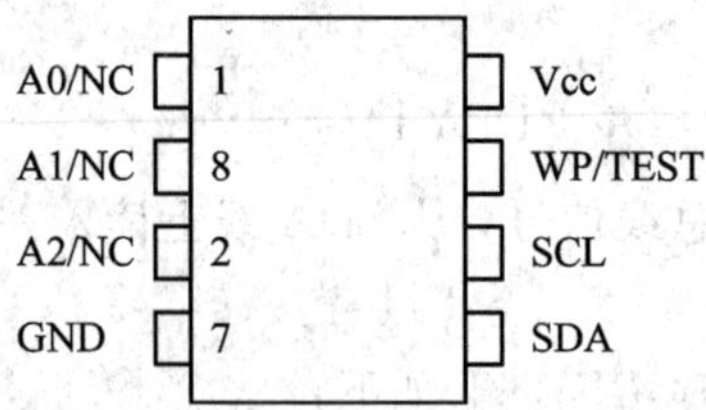

图 7.27　24 系列 E^2PROM 芯片引脚图

· SDA：串行数据输入/输出端，漏极开路结构，使用时必须外接一个 5.1 kΩ 的上拉电阻，通信时高位在先。

· SCL：串行时钟输入端，用于对输入数据的同步。

· WP：写保护，用于对写入数据的保护。当 WP＝0 时，不保护；当 WP＝1 时，保护，即所有的写操作失效，此时的 E^2PROM 实际上就是一个只读存储器。

· A0～A2：器件地址编码输入。I^2C 总线外围器件的地址由 7 位组成，其中：高 4 位为生产厂家为每一型号芯片固定设置的地址，也称“特征码”；低 3 位以“器件地址编码输入”的形式留给用户自行定义地址。理论上，在同一个 I^2C 总线系统中最多可以使用 8 个同一型号的外围器件。

- TEST：测试端，生产厂家用于对产品的检验，用户可以忽略。
- Vcc：+5 V 电源输入端。
- NC：空脚。

(2) 24 系列 E^2PROM 芯片的特性及分类。

在 24 系列产品中芯片可以划分为 4 种类型。由于设计的年代不同，其性能、容量、器件地址编码的方式等各不相同。第一类芯片属于早期产品，不具备数据保护功能，还不支持用户引脚自定义地址功能，所以在一个系统中只能使用一个该型号的芯片。第二类芯片是目前常用的类型，不仅具备数据保护功能，还有用户引脚地址定义功能，所以在一个系统中可以同时使用 1～8 个该型号的芯片；第三类芯片基本上类似于第二类，区别在于器件地址的控制比较特殊；第四类芯片的主要特点是大容量，并支持全部的器件定义地址，因此在一个系统中可同时使用 8 个该型号的芯片。表 7.4 列出了 24 系列 E^2PROM 芯片的特性与分类。

表 7.4 24 系列 E^2PROM 芯片的特性、分类表

类别	型号	容量	页数	连续写入数据个数	器件地址编码	系统可用数量	硬件写保护区域	命令字节格式							R/W
								型号特征地址				引脚页地址			
								D7	D6	D5	D4	D3	D2	D1	D0
一	AT24C01	128	×	8	不支持	1	不支持	1	0	1	0	×	×	×	1/0
	AT24C01A	128	×	8	A2 A1 A0	8	全部	1	0	1	0	A2	A1	A0	1/0
	AT24C02	256	×	8	A2 A1 A0	8	全部	1	0	1	0	A2	A1	A0	1/0
二	AT24C04	512	2	16	A2 A1 NC	4	高 256	1	0	1	0	A2	A1	P0	1/0
	AT24C08	1K	4	16	A2 NC NC	2	不支持	1	0	1	0	A2	P1	P0	1/0
	AT24C16	2K	8	16	NC NC NC	1	高 1K	1	0	1	0	P2	P1	P0	1/0
三	AT24C164	2K	8	16	A2 A2 A0	8	高 1K	1	A2	A1	A0	P2	P1	P0	1/0
四	AT24C32	4K	×	32	A2 A2 A0	8	高 1K	1	0	1	0	A2	A1	A0	1/0
	AT24C64	8K	×	32	A2 A2 A0	8	高 2K	1	0	1	0	A2	A1	A0	1/0

表 7.4 中的内容的说明如下：

① "容量"是指字节数，如 128 是指 128×8，即 128 个字节，每个字节为 8 bit。

② "页数"是指将存储器中每 256 个字节为一页。当芯片的存储容量小于等于 256 个字节时，其容量实际上局限于一页的范围之内。

③ "连续写入数据个数"是指主控器向 E^2PROM 存储器一次连续写入的字节数的数量。与普通的 SRAM 存储器不同，在写数据过程中 E^2PROM 要占用大量的时间来完成存储器单元的擦除、写入操作。为了提高整个的系统运行速度，在芯片的设计中采用了"写入数据缓冲器"结构，即主控器通过总线高速将待写入的数据先送入到 E^2PROM 内部的数据缓冲器中，然后留给 E^2PROM 逐一写入。这种设计方法可以极大地提高主控器的工作效

率。当 E^2PROM 烧写数据时，主控器可以进行其他的工作。在 24 系列 E^2PROM 中，不同的芯片内部的缓冲单元的数量是不同的，在编程中一次连续写入 E^2PROM 的数据字节数不能超过缓冲器的单元数，否则会出现错误。因此，所谓的“连续写入数据个数”实际上就是指 E^2PROM“写入数据缓冲器”的数量。

④“器件地址编码”指器件 7 位地址码中低 3 位引脚地址的定义功能。理论上 I^2C 总线外围的低 3 位地址是由器件本身的 3 个引脚的电平来确定的，这种方法为在一个系统中使用多个同一型号的芯片带来了灵活性。但在实际设计中，7 位地址码中的低 3 位不会全留给使用者使用和定义，这在 I^2C 总线外围器件中也是常见的。

⑤“系统可用数量”是指在同一个 I^2C 总线系统中可同时使用某一型号芯片的数量。不难看出，这个数据实际上是由芯片本身的“器件地址编码”功能来决定的。

⑥“硬件写保护区域”是指对 E^2PROM 存储器中原先写入的数据进行保护。与普通的 SRAM 不同，E^2PROM 存储的数据往往是一些重要的参数(如表格、程序运行参数等)，采用保护措施后可以防止误操作而破坏系统的软件系统。保护功能是通过芯片的 WP 引脚接高电平实现的。在实际应用中可由主控器(单片机)的一个 I/O 口线控制或直接与 Vcc 或接地。

⑦“命令字节格式”是指芯片的地址码加方向位 R/W。这实际上是主控器寻址外围器件的命令字。在这个字节中，除了最低位 D0 是由主控器发出的“读”或“写”控制码外，7 位中的高 4 位由厂家已经定义为 1010(AT24C164 除外)，其余低 3 位根据芯片型号(容量)的不同而不同。这低 3 位(D3、D2、D1)的定义实际上与芯片的“器件地址编码”即引脚地址定义的功能有关。

a. A2～A0 引脚全部参与器件地址定义的情况(注意这也是存储单元不分页的芯片)。7 位地址码实际上是一种规范的“4+3”格式，即 4 位特征码加上 3 位器件地址码。只要使用者在硬件上将芯片的 A2～A0 引脚处理好，则该芯片的地址就被唯一地确定下来。以 AT24C01A 为例：将芯片的 A2～A0 全部接地，这样芯片的 7 位地址为 1010000，主控器要去读该芯片中的数据，其命令字节为 10100001(R/W=1)。

b. 芯片引脚 A2～A0 部分参与器件地址定义的芯片(如 AT24C04/08)，其没有参与地址定义的引脚(AT24C04 没有 A0 引脚，AT24C08 没有 A1 和 A0 引脚)实际上在命令字的对应位置上起到一个“页选”的功能，其页选数正好与不参与器件地址定义引脚的个数有关。

c. 芯片引脚 A2～A0 全不介入器件引脚定义的芯片(如 AT24C16)，虽然其硬件引脚 A2～A0 无用，但命令字对应的位置实际上成为页地址的选择位，所以主控器寻址该器件时，其命令字中的 7 位地址实际上是 4 位特征码加 3 位页地址。

d. 对于第三类芯片 AT24C164 而言，其 A2～A0 全部参与器件地址定义，存储区域又分为 8 页，所以只有占用原来特征码的三个位的位置才能将这些“器件地址”和“页地址”信息通过命令字表达出来，这是一种较为特殊的寻址方式。

e. 对于第四类芯片(AT24C32/64)，虽然其存储容量大大超过了 256 字节，但采用了不分页的处理方法。这就意味着主控器必须使用双字节的地址信息来确定具体的存储单元(而其他型号的存储单元地址为单字节)。

⑧“R/W”是读/写控制位，也称方向位。R/W=1 为读操作；R/W=0 为写操作。

2) AT24C02 与 MCS-51 单片机软硬件的实现

使用两条连接线实现 AT24C02 与 MCS-51 单片机的连接，使用另一条连接线将

P1.7 与开关 SW 连接作为程序的读写控制信号(见图 7.28)。

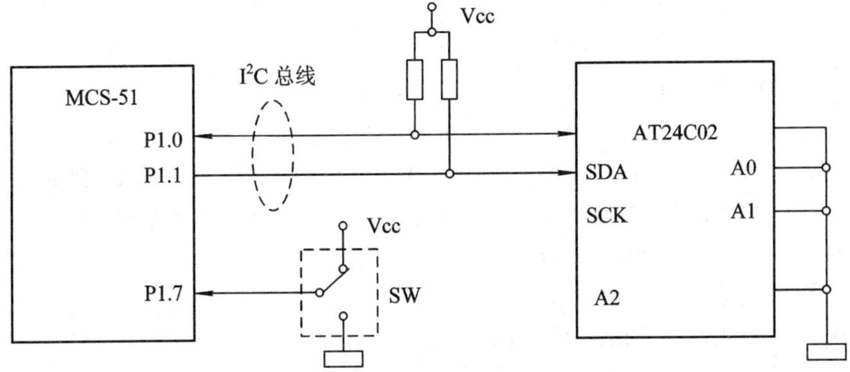

图 7.28　AT24C02 与 MCS-51 电路的连续

(1) 程序结构的设计及算法。

首先在单片机的 30H～37H 中建立一个内容为 00H～07H 的数据块，然后分别将其烧写到 E^2PROM 的 00H～07H 单元中，再将 E^2PROM 中烧写进的 8 个数据读回到单片机内存 38H～3FH 中来。程序流程图如图 7.29 所示。

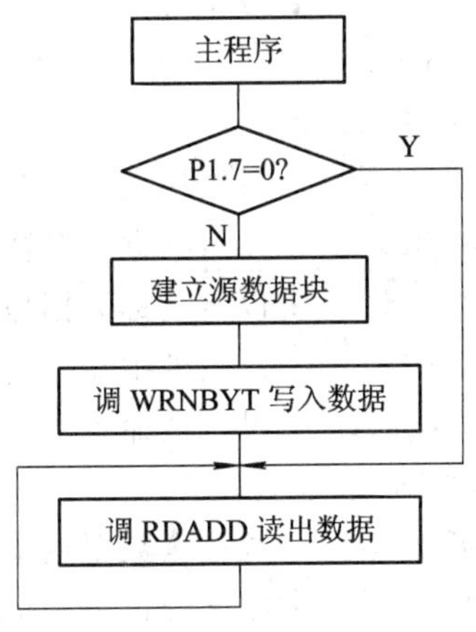

图 7.29　主程序流程图

(2) 程序清单。

```
; * * * * * * * * * * * * * * * * * * * * * * * * * * * * * * * * * * *
; 这是一个 I²C 总线 E²PROM_24C02 的读写程序
; * * * * * * * * * * * * * * * * * * * * * * * * * * * * * * * * * * *
SDA     BIT     P1.0
SCL     BIT     P1.1
WSLA    EQU     0A0H
RSLA    EQU     0A1H
        ORG     8000H
        LJMP    8100H
```

```
; ****************************************
;          主程序
; ****************************************
         ORG8100H
START:   SETB    P1.7           ; P1.7 设定为输入口
         JNB     P1.7, LOOP11 ; 如果 P1.7=0, 则读 E²PROM 数据
         MOV     R7, #08H       ; 如果 P1.7=1, 则先写入后读出
         MOV     R0, #30H
         CLR     A
LOOP:    MOV     @R0, A
         INC     R0
         INC     A
         DJNZ    R7, LOOP
AA:                             ; 数据块的写操作开始
         MOV     R7, #08H       ; 设定写入数据字节个数
         MOV     R0, #30H       ; 设定源数据块的首地址
         MOV     R2, #00H       ; 设定外围芯片的内部地址
         MOV     R3, #WSLA
         LCALL   WRNBYT
                                ; 数据块读操作开始
LOOP11:  MOV     R7, #08H       ; 设定数据字节数
         MOV     R0, #38H       ; 设定目标数据地址
         MOV     R2, #00H       ; 设定外围器件内部地址
         MOV     R4, #RSLA      ; 设定读命令
         MOV     R3, #WSLA      ; 设定写命令
         LCALL   RDADD          ; 调用读数据块子程序
         SJMP    LOOP11         ; 在此处设定一个断点
                                ; 不返回到 START 是为了减少不必要的写
                                ; 延长 E²PROM 使用寿命
; ****************************************
; 通用的 I²C 通信子程序(多字节写操作)
; 入口参数 R7 字节数
; R0: 源数据块首地址; R2: 从器件内部子地址; R3: 外围器件地址(写)
; 相关子程序 WRBYT、STOP、CACK、STA
; ****************************************
WRNBYT:PUSH     PSW
         PUSH    ACC
WRADD:   MOV     A, R3          ; 取外围器件地址(包含 R/W=0)
         LCALL   STA            ; 发送起始信号 S
```

```
        LCALL   WRBYT       ；发送外围地址
        LCALL   CACK        ；检测外围器件的应答信号
        JB      F0，WRADD   ；
        MOV     A，R2
        LCALL   WRBYT       ；发送内部寄存器首地址
        LCALL   CACK        ；检测外围器件的应答信号
        JB      F0，WRADD   ；如果应答不正确，返回重来
WRDA：  MOV     A，@R0
        LCALL   WRBYT       ；发送外围地址
        LCALL   CACK        ；检测外围器件的应答信号
        JB      F0，WRADD   ；如果应答不正确，返回重来
        INC     R0
        DJNZ    R7，WRDA
        LCALL   STOP
        POP     ACC
        POP     PSW
        RET
；***********************************
；通用的 I2C 通信子程序（多字节读操作）
；入口参数 R7 字节数
；R0：目标数据块首地址；R2：从器件内部子地址
；R3：器件地址（写）；R4：器件地址（读）
；相关子程序 WRBYT、STOP、CACK、STA、MNACK
；***********************************
RDADD： PUSH    PSW
        PUSH    ACC
RDADD1：LCALL   STA
        MOV     A，R3       ；取器件地址（写）
        LCALL   WRBYT       ；发送外围地址
        LCALL   CACK        ；检测外围器件的应答信号
        JB      F0，RDADD1  ；如果应答不正确，返回重来
        MOVA，R2            ；取内部地址

        LCALL   WRBYT       ；发送外围地址
        LCALL   CACK        ；检测外围器件的应答信号
        JB      F0，RDADD1  ；如果应答不正确，返回重来

        LCALL   STA
        MOV     A，R4       ；取器件地址（读）
```

```
        LCALL  WRBYT          ；发送外围地址
        LCALL  CACK           ；检测外围器件的应答信号
        JB     F0，RDADD1     ；如果应答不正确，返回重来

RDN：   LCALL  RDBYT
        MOV    @R0，A
        DJNZ   R7，ACK
        LCALL  MNACK
        LCALL  STOP
        POP    ACC
        POP    PSW
        RET
ACK：   LCALL  MACK
        INC    R0
        SJMP   RDN
；＊＊＊＊＊＊＊＊＊＊＊＊＊＊＊＊＊＊＊＊＊＊＊＊＊＊＊＊＊＊＊＊＊＊＊＊
；      模拟 I2C 信号子程序
；＊＊＊＊＊＊＊＊＊＊＊＊＊＊＊＊＊＊＊＊＊＊＊＊＊＊＊＊＊＊＊＊＊＊＊＊
        ORG    8200H
STA：   SETB   SDA            ；启动信号 S
        SETB   SCL
        NOP
        NOP
        NOP
        NOP
        NOP                   ；产生 4.7 μs 延时
        CLR    SDA
        NOP
        NOP
        NOP
        NOP                   ；产生 4.7 μs 延时
        CLR    SCL
        RET
；＊＊＊＊＊＊＊＊＊＊＊＊＊＊＊＊＊＊＊＊＊＊＊＊＊＊＊＊＊＊＊＊＊＊＊＊
STOP：  CLR    SDA            ；停止信号 P
        SETB   SCL
        NOP
        NOP
        NOP
```

```
        NOP
        NOP                     ；产生大于 4 μs 延时
        SETB    SDA
        NOP
        NOP
        NOP
        NOP
        NOP                     ；产生 4.7 μs 延时
        CLR     SCL
        CLR     SDA
        RET
；＊＊＊＊＊＊＊＊＊＊＊＊＊＊＊＊＊＊＊＊＊＊＊＊＊＊＊＊＊＊＊＊＊＊＊
MACK：  CLR     SDA             ；发送应答信号 ACK
        SETB    SCL
        NOP
        NOP
        NOP
        NOP                     ；产生大于 4 μs 延时
        CLR     SCL
        SETB    SDA
        RET
；＊＊＊＊＊＊＊＊＊＊＊＊＊＊＊＊＊＊＊＊＊＊＊＊＊＊＊＊＊＊＊＊＊＊＊
MNACK： SETB    SDA             ；发送非应答信号 NACK
        SETB    SCL
        NOP
        NOP
        NOP
        NOP                     ；产生大于 4 μs 延时
        CLR     SCL
        CLR     SDA
        RET
；＊＊＊＊＊＊＊＊＊＊＊＊＊＊＊＊＊＊＊＊＊＊＊＊＊＊＊＊＊＊＊＊＊＊＊
CACK：  SETB    SDA             ；应答位检测子程序
        SETB    SCL
        CLR     F0
        MOV     C，SDA          ；采样 SDA
        JNC     CEND            ；应答正确时，转 CEND
        SETB    F0              ；应答错误时，F0 置 1
CEND：  CLR     SCL
```

```
        RET
; * * * * * * * * * * * * * * * * * * * * * * * * * * * * * * * * * * * *
WRBYT: MOV    R6, #08H       ; 发送一个字节子程序
WLP:   RLC    A              ; 入口参数 A
       MOV    SDA, C
       SETB   SCL
       NOP
       NOP
       NOP
       NOP
       NOP
       CLR SCL
       DJNZ R6, WLP
       RET
; * * * * * * * * * * * * * * * * * * * * * * * * * * * * * * * * * * * *
RDBYT: MOV    R6, #08H       ; 接收一个字节子程序
RLP:   SETB   SDA
       SETB   SCL
       MOV    C, SDA
       MOV    A, R2
       RLC    A
       MOV    R2, A
       CLR    SCL
       DJNZ   R6, RLP        ; 出口参数 R2
       RET
; * * * * * * * * * * * * * * * * * * * * * * * * * * * * * * * * * * * *
DELAY: PUSH   00H            ; 延时子程序
       PUSH   01H
       MOV    R0, #00H
DELAY1: MOV   R1, #00H
       DJNZ   R1, $
       DJNZ   R0, DELAY1
       POP    01H
       POP    00H
       RET
; * * * * * * * * * * * * * * * * * * * * * * * * * * * * * * * * * * * *
       END
; * * * * * * * * * * * * * * * * * * * * * * * * * * * * * * * * * * * *
```

【提示】 可以将 I^2C 所有信号的子程序、多字节数据写子程序、多字节数据读子程序

作为库函数保留起来，对于后续的 I^2C 总线编程会带来极大的方便。

【思考题】 将上述程序改为：将数据 00H～0FH 烧写到 E^2PROM 的 10H～1FH，并读回到单片机的 40H～4FH 中，程序应如何修改？

【提示】 24WC02 E^2PROM 每次连续写入数据不能超过 8 个字节，16 个字节应当分两次完成。

7.3　输入/输出接口的扩展

MCS－51 单片机本身提供给用户使用的输入、输出线并不多，只有 P1 和部分 P3 线。因此，单片机应用系统中都不可避免地要进行 I/O 接口扩展。

7.3.1　8255A 可编程并行 I/O 接口

8255A 具有 3 个 8 位并行 I/O 口，称为 PA 口、PB 口和 PC 口。其中 PC 口又分为高 4 位和低 4 位，通过控制字设定可以选择三种工作方式：① 基本输入/输出；② 选通输入/输出；③ PA 口为双向总线。

1. 8255A 的内部结构和引脚

8255A 的内部结构和引脚如图 7.30 所示。

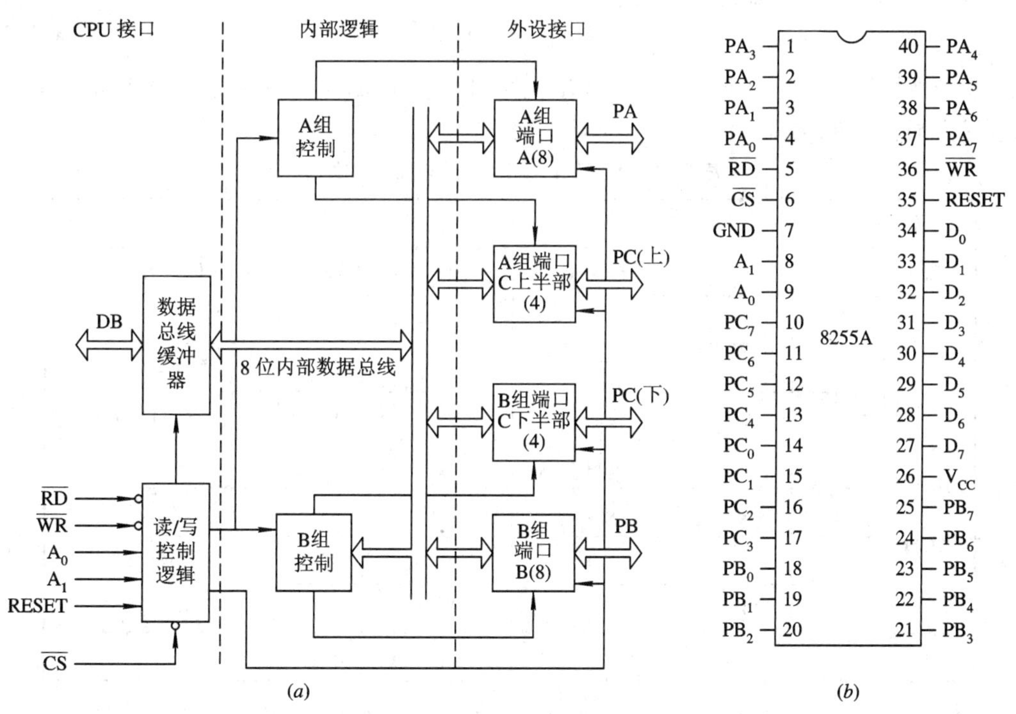

图 7.30　8255A 的内部结构和引脚

(*a*) 内部结构；(*b*) 引脚

8255A 的内部结构包括 3 个并行数据输入/输出端口，两个工作方式控制电路，一个读/写控制逻辑电路和 8 位总线数据缓冲器。

1）端口 A、B、C

A 口：是一个 8 位数据输出锁存器/缓冲器和一个 8 位数据输入锁存器。

B 口：是一个 8 位数据输出锁存器/缓冲器和一个 8 位数据输入缓冲器。

C 口：是一个 8 位数据输出锁存器/缓冲器和一个 8 位数据输入缓冲器。

通常，A 口、B 口作为数据输入/输出端口，C 口作为控制/状态信息端口。C 口内部又分为两个 4 位端口，每个端口有一个 4 位锁存器，分别与 A 口和 B 口配合使用，作为控制信号输出或状态信息输入端口。

2）工作方式控制电路

工作方式控制电路有两个，一个是 A 组控制电路，另一个是 B 组控制电路。这两组控制电路共有一个控制命令寄存器，用来接收中央处理器发来的控制字。

A 组控制电路用来控制 A 口和 C 口的上半部分（$PC_7 \sim PC_4$）；B 组控制电路用来控制 B 口和 C 口的下半部分（$PC_3 \sim PC_0$）。

3）读/写控制逻辑电路

读/写控制逻辑电路接收 CPU 发来的控制信号$\overline{RD}$、$\overline{WR}$、RESET，地址信号 A_1、A_0 等，然后根据控制信号的要求，将端口数据读出，送往 CPU 或将 CPU 送来的数据写入端口。

各端口的工作状态如表 7.4 所示。

4）总线数据缓冲器

总线数据缓冲器是一个三态双向 8 位缓冲器，作为 8255 与系统总线之间的接口，用来传送数据、指令、控制命令以及外部状态信息。

表 7.4　8255A 接口工作状态选择表

端口地址选择				操作选择		
$\overline{CS}$	A_1	A_0	所选端口	$\overline{RD}$	$\overline{WR}$	CPU 操作功能
0（选中）	0	0	A 口	0	1	读 A 口内容
	0	1	B 口	0	1	读 B 口内容
	1	0	C 口	0	1	读 C 口内容
	0	0	A 口	1	0	写入 A 口
	0	1	B 口	1	0	写入 B 口
	1	0	C 口	1	0	写入 C 口
	1	1	控制寄存器	1	0	写入控制字
1	×	×	未选中	×	×	

8255A 共有 40 个引脚，采用双列直插式封装，如图 7.30(*b*)所示，功能如下：

$D_7 \sim D_0$：三态双向数据线；

$PA_7 \sim PA_0$：A 口输入/输出线；

$\overline{CS}$：内选信号线；

$PB_7 \sim PB_0$：B 口输入/输出线；

$\overline{RD}$：读信号线；

PC_7～PC_0：C 口线；

$\overline{WR}$：写信号线；

A_1，A_0：地址线；

V_{CC}：+5 V 电源；

GND：地线；

RESET：复位信号线。

2. 8255A 的工作方式的选择

8255A 的工作方式由用户通过 CPU 对方式控制字的设定进行选择，三种方式的硬件示意图如图 7.31 所示。

(1) 方式 0：基本输入/输出方式。这种方式不需选通信号。PA、PB 和 PC 中任意端口都可以通过方式控制字设定为输入或输出。

(2) 方式 1：选通输入/输出方式。共有 3 个口，被分为两组。A 组包括 A 口和 PC_7～PC_4，A 口可由编程设定为输入或输出，PC_7～PC_4 作为输入/输出操作的选通信号和应答信号。B 组包括 B 口和 PC_3～PC_0，这时 C 口作为 8255A 和外设或 CPU 之间的控制联络线。

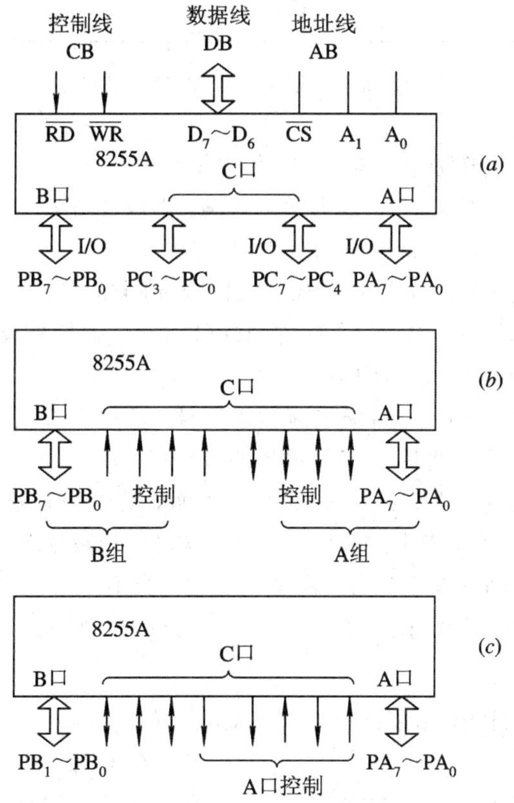

图 7.31　8255A 的三种工作方式示意图

(*a*) 方式 0；(*b*) 方式 1；(*c*) 方式 2

(3) 方式 2：双向传送方式。只有 A 口有方式 2，此时 A 口为 8 位双向传送数据口，C 口的高 5 位 PC_7～PC_3 用来作为指定 A 口输入/输出的控制联络线。C 口在设定为方式 1 或方式 2 时，各引脚分配的固定功能如表 7.5 所示。

表 7.5　8255A 的 C 口联络控制信号线

C 口的位	方式 1(A 口、B 口)		方式 2(仅用于 A 口)	
	输　入	输　出	输　入	输　出
PC_0	INTRB	INTRB	I/O	I/O
PC_1	IBFB	$\overline{OBFB}$	I/O	I/O
PC_2	$\overline{STBB}$	$\overline{ACKB}$	I/O	I/O
PC_3	INTRA	INTRA	INTRA	INTRA
PC_4	$\overline{STBA}$	I/O	$\overline{STBA}$	×
PC_5	IBFA	I/O	IBFA	×
PC_6	I/O	ACKA	×	$\overline{ACKA}$
PC_7	I/O	$\overline{OBFA}$	×	$\overline{OBFA}$

表 7.5 中 I/O 表示 C 口未用的这些线可以设定为一般的输入/输出线。表中各联络线用于输入时的含义如下：

(1) $\overline{STB}$(Strobe)——选通信号输入端，低电平有效。

(2) IBF(Input Buffer Full)——输入缓冲器满，高电平有效。

(3) INTR(Interrupt Request)——中断请求信号，高电平有效。

当 $\overline{STB}$=IBF=1 时，8255A 会向 CPU 发出中断请求信号 INTR=1。在 CPU 响应中断后读取缓冲器的数据时，由 $\overline{RD}$的下降沿将 INTR 清 0，通知外设再一次输入数据。

表 7.5 中用于输出的联络信号的含义如下：

(1) $\overline{ACK}$(Acknowledge)——外设响应输入信号，低电平有效。当 $\overline{ACK}$=0 时，表明外设已取走并且处理完 CPU 通过 8255A 输出的数据。

(2) $\overline{OBF}$(Output Buffer Full)——输出缓冲器满，低电平有效。当 $\overline{OBF}$=0 时，表明 CPU 已经把数据写入 8255A 指定的端口，通知外设可以把数据取走。

(3) INTR——中断请求输出信号，高电平有效。当 INTR=1 时，向 CPU 申请中断，要求 CPU 继续输出数据，CPU 在中断程序中把数据写入 8255A。

3. 8255A 的控制字

8255A 共有两个控制字，用来选择工作方式或对 C 口控制。

1) 方式控制字

8255A 的 3 个端口工作在什么方式，是输入还是输出，都是由工作方式控制字设定的，控制字的格式如图 7.32 所示。

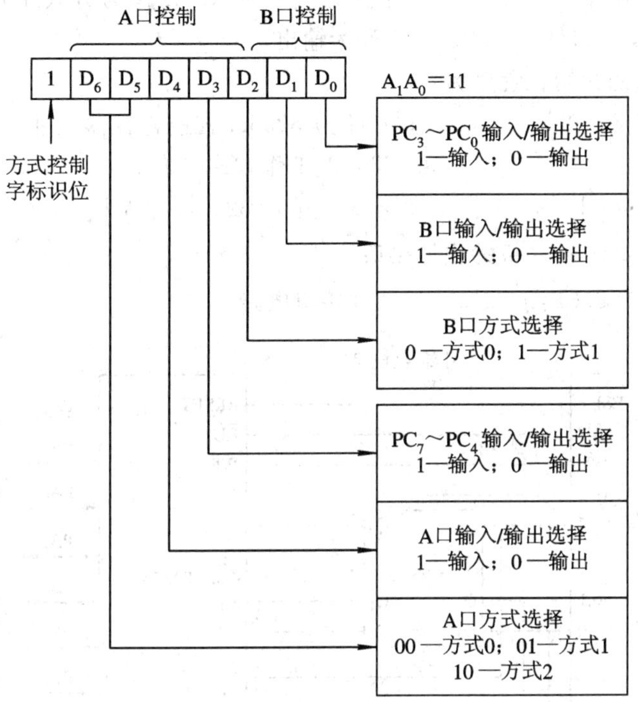

图 7.32　8255A 的方式控制字

另外，在用户选择方式 1 或方式 2 时，对 C 口的定义无论是输入还是输出方式，都不影响 C 口作为控制联络线使用的各位功能，但未用于控制联络线的各位，仍用 D_0、D_3 定义。

2) 端口 C 置位/复位控制字

由于 C 口常作为联络控制位使用，应使 C 口各数位用置位/复位控制字来单独设置，以实现用户要求的控制功能，格式如图 7.33 所示。

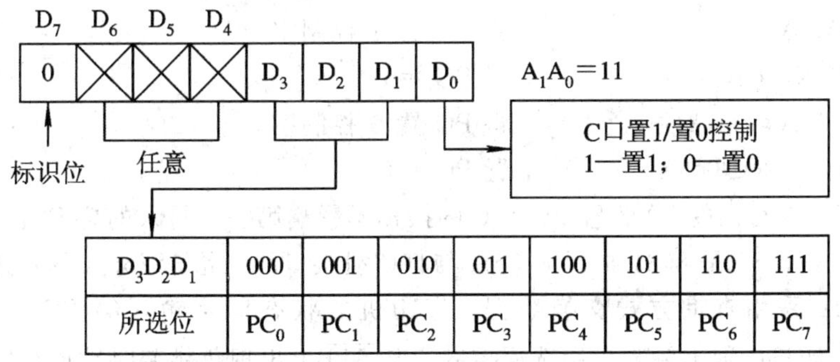

D3D2D1	000	001	010	011	100	101	110	111
所选位	PC0	PC1	PC2	PC3	PC4	PC5	PC6	PC7

图 7.33　8255A 端口 C 置位/复位控制字

由图 7.33 可见，对 C 口的某一位 PC_i 进行置位或复位操作由 D_0 设定，选择 C 口的哪一位进行操作是由 $D_3D_2D_1$ 来确定的。

$D_7=0$ 是置位/复位控制字的特征位，由于 8255A 中两个控制寄存器共用一个端口地址，故 8255A 根据控制字的 D_7 来区别是方式控制寄存器，还是 C 口置位/复位控制寄存器。

【例 1】 编写程序，要求 A 口工作在方式 0 输入，B 口为方式 1 输出，C 口高 4 位 $PC_7 \sim PC_4$ 为输入，C 口低 4 位 $PC_3 \sim PC_0$ 为输出。

实现上述要求的初始化程序为：

```
MOV R1，#03H         ；03H 为 8255A 控制寄存器地址
MOV A，#9CH          ；8255A 工作方式字为 9CH
MOVX @R1，A          ；方式字送入 8255A 控制口
```

4. 8255A 和 8031 单片机的硬件接口

图 7.34 所示为 8031 与 8255A 的硬件接口电路。

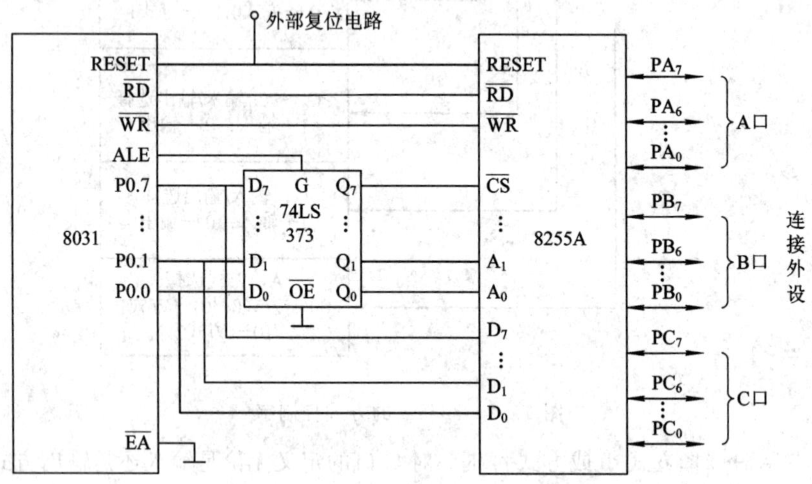

图 7.34 8255A 与 8031 单片机的硬件接口电路

设 8255A 的 A、B、C 口和控制寄存器地址依次为 00H、01H、02H 和 03H。如果用户需要将 C 口的 PC_3 置 1，PC_5 置 0，可编程如下：

```
MOV R0，#03H         ；8255A 控制口地址
MOV A，#07H          ；将 PC3 置 1 控制字
MOVX @R0，A          ；置 PC3＝1
MOV A，#0AH          ；将 PC5 置 0 控制字
MOVX @R0，A          ；置 PC5＝0
```

注意：第二次写入的 0AH 置 $PC_5=0$ 的操作不影响第一次写入的置 $PC_3=1$ 的状态。

【例 2】 图 7.35 是 8031 扩展 8255A 与打印机接口的电路。8255A 的片选线为 P0.7，打印机与 8031 采用查询方式交换数据。打印机的状态信号输入给 PC_7，打印机忙时 BUSY＝1，打印机的数据输入采用选通控制，当 $\overline{STB}$ 上出现负跳变时数据被输入，要求编写向打印机输出 80 个数据的程序。设 8255A 的 A、B、C 和控制寄存器的口地址分别为 7CH、7DH、7EH 和 7FH。

8255A 的方式 1 中 $\overline{OBF}$ 为低电平有效，而打印机 $\overline{STB}$ 要求下降沿选通。所以，8255A 采用方式 0，由 PC_0 模拟产生 $\overline{STB}$ 信号。因 PC_7 输入，PC_0 输出，则方式选择命令字为：10001110B＝8EH。

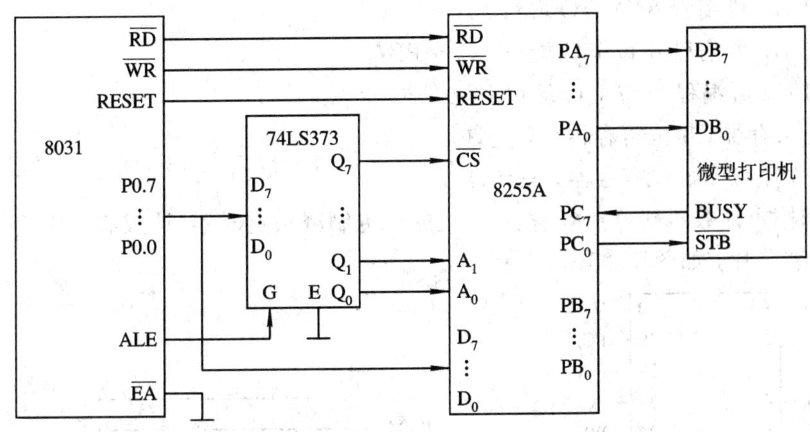

图 7.35　8031 扩展 8255A 与打印机接口电路

自内部 RAM 20H 单元开始向打印机输出 80 个数据的程序如下：

```
        MOV  R0，#7FH         ；R0 指向控制口
        MOV  A，#8EH          ；方式控制字为 8EH
        MOV  @R0 ，A          ；送方式控制字
        MOV  R1，#20H         ；送内部 RAM 数据块首地址至指针 R1
        MOV  R2，#50H         ；置数据块长度
LP：    MOV  R0，#7EH         ；R0 指向 C 口
LP1：   MOVX  A，@R0          ；读 PC7 连接 BUSY 状态
        JB  ACC.7，LP1        ；查询等待打印机
        MOV  R0，#7CH         ；指向 A 口
        MOV  A，@R1           ；取 RAM 数据
        MOVX  @R0，A          ；数据输出到 8255A 口锁存
        INC   R1              ；RAM 地址加 1
        MOV  R0，#7FH         ；R0 指向控制口
        MOV  A，#00H          ；PC0 复位控制字
        MOVX  @R0，A          ；PC0 =0，产生 STB的下降沿
        MOV  A，#01H          ；PC0 置位控制字
        MOVX  @R0，A          ；PC0 =1，产生 STB的上升沿
        DJNZ R2，LP           ；若未完，则反复
```

7.3.2　8155 可编程并行 I/O 接口

8155 芯片内具有 256 个字节的 RAM，两个 8 位、一个 6 位的可编程 I/O 口和一个 14 位的计数器。它与 MCS－51 接口简单，是单片机应用系统中广泛使用的芯片。

1. 8155 的内部结构和引脚

8155 的内部结构如图 7.36(*b*)所示，主要由以下三部分组成：

(1) 随机存储器部分：容量为 256×8 位的静态 RAM。

(2) I/O 接口部分：

a. 端口 A，可编程 8 位 I/O 端口 $PA_0 \sim PA_7$。

b. 端口 B，可编程 8 位 I/O 端口 $PB_0 \sim PB_7$。

c. 端口 C，可编程 6 位 I/O 端口 $PC_0 \sim PC_5$。

d. 命令寄存器，8 位寄存器，只允许写入。

e. 状态寄存器，8 位寄存器，只允许读入。

(3) 定时器/计数器部分：是一个 14 位的二进制减法定时器/计数器。8155 为 40 脚双列直插式封装芯片，如图 7.36(*a*)所示。

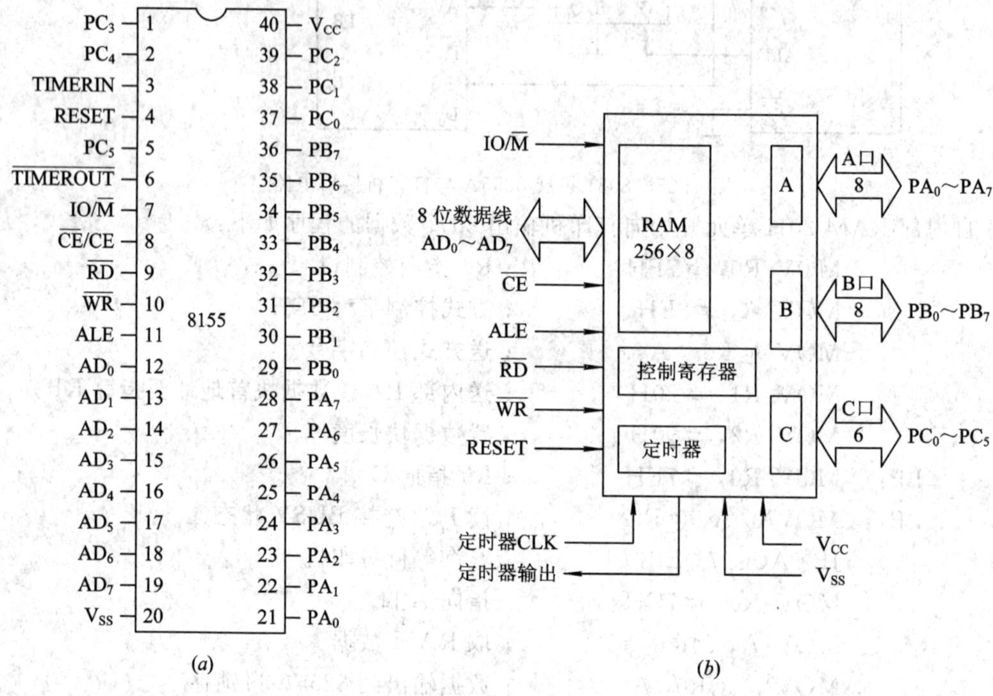

图 7.36　8155 引脚及结构框图

8155 各引脚功能简介如下：

$AD_0 \sim AD_7$ 为地址/数据复用线。$IO/\overline{M}$ 为 RAM 和 I/O 口选择。$\overline{CE}$为片选信号，ALE 为地址锁存信号，下降沿有效。

$\overline{RD}$为读信号线，$\overline{WR}$为写信号线。RESET 为复位信号，高电平有效。当 RESET 端口加上 5 μs 左右宽的正脉冲时，8155 初始复位，将 3 个 I/O 口均置为输入方式。

TIMERIN 为定时器输入，$\overline{TIMEROUT}$为定时器输出，$PA_0 \sim PA_7$ 和 $PB_0 \sim PB_7$ 是 A 口、B 口的输入/输出线，$PC_0 \sim PC_5$ 是 C 口的输入/输出或控制信号线。V_{CC}为＋5 V 电源，V_{SS}为接地端。

2. 8155 RAM 和 I/O 口的地址

8155 芯片中的 RAM 和 I/O 口均占用单片机系统片外 RAM 的地址，其中高 8 位地址由 $\overline{CE}$和 $IO/\overline{M}$ 决定。当$\overline{CE}=0$ 且 $IO/\overline{M}=0$ 时，低 8 位的 00H～FFH 为 RAM 的有效地址；当 $\overline{CE}=0$ 且 $IO/\overline{M}=1$ 时，由低 8 位地址中的末 3 位($A_2A_1A_0$)来决定各个口的地址，详见表 7.6。

表 7.6　8155 端口地址表

A_7	A_6	A_5	A_4	A_3	A_2	A_1	A_0	选中的口或寄存器
×	×	×	×	×	0	0	0	命令状态字寄存器
×	×	×	×	×	0	0	1	A 口
×	×	×	×	×	0	1	0	B 口
×	×	×	×	×	0	1	1	C 口
×	×	×	×	×	1	0	0	定时器低 8 位寄存器
×	×	×	×	×	1	0	1	定时器高 6 位和操作方式寄存器

3. 8155 I/O 的工作方式

8155 I/O 的工作方式有两种：基本 I/O 和选通 I/O。

1）基本 I/O

基本 I/O 为无条件传送，不需任何联络信号，8155 的 A 口、B 口、C 口都可以工作于该方式。

2）选通 I/O

选通 I/O 为条件传送，传送的方式可用查询方式，也可用中断方式。8155 的 A 口、B 口均可工作于此方式，这时需由 C 口提供联络控制信号线。这些联络控制信号线有：

(1) BF：I/O 缓冲器满标志，输出，高电平有效。

(2) $\overline{\text{STB}}$：选通信号，输入，低电平有效。

(3) INTR：中断请求信号，输入，低电平有效。

以上信号线对 A 口和 B 口均适用，分别称为 ABF，$\overline{\text{ASTB}}$，AINTR 和 BBF、$\overline{\text{BSTB}}$、BINTR。它们都由 C 口提供，如表 7.7 所示。

表 7.7　8155 的 PC 口线联络信号

口位＼方式	作 PA 口联络信号	作 PA 和 PB 口联络信号
PC_0	AINTR	AINTR
PC_1	ABF	ABF
PC_2	$\overline{\text{ASTB}}$	$\overline{\text{ASTB}}$
PC_3	输出	BINTR
PC_4	输出	BBF
PC_5	输出	BSTB

4. 8155 的命令/状态字

8155 有一个命令/状态字寄存器，实际上这是两个不同的寄存器，分别存放命令字和状态字。由于对命令寄存器只能进行写操作，对状态寄存器只能进行读操作，因此把它们统一编址，合称命令/状态字寄存器。

1）命令字

命令字共 8 位，用于定义 I/O 口及定时器的工作方式。命令字的格式如图 7.37 所示。

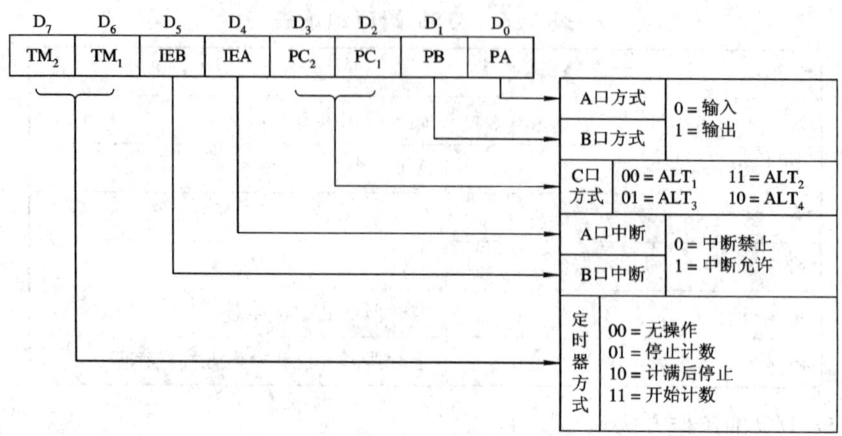

图 7.37 8155 的命令字格式

对 C 口工作方式的说明：

D_3D_2＝00(ALT_1)：A 口、B 口为基本 I/O，C 口为输入。

D_3D_2＝11(ALT_2)：A 口、B 口为基本 I/O，C 口为输出。

D_3D_2＝01(ALT_3)：A 口为选通 I/O，B 口为基本 I/O，C 口低 3 位为联络信号，高 3 位输出。

D_3D_2＝10(ALT_4)：A 口、B 口均为选通 I/O，C 口低 3 位作 A 口联络信号，高 3 位作 B 口联络信号。

对定时器运行控制位(TM_2，TM_1)的说明：

当 TM_2 TM_1＝11 时，其操作为：当计数器未计数时，装入计数长度后，立即开始计数；当计数器正在计数时，待计数器溢出后以新装入的计数长度和方式进行计数。

2) 状态字

状态字的格式如图 7.38 所示。

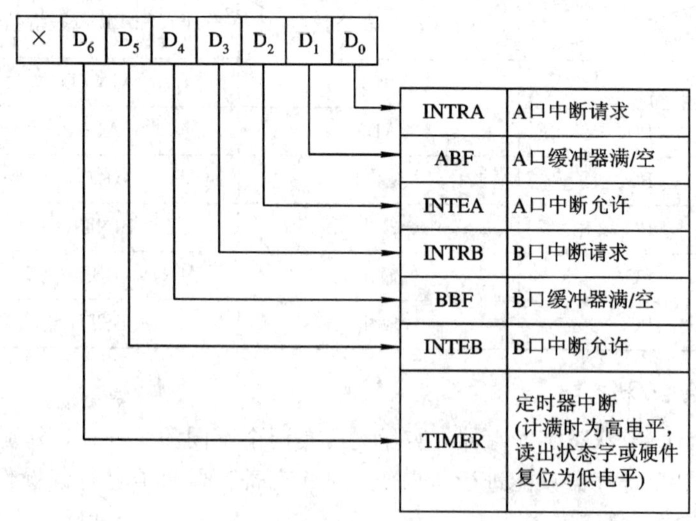

图 7.38 8155 的状态字格式

5. 8155 的定时器/计数器

8155 的定时器/计数器是一个 14 位的减法计数器，由两个 8 位寄存器构成，其格式如下：

TL(04H)	T7	T6	T5	T4	T3	T2	T1	T0
TH(05H)	M2	M1	T13	T12	T11	T10	T9	T8

其中，T13～T0 为计数长度，可表示的长度范围为 0002H～3FFFH。M2M1 用来设定定时器的输出方式。8155 定时器方式及相应的输出波形如表 7.8 所示。

表 7.8 8155 定时器方式及输出波形

M2	M1	方 式	定时器输出波形
0	0	单方波	
0	1	连续方波(自动恢复初值)	
1	0	单脉冲	
1	1	连续脉冲(自动恢复初值)	

6. 8155 的接口电路及应用

8155 可以和 MCS－51 直接相连，如图 7.39 所示。8155 的 RAM 和各端口地址如下：

RAM 的地址：000H～00FFH；

命令口：0200H；

A 口：0201H；

B 口：0202H；

C 口：0203H；

定时器低位：0204H；

定时器高位：0205H。

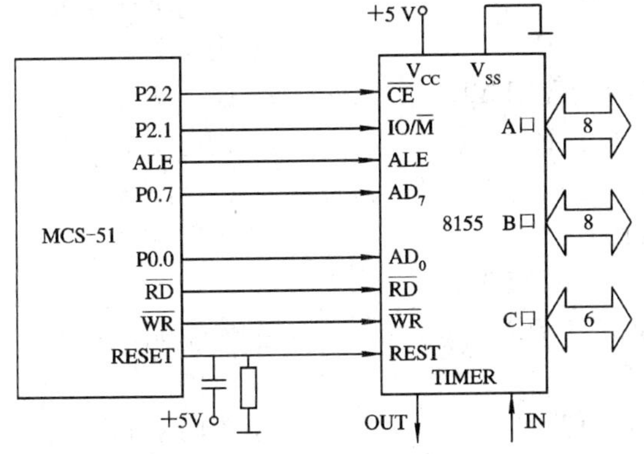

图 7.39 8155 与 MCS－51 的接口

【例 3】 在图 7.39 所示的接口电路中，设 A 口与 C 口为输入口，B 口为输出口，均为基本 I/O。定时器为连续方波工作方式，对输入脉冲进行 24 分频。试编写 8155 的初始化程序。

命令字可选取为：PA=0，PB=1，PC_2PC_1=00，IEA=0，IEB=0，TM_2TM_1=11。即命令字为 11000010B=C2H。

初始化程序：

```
MOV   OPTR，#0204H        ；指向定时器的低 8 位
MOV   A ，#18H            ；设置定时器低 8 位的值
MOVX  @DPTR，A            ；写入定时器低 8 位
INC   DPTR                ；指向定时器的高位
MOV   A，#40H             ；设置定时器的高 6 位及 2 位输出方式位的值
MOVX  @DPTR，A            ；写入位的值
MOV   DPTR，#0200H        ；指向命令口
MOV   A，#C2H             ；取 8155 的命令字
MOVX  @DPTR，A            ；写入命令字
```

【例 4】 采用图 7.39 所示的电路，从 8155 的 A 口输入数据，并进行判断：若不为 0，则将该数据存入 8155 的 RAM 中(从起始单元开始，数据总数不超过 256 个)，同时从 B 口输出，并将 PC_0 置“1”；若为 0，则停止数据输入，同时将 PC_0 清“0”，试编写程序。

程序如下：

```
        MOV DPTR，#0200H      ；指向命令口
        MOV A，#06H           ；设置命令字
        MOVX  @DPTR，A        ；写入命令字
        MOV R0，#00H          ；指向 8155 的 RAM 区首址
        MOV R1，#00H          ；数据总数为 256 个
LP1：   MOV DPTR，#0201H      ；指向 A 口
        MOVX A，@DPTR         ；从 A 口读入数据
        JZ LP3                ；为 0 则转
        MOVX  @R0，A          ；存入 RAM 单元
        INC R0                ；指向下一单元
        INC DPTR              ；指向 B 口
        MOVX  @DPTR，A        ；B 口输出
        INC DPTR              ；指向 C 口
        MOVX A，@DPTR         ；C 口读入
        SETB ACC，0           ；PC0 =1
        MOVX  @DPTR，A        ；回送
        DJNZ R1，LP1          ；若未完，则反复
LP2：   SJMP  $               ；暂停
LP3：   MOV DPTR，#0203H      ；指向 C 口
        MOVX  @DPTR，A        ；回送
        SJMP LP2
```

7.4　管理功能部件的扩展

在单片机应用系统中，常常需要人机对话，因而功能开关、拨码器、键盘、显示器和打印机等输入/输出设备必不可少。本节介绍一些外部设备及它们与单片机的接口技术。

7.4.1　键盘接口

键盘实际上是由排列成矩阵形式的一系列按键开关组成的，用户通过键盘可以向 CPU 输入数据、地址和命令。

键盘按其结构形式可分为编码式键盘和非编码式键盘两类。

单片机系统中普遍使用非编码式键盘，这类键盘主要具有以下几个功能：

① 键的识别；

② 消除键的抖动；

③ 键的保护。

1. 非编码式键盘的工作原理

非编码式键盘识别按键的方法有两种：一是行扫描法，二是线反转法。

1）行扫描法

通过行线发出低电平信号，如果该行线所连接的键没有按下的话，则列线所接的端口得到的是全“1”信号，如果有键按下的话，则得到非全“1”信号。

为了防止双键或多键同时按下，往往从第 0 行一直扫描到最后 1 行。若只发现 1 个闭合键，则为有效键；否则，全部作废。

找到闭合键后，读入相应的键值，再转至相应的键处理程序。

2）线反转法

线反转法也是识别闭合键的一种常用方法，该法比行扫描速度快，但在硬件上要求行线与列线外接上拉电阻。

先将行线作为输出线，列线作为输入线，行线输出全“0”信号，读入列线的值，然后将行线和列线的输入、输出关系互换，并且将刚才读到的列线值从列线所接的端口输出，再读取行线的输入值。那么在闭合键所在的行线上的值必为 0。这样，当一个键被按下时，必定可读到一对唯一的行列值。

2. 键盘接口电路

图 7.40 是采用 8155 接口芯片构成的 8×4 键盘的接口电路。其中，A 口为输出，作为行线；C 口为输入，作为列线。

下面的程序是用行扫描法进行键扫描的程序，其中 KS1 为判键闭合的子程序。有键闭合时，A=0。DIR 为数码显示器扫描显示子程序，执行一遍的时间约 6 ms。程序执行后，若键闭合，键值存入 A 中，键值的计算公式是：键值=行号×4+列号；若无键闭合，则 A 中存入标志 FFH。

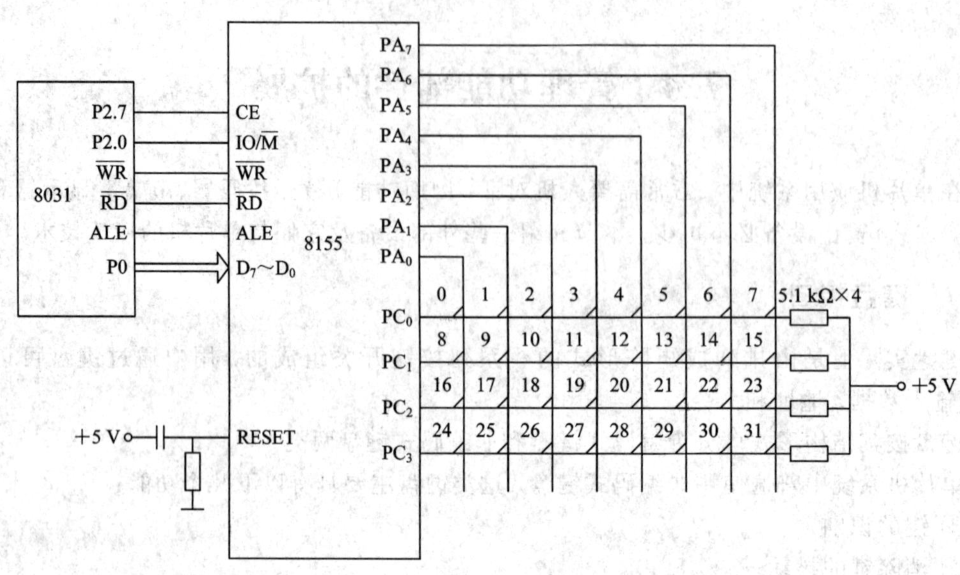

图 7.40 采用 8155 的键盘接口电路

```
KEY1：LCALL KS1              ；检查有无闭合键
      JNZ LK1                ；(A)=0，若有键闭合，则转
      LJMP LK8               ；若无闭合键，则返回
LK1：  LCALL DIR              ；延时 12 ms
      LCALL DIR              ；清抖
      LCALL LS1              ；再检查是否有键闭合
      JNZ LK2                ；若有键闭合，则转
      LJMP LK8               ；若无键闭合，则返回
LK2：  MOV R3，＃00H           ；行号初值送 R3
      MOV R2，＃FEH           ；行扫描初值送 R2
LK3：  MOV DPTR，＃0101H       ；指向 8155 口 A
      MOV A，R2               ；行扫描值送 A
      MOVX @DOTR，A           ；扫描 1 行
      INC DPTR
      INC DPTR               ；指向 8155 口 C
      MOVX A，@DPTR           ；读入列值
      ANL A，＃0FH            ；保留低 4 位
      MOV R4，A               ；暂存列值
      CJNZ A，＃0FH，LK4       ；列值非全“1”则转
      MOV A，R2               ；行扫描值送 A
      JNB ACC.7，LK8          ；若扫描至最后一行，则转
      RL A                   ；若未扫完，则移至下一行
      MOV R2，A               ；行值存入 R2 中
      INC R3                 ；行号加 1
```

```
        SJMP LK3                ；转至扫描下一行
LK4：   MOV  A，R3              ；行号送入 A
        ADD  A，R3              ；行号×2
        MOV  R5，A
        ADD  A，R5              ；行号×4
        MOV  R5，A              ；存入 R5 中
        MOV  A，R4              ；列值送 A
LK5：   RRC  A                  ；右移一位
        JNC  LK6                ；该位为 0 则转
        INC  R5                 ；列号加 1
        SJMP LK5                ；若列号未判完，则继续
LK6：   MOV  20H，R5            ；存键值
LK7：   LCALL DIR               ；扫描一遍显示器
        LCALL KS1               ；发扫描信号
        JNZ  LK7                ；键未释放等待
        LCALL DIR               ；键已释放
        LCALL DIR               ；延时 12 ms，清抖
        MOV  A，20H             ；键值存入 A 中
KND：   RET
LK8：   MOV  A，#FFH            ；无键标志 FFH 存入 A 中
        RET
KS1：   MOV  DPTR，#0101H       ；判键子程序
        MOV  A，#00H            ；全扫描信号
        MOVX @DPTR，A           ；发全扫描信号
        INC  DPTR
        INC  DPTR               ；指向 8155 口 C
        MOVX A，@DPTR           ；读入列值
        ANL  A，#0FH            ；保留低 4 位
        ORL  A，#F0H            ；高 4 位取“1”
        CPL  A                  ；取反，若无键按下，则全“0”
        RET
```

7.4.2 LED 显示器接口

1. LED 显示器的结构与原理

LED 显示器(见图 7.41)由 7 条发光二极管组成显示字段，有的还带有一个小数点 dp。将 7 段发光二极管阴极连在一起的接法，称为共阴接法。当某个字段的阳极为高电平时，对应的字段就点亮。共阳接法是将 LED 的所有阳极并接后连到+5 V 上，当某一字段的阴极为 0 时，对应的字段就点亮。

点亮 LED 显示器有静态和动态两种方法。所谓静态显示，就是显示某一字符时，相应

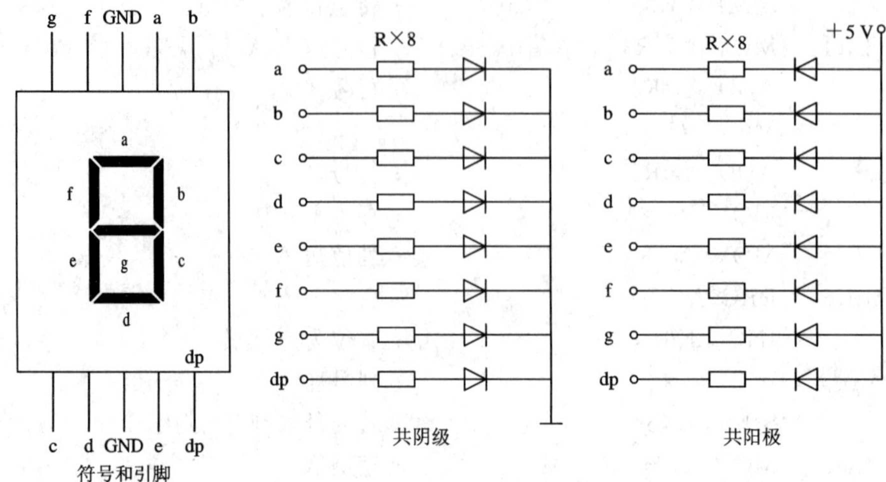

图 7.41 7 段 LED 显示器

的发光二极管恒定的导通或截止。静态显示时，每一个显示位都需要一个 8 位输出口控制，占用硬件较多，一般仅用于显示器位数较少的场合。

所谓动态显示，就是一位一位地轮流点亮各位显示器。对每一位显示器而言，每隔一段时间点亮一次。显示位的亮度既跟导通电流有关，也和点亮时间与间隔时间的比例有关。动态显示器因其硬件成本较低而被广泛采用。

为了显示字符，要为 LED 显示器提供显示段码(或称字形代码)，组成一个“8”字形的 7 段，再加上 1 个小数点位，共计 8 段，因此提供 LED 显示器的显示段码为 1 个字节。各段码位的对应关系如表 7.9 所示。

表 7.9 各段码位的对应关系

段码位	D_7	D_6	D_5	D_4	D_3	D_2	D_1	D_0
显示位	dp	g	f	c	d	c	b	a

用 LED 显示器显示十六进制数、空白和 P 的显示段码，如表 7.10 所示。

表 7.10 十六进制数、空白和 P 的显示段码

字 型	共阳极段码	共阴极段码	字 型	共阳极段码	共阴极段码
0	C0H	3FH	9	90H	6FH
1	F9H	06H	A	88H	77H
2	A4H	5BH	B	83H	7CH
3	B0H	4FH	C	C6H	39H
4	99H	66H	D	A1H	5EH
5	92H	6DH	E	86H	79H
6	82H	7DH	F	84H	71H
7	F8H	07H	空白	FFH	00H
8	80H	7FH	P	8CH	73H

2. LED 显示器接口电路

图 7.42 为 6 位共阴显示器和 8155 的接口逻辑电路。8155 的 A 口作为扫描口，经反相驱动器 7545N 接显示器公共极，B 口作为段数据口，经同相驱动器 7407 接显示器的各段。

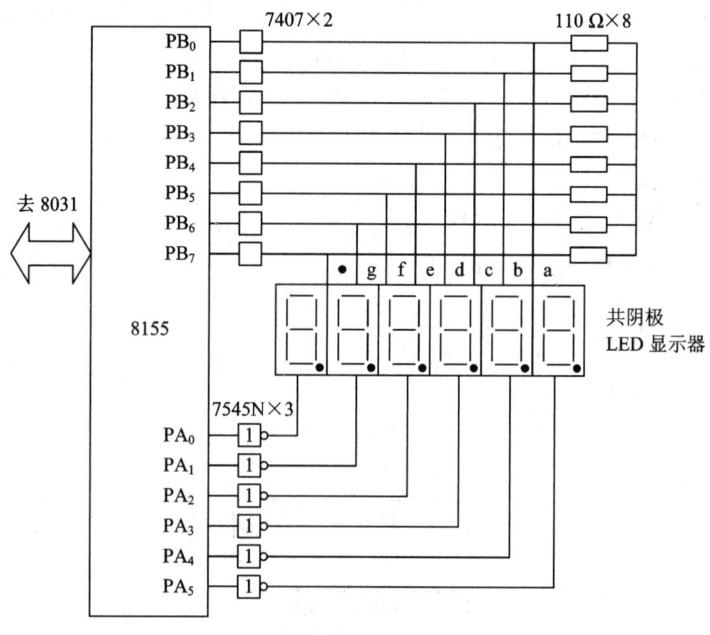

图 7.42　6 位动态显示器和 8155 的接口逻辑电路

设 8031RAM 中有 6 个显示缓冲单元 79H～7EH，分别存放 6 位显示器的显示数据。8155 的 A 口扫描输出总有一位为高电平，8155 的 B 口输出相应位的显示数据的段数据使某一位显示出一个字符，其余位为暗，依次改变 A 口输出的高电平位及 B 口输出对应的段数据，6 位显示器就显示出缓冲器的显示字符。显示程序流程如图 7.43 所示。

程序如下：

```
DIR:    MOV  R0，#79H        ；显示缓冲区首址送 R0
        MOV  R3，#01H        ；使显示器最右边位亮
        MOV  A，R3
LD0:    MOV  DPTR，#0101H    ；扫描值送 PA 口
        MOVX  @ DPTR，A
        INC DPTR             ；指向 PB 口
        MOV  A，@R0          ；取显示数据
        ADD  A，#12H         ；加上偏移量
        MOVX  A，@A+PC       ；取出字形
        MOVX  @ DPTR，A      ；送出显示
        ACALL  DL1           ；延时
        INC  R0              ；缓冲区地址加 1
        MOV  A，R3
        JB  ACC.5，LD1       ；是否扫描到第 6 个显示位？
```

```
        RL   A                  ；没有，R3 左环移一位，扫描下一个显示位
        MOV  R3，A
        AJMP LD0
LD1：   RET
DSEG：  DB 3FH，06H，5BH，4FH，66H，6DH      ；显示段码表
DSEG1： DB 7DH，07H，7FH，6FH，77H，7CH
DSEG2： DB 39H，5EH，79H，71H，73H，3EH
DSEG3： DB 31H，61H，1CH，23H，40H，03H
DSEG4： DB 18H，00H，00H，00H
DL1：   MOV R7，#02H          ；延时子程序
DL：    MOV R6，#0FFH
DL6：   DJNZ R6，DL6
        DJNZ R7，DL
        RET
```

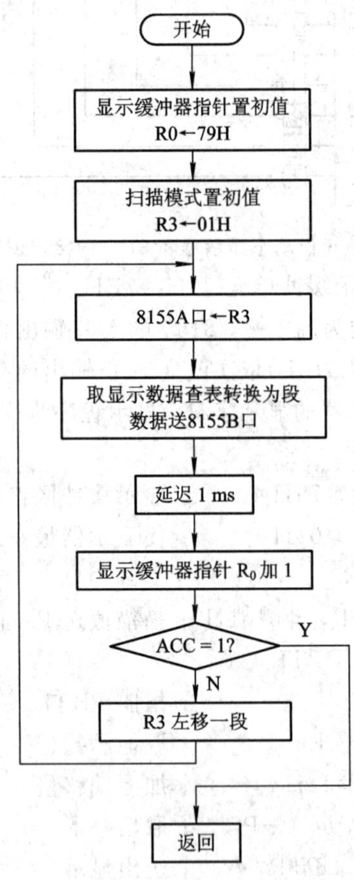

图 7.43　显示子程序流程图

7.4.3　键盘显示器接口 8279

8279 是一种通用的可编程键盘显示器接口芯片。它能接收和识别来自键盘阵列的输入数

据并完成预处理，还能显示数据和对数码显示器进行自动扫描控制。8279 是实现 CPU 与键盘、LED 数码显示器之间进行信息交换的一种专用接口芯片。8279 与 MCS－51 单片机的接口非常简单，因而在单片机应用系统中得到了广泛的应用。本节对 8279 仅作简要介绍。

1. 8279 的组成及引脚

8279 芯片有 40 条引脚，由单一＋5 V 电源供电。它主要由以下几部分组成：

(1) I/O 控制和数据缓冲器；

(2) 控制和定时寄存器及定时控制部分；

(3) 扫描计数器；

(4) 回送缓冲器与键盘去抖动控制电路；

(5) FIFO(先进后出)寄存器和状态电路；

(6) 显示器地址寄存器及显示 RAM。

8279 的引脚如图 7.44 所示。下面对引脚作一简要说明：

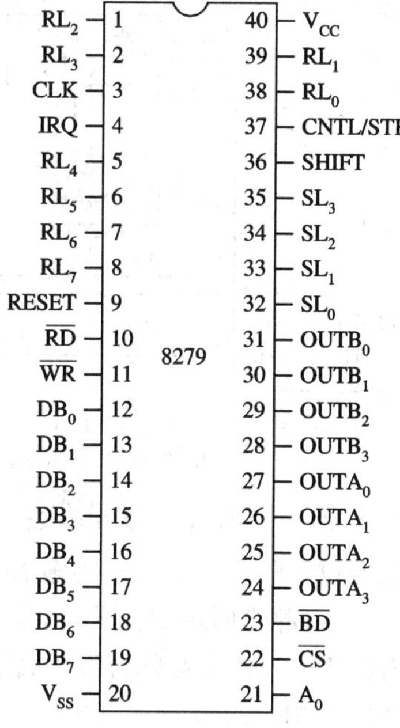

图 7.44 8279 的引脚图

DB_0～DB_7：双向数据总线。

A_0：命令状态或数据选择线。A_0＝1，表示从 DB_0～DB_7 线上传送的是命令或状态字；A_0＝0，表示传送的为数据。

$\overline{RD}$、$\overline{WR}$：读、写信号线。

IRQ：中断请求线。

SL_0～SL_3：扫描线。可进行译码扫描(4 选 1)，也可进行编码扫描(16 选 1)，需要使用 4/16 译码器。若使用 3/8 译码器，则扫描线为 8 选 1。

RL_0～RL_7：回送线。内部有上拉电阻，从此线上得到键盘的回扫描信号。

$OUTA_0$～$OUTA_3$、$OUTB_0$～$OUTB_3$：显示器刷新寄存器输出，与扫描线同步。

2. 8279 的接口电路与应用

8279 与 8031 的接口连接电路如图 7.45 所示。图 7.45 中，8279 外接 8×8 键盘，16 位显示器。8279 的数据总线接 8031 的 P0 口。8279 键盘部分可提供具有二键锁定或 N 键巡回方式的 64 键键盘矩阵。SL_0～SL_2通过外接 3－8 译码器(74LS138)来选择行。列值由 RL_0～RL_7 进入 8279，这 8 条返回线的信号经 8279 缓冲锁存。如果某键按下，该键在阵列中的地址，以及换挡键(SHIFT)和控制键(CNTL)的状态送入 8279 的 FIFO 的 RAM 中。FIFO 的 RAM 最多可存放 8 个字符。当检测到某键被按下时，8279 的中断请求变为高电平。同时 FIFO 状态字改变以反映存放在 FIFO 中的字符数。

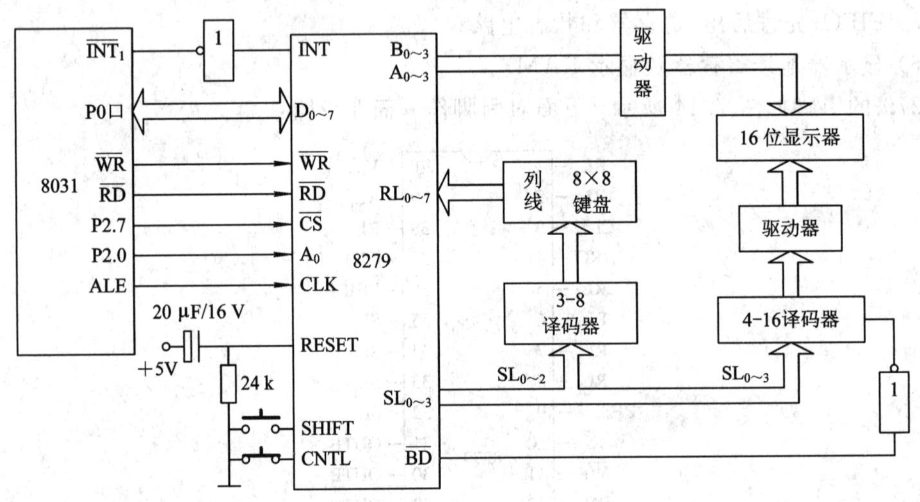

图 7.45　8031 与 8279 接口连接框图

A_0～A_3 和 B_0～B_3 为段控输出(高电平有效)，外接驱动器后连至 LED 各段。对于 7 段 LED 来说，A_3 为最高位，B_0 为最低位。SL_0～SL_3 为位控输出，经译码驱动后，连至各 LED 可控制 16 位显示器，其扫描速度由内部定时器决定。

更新显示器和用查询方法读出 16 个键输入数的程序如下：

```
STRT1:  MOV OPTR，#7FFFH      ；7FFFH 为 8279 状态地址
        MOV A，#0D1H          ；清除命令
        MOVX DPTR，A          ；命令字输入
WAITD:  MOVX A，@DPTR         ；读入状态
        JB  ACC.7，WAITD      ；清除等待
        MOV  A，#2AH          ；对时钟编程，设 ALE 为 1 MHz，
                              ；10 分频为 100 kHz
        MOVX  @DPTR，A        ；命令送入
        MOV  A，#08H          ；显示器左边输入外部译码，双键互锁
                              ；方式
        MOVX  @DPTR，A
        MOV  R0，#30H         ；设 30H～3FH 存放显示字形的段数据
```

```
        MOV  R7, #10H          ; 显示 16 位数
        MOV  A, #90H           ; 输出写显示数据命令
        MOVX  @DPTR, A
        MOV  DPTR , #7EFFH     ; 7EFFH 是 8279 数据地址
LOOP1:  MOV  A, @R0
        MOVX  @DPTR, A         ; 段选码送 8279 显示 RAM
        INC  R0                ; 指向下一个段选码
        DJN2  R7, LOOP1        ; 16 个段选码送完?
        MOV  R0, #40H          ; 40H 为键值存放单元首址
        MOV  R7, #10H          ; 有 16 个键值
LOOP2:  MOV  DPTR, #7FFFH      ; 读 8279 状态
LOOP3:  MOVX  A, @DPTR
        ANL  A, #0FH           ; 取状态字低 4 位
        JZ  LOOP3              ; FIFO 中无键值时等待输入
        MOV  A, #40H           ; 输出读 FIFO 的 RAM 命令
        MOVX  @DPTR, A         ; 命令送入
        MOV  DPTR, 7EFFH       ; 读键输入数据
        MOVX  A, @DPTR         ; 读入键值
        MOV  @R0, A            ; 键值存入内存 40H～4FH
        INC  R0                ; 指向下一个键值存放单元
        DJNZ  R7, LOOP2        ; 读完 10H 个键入数据?
HERE:   AJMP  HERE             ; 键值读完等待
```

7.5　A/D 和 D/A 接口功能的扩展

由于单片机只能处理数字量，因而应用系统中凡遇到有模拟量的地方，就要进行模拟量向数字量或数字量向模拟量的转换，这就需要解决单片机与 A/D 和 D/A 的接口问题。

目前 A/D、D/A 转换器都已集成化，具有体积小、功能强、可靠性高、误差小、功耗低等特点，并能很方便地与单片机连接。

7.5.1　A/D 转换器接口

1. 概述

A/D 转换器用以实现模拟量向数字量的转换。按转换原理可分为 4 种：计数式、双积分式、逐次逼近式以及并行式 A/D 转换器。

逐次逼近式 A/D 转换器是一种速度较快，精度较高的转换器，其转换时间大约在几微秒到几百微秒之间。常用的这种芯片有：

(1) ADC0801～ADC0805 型 8 位 MOS 型 A/D 转换器；

(2) ADC0808/0809 型 8 位 MOS 型 A/D 转换器；

(3) ADC0816/0817 型 8 位 MOS 型 A/D 转换器。

量化间隔和量化误差是 A/D 转换器的主要技术指标之一。

量化间隔由下式计算：

$$\Delta=\frac{\text{满量程输入电压}}{2^{n}-1}$$

其中，n 为 A/D 转换器的位数。

量化误差有两种表示方法：一种是绝对量化误差；另一种是相对量化误差。

绝对量化误差

$$\varepsilon=\frac{\text{量化间隔}}{2}=\frac{\Delta}{2}$$

相对量化误差

$$\varepsilon=\frac{1}{2^{n+1}}$$

2. 典型 A/D 转换器芯片 ADC0809 简介

ADC0809 是 8 位逐次逼近式 A/D 转换器。带 8 个模拟量输入通道，有通道地址译码锁存器，输出带三态数据锁存器。启动信号为脉冲启动方式，最大可调误差为±1LSB。ADC0809 内部设有时钟电路，故 CLK 时钟需由外部输入，f_{clk} 允许范围为 500 kHz～1 MHz，典型值为 640 kHz。每一通道的转换需 66～73 个时钟脉冲，大约 100～110 μs。

ADC0809 的内部结构图如图 7.46 所示，芯片引脚如图 7.47 所示。

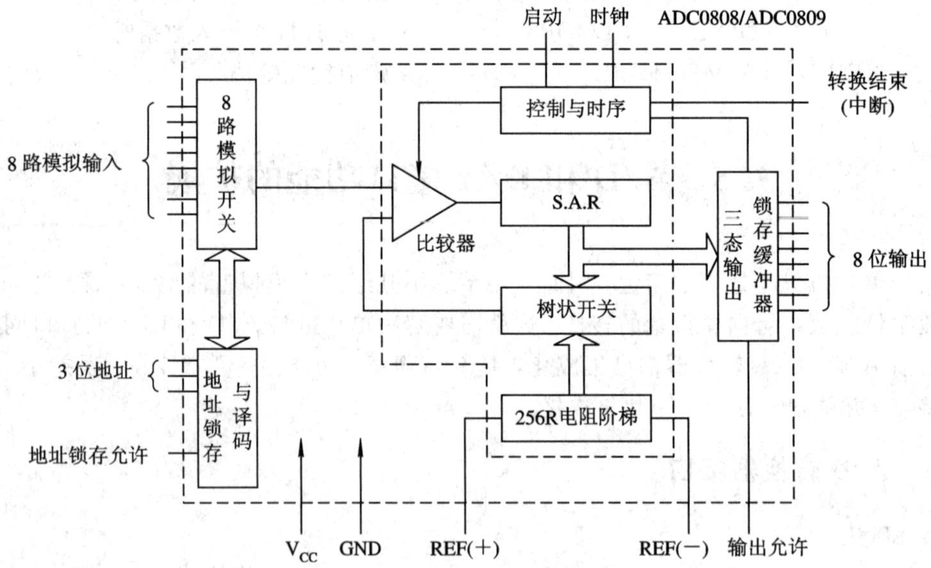

图 7.46 ADC0809 的内部结构

引脚功能介绍如下：

IN_0～IN_7：8 路输入通道的模拟量输入端口。

2^{-1}～2^{-8}：8 位数字量输出端口。

STAR、ALE：STAR 为启动控制输入端口，ALE 为地址锁存控制信号端口。这两个

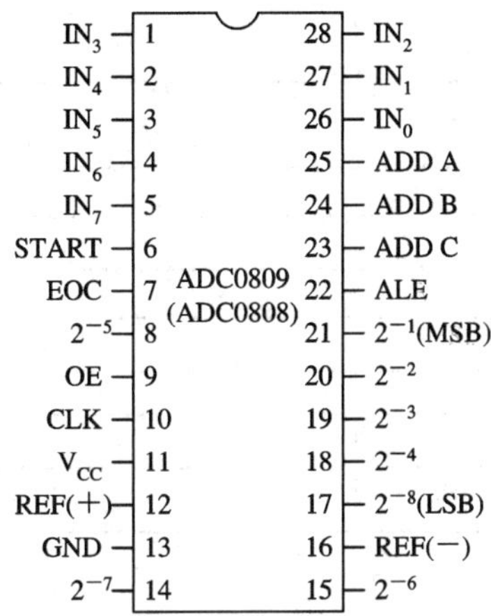

图 7.47　ADC0809 引脚图

信号连在一起，当输入一个正脉冲时，便立即启动模/数转换。

EOC、OE：EOC 为转换结束信号脉冲输出端口，OE 为输出允许控制端口。这两个信号亦可连在一起表示 A/D 转换结束。OE 端的电平由低变高，打开三态输出锁存器，将转换结果的数字量输出到数据总线上。

REF(＋)、REF(－)、V_{CC}、GND：REF(＋)和 REF(－)为参考电压输入端，V_{CC}为主电源输入端，GND 为接地端。

CLK：时钟输入端。

ADD A、B、C：8 路模拟开关的 3 位地址选通输入端，其对应关系如表 7.11 所示。

表 7.11　地址码与输入通道的对应关系

地址码			对应的输入通道	地址码			对应的输入通道
C	B	A		C	B	A	
0	0	0	IN_0	1	0	0	IN_4
0	0	1	IN_1	1	0	1	IN_5
0	1	0	IN_2	1	1	0	IN_6
0	1	1	IN_3	1	1	1	IN_7

ADC0809 的时序图如图 7.48 所示。

t_{WS}：最小启动脉宽，典型值为 100 ns，最大为 200 ns。

t_{WE}：最小 ALE 脉宽，典型值为 100 ns，最大为 200 ns。

t_D：模拟开关延时，典型值为 1 μs，最大为 2.5 μs。

t_C：转换时间，当 f_{clk}＝640 kHz 时，典型值为 100 μs，最大为 116 μs。

t_{EOC}：转换结束延时，最大为 8 个时钟周期加 2 μs。

3. ADC0809 与 8031 的接口电路

ADC0809 与 8031 的硬件接口有三种方式：查询方式、中断方式和等待延时。下面介绍最常用的查询方式与中断方式。

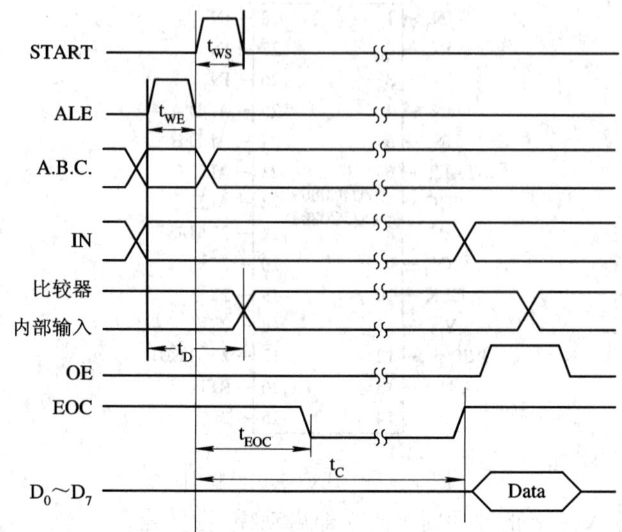

图 7.48　ADC0809 时序图

1）查询方式

ADC0809 与 8031 的硬件接口电路如图 7.49 所示。

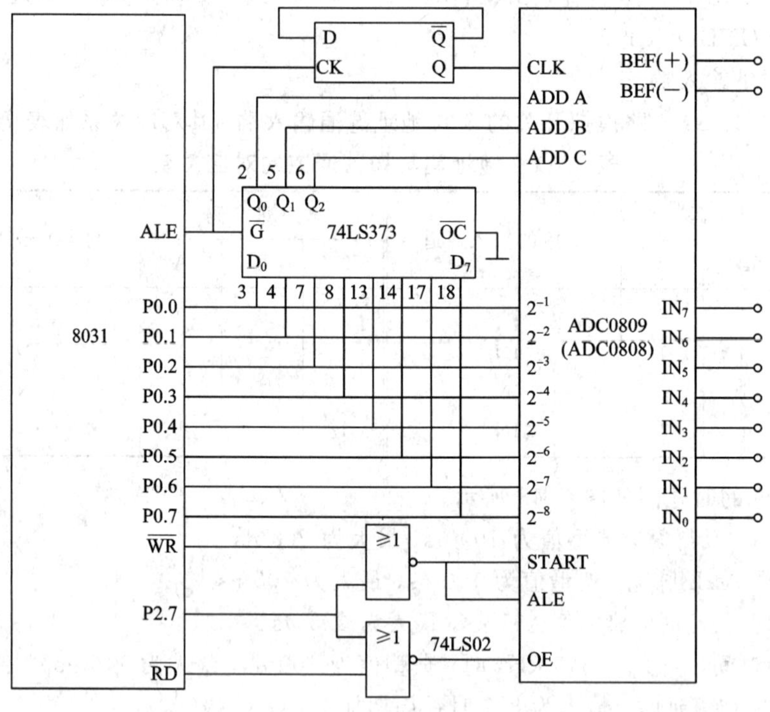

图 7.49　ADC0809 与 8031 查询方式的硬件接口电路

在编程时，令 P2.7＝A_{15}＝0，$A_0A_1A_2$ 给出被选择的模拟通道的地址；执行一条输出指令，启动 A/D 转换；执行一条输入指令，读取 A/D 转换结果。

下面的程序是采用查询方法，分别对 8 路模拟信号轮流采样一次，并依次把结果转存到数据存储区的采样转换程序。

```
        MOV  R1，#data         ；置数据区首址
        MOV  DPTR，#7FF8H      ；P2.7=0，指向通道 0
        MOV  R7，#08H          ；置通道数
LP1：   MOVX  @DPTR，A         ；启动 A/D 转换
        MOV  R6，#0AH          ；软件延时
DALY：  NOP
        NOP
        NOP
        NOP
        NOP
        DJNZ  R6，DALY
        MOVX  A，@DPTR         ；读取转换结果
        MOV  @R1，A            ；存储数据
        INC  DPTR              ；指向下一个通道
        INC  R1                ；修改数据区指针
        DJNZ  R7，LP1          ；8 个通道全采样完了吗？
```

2）中断方式

ADC0809 与 8031 的硬件接口电路如图 7.50 所示。

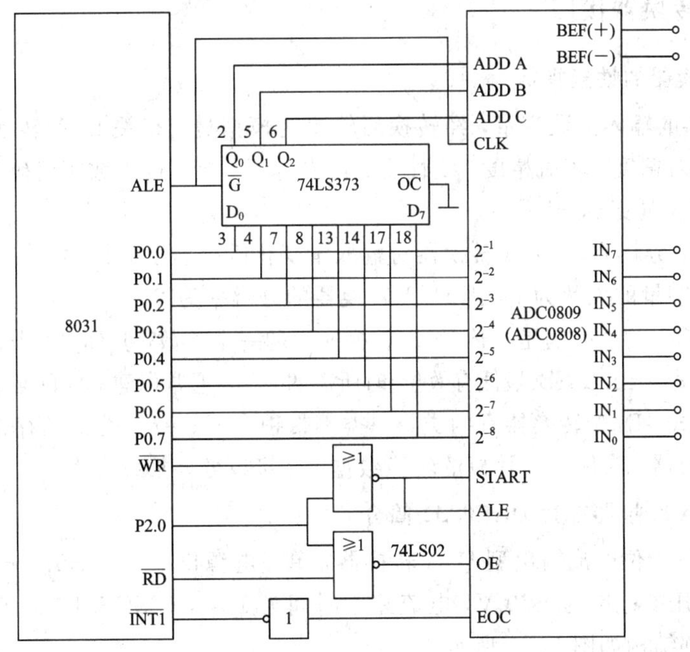

图 7.50　ADC0809 与 8031 中断方式硬件接口电路

这里将 ADC0809 作为一个外部扩展的并行 I/O 口，直接由 8031 的 P2.0 和 $\overline{WR}$脉冲进行启动。因而其端口地址为 0FEFFH。用中断方式读取转换结果的数字量，模拟量输入通道选择端 ADD A、ADD B、ADD C 分别与 8031 的 P0.0、P0.1、P0.2 直接相连，CLK 由 8031 的 ALE 提供。其读取通道 0 转换后的数字量程序段如下：

```
         ORG  1000H
INADC:   SETB  IT1                ;INT1设为边沿触发
         SETB  EA                 ;开中断 INT1
         SETB  EX1
         MOV  DPTR, #0FEFFH       ;端口地址送至 DPTR
         MOV  A, #00H             ;选择 0 通道输入
         MOVX  @DPTR, A           ;启动输入
         …
         ORG  0013H
         AJMP  PINT1
PINT1:   …
         MOV  DPTR, #0FEFFH       ;端口地址送至 DPTR
         MOVX  A, @DPTR           ;读取 IN0 的转换结果
         MOV  50H, A              ;存入 50H 单元
         MOV  A, #00H
         MOVX  @DPTR, A           ;启动 A/D, IN0 通道输入并转换
         RETI                     ;返回
```

7.5.2 D/A 转换器接口

1. D/A 转换器的性能指标

D/A 转换器的输入为数字量，经转换后输出为模拟量。有关 D/A 转换器的技术性能指标很多，如绝对精度、相对精度、线性度、输出电压范围、输入数字代码种类等。本节仅对几个与接口有关的指标作一介绍。

(1) 分辨率。分辨率是 D/A 转换器对输入量变化敏感程度的描述，与输入数字量的位数有关。如果数字量的位数为 n，则 D/A 转换器的分辨率为 2^{-n}。

(2) 建立时间。建立时间是描述 D/A 转换速度的一个参数，具体是指从输入数字量变化到输出达到终值误差±1/2LSB(最低有效位)时所需的时间。通常以建立时间来表明转换速度。

(3) 接口形式。D/A 转换器有两类：一类不带锁存器；另一类带锁存器。对于不带锁存器的 D/A 转换器，为保存单片机的转换数据，在接口处要加锁存器。

2. 典型 D/A 转换器芯片 DAC0832 简介

DAC0832 是 8 位电流输出型 D/A 转换器，单一电源供电，在＋5～＋15 V 范围内均可工作。基准电压的范围为±10 V，电流建立时间为 1 μs，CMOS 工艺，功耗为 20 mW。DAC0832 的内部结构如图 7.51 所示。

该转换器由输入寄存器和 DAC 寄存器构成两级数据输入锁存。使用时，数据输入可以采用两级锁存(双缓冲)形式，单级锁存(单缓冲)形式，也可采用直接输入(直通)形式。

由 3 个与门电路组成寄存器输出控制电路，可直接进行数据锁存控制：当 $\overline{LE}=0$ 时，输入数据被锁存；当 $\overline{LE}=1$ 时，数据不锁存，锁存器的输出随输入变化。

DAC0832 为电流输出形式，其两个输出端的关系为：$I_{OUT1}+I_{OUT2}=$常数。

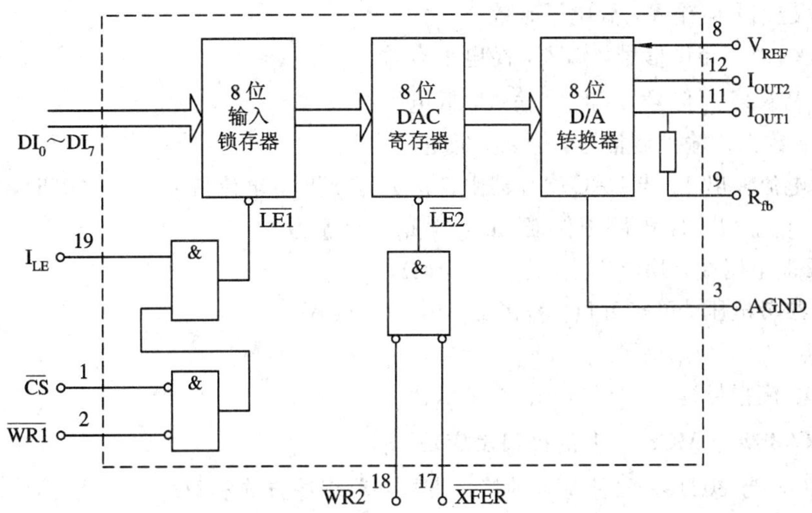

图 7.51　DAC0832 内部结构框图

为了得到电压输出，可在电流输出端接一个运算放大器，如图 7.52 所示。需要指出的是，DAC0832 内部已有反馈电阻，其阻值为 15 kΩ。

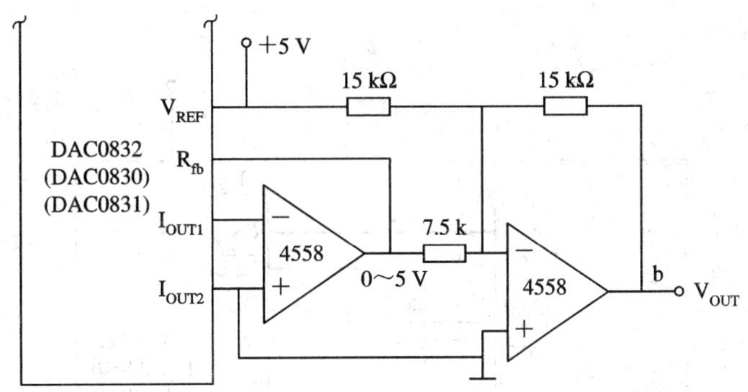

图 7.52　电流输出端接运算放大器

DAC0832 转换器芯片为 20 脚双列直插式封装，其引脚排列如图 7.53 所示。

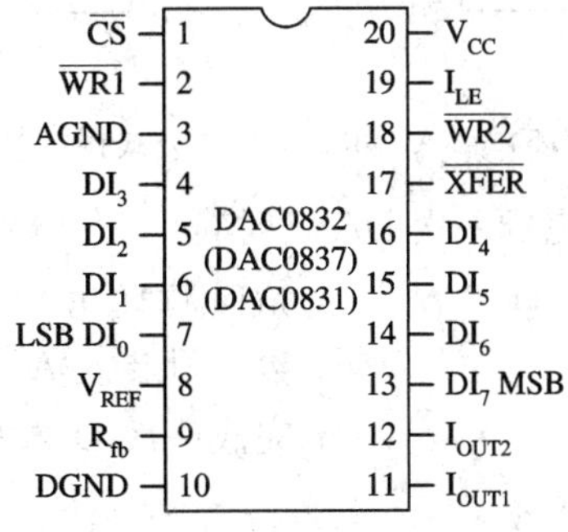

图 7.53　DAC0832 的引脚图

各引脚的功能如下：

DI_7～DI_0：转换数据输入端。

$\overline{CS}$：片选信号，输入，低电平有效。

I_{LE}：数据锁存允许信号，输入，高电平有效。

$\overline{WR1}$、$\overline{WR2}$：写信号 1 和 2，输入，低电平有效。

$\overline{XFER}$：数据传输控制信号，输入，低电平有效。

I_{OUT1}：电流输出 1，当 DAC 寄存器中各位全为“1”时，电流最大；为全“0”时，电流为 0。

I_{OUT2}：电流输出 2，电路中保证：$I_{OUT1}+I_{OUT2}=$常数。

R_{fb}：反馈电阻端，片内集成电阻为 15 kΩ。

V_{REF}：参考电压，可正可负，范围为－10～＋10 V。

DGND：数字量地。

AGND：模拟量地。

3. DAC0832 与 MCS－51 的接口及应用

DAC0832 与 8031 有两种基本的接口方式：单缓冲方式和双缓冲方式。

1）单缓冲方式

单缓冲方式接口电路如图 7.54 所示。让 I_{LE} 接＋5 V，$\overline{CS}$和 $\overline{XFER}$与地址选择线P2.7 相连接。当地址选择线选通 DAC0832 后，只要输出 $\overline{WR}$信号，DAC0832 就能一步完成数字量的输入锁存和 D/A 的转换输出。

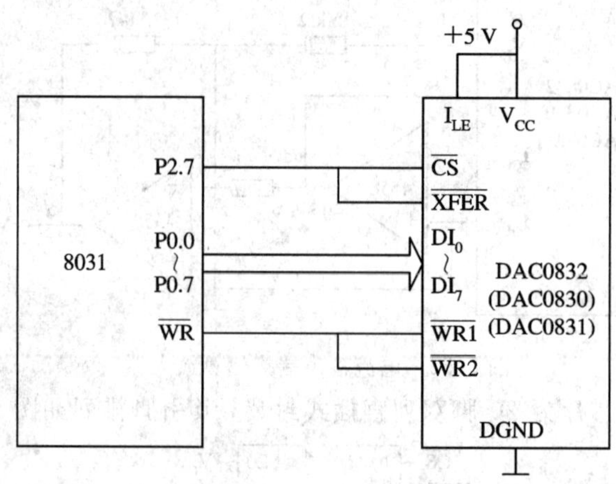

图 7.54　DAC0832 单缓冲方式接口电路

执行下面的几条指令就能完成一次 D/A 转换：

```
MOV  DPTR，＃7FFFH        ；指向 DAC0832
MOV  A，＃DATA            ；数字量装入 A
MOVX  @DPTR，A            ；完成一次 D/A 输入与转换
```

2）双缓冲方式

对于多路 D/A 转换接口，要求同步进行 D/A 转换输出时，必须采用双缓冲方式。DAC0832 数字量输入锁存和 D/A 转换输出是分两步完成的，即 CPU 的数据总线分时输入数字量并锁存在各 D/A 转换器的输入寄存器中，然后 CPU 对所有 D/A 转换器发出控制信号，使各输入寄存器中的数据输入相应的 DAC 寄存器，实现同步转换输出。

图 7.55 是一个两路同步输出的 D/A 转换接口电路。执行下面的指令，能完成两路 D/A的同步转换输出。

```
MOV   DPTR，#0DFFFH        ；指向 DAC0832(1)
MOV   A，#data1            ；data1 送入 DAC0832(1)中锁存
MOVX  @ DPTR，A
MOV   DPTR，#0BFFFH        ；指向 DAC0832(2)
MOV   A，#data2            ；data2 送入 DAC0832(2)中锁存
MOVX  @DPTR，A
MOV   DPTR，#7FFFH         ；给 DAC0832(1)和(2)提供 WR信号
MOVX  @DPTR，A             ；同时完成 D/A 转换输出
```

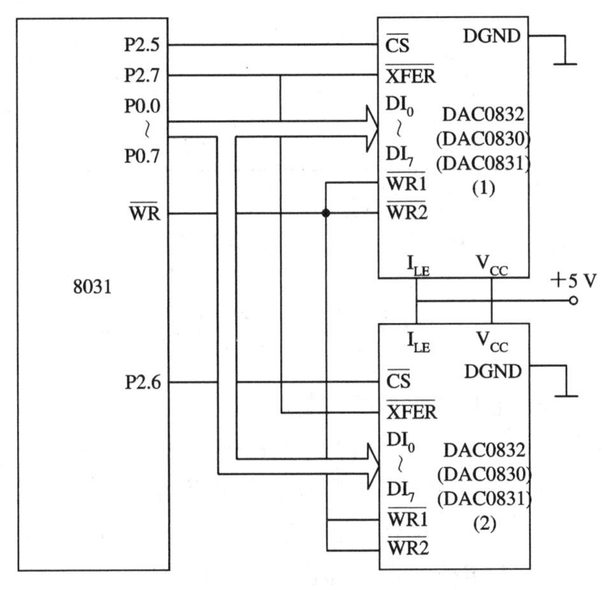

图 7.55 DAC0832 双缓冲方式接口电路

D/A 转换器可以应用在许多场合，这里介绍用 D/A 转换器产生阶梯波。

阶梯波是在一定的时间范围内每隔一段时间，输出幅度递增一个恒定值。在图 7.56 中，每隔 1 ms 输出幅度增长一个定值，经 10 ms 后重新循环。用 DAC0832 在单缓冲方式下就可输出这样的波形。

产生阶梯波的程序如下：

```
START:  MOV A，#00H
        MOV  DPTR，#7FFFH   ；0832 的地址送 DPTR
        MOV  R1，#0AH       ；台阶数为 10
LP:     MOVX  @DPTR，A      ；送数据至 0832
        ACALL  DELAY        ；1 ms 延时
        DJNZ  R1，NEXT      ；不到 10 台阶转移
        SJMP  START         ；产生下一个周期
NEXT:   ADD  A，#10         ；台阶增幅
        SJMP  LP            ；产生下一台阶
```

```
DELAY:  MOV   20H, #249        ; 1 ms延时程序
AGAIN:  NOP
        NOP
        DJNZ  20H, AGAIN
        RET
```

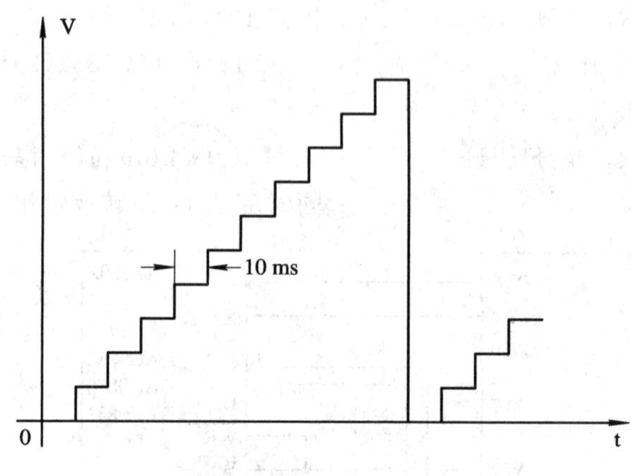

图 7.56 阶梯波形图

习题与思考题

1. 如何构造 MCS-51 单片机扩展的系统总线？

2. 什么是完全译码？什么是部分译码？各有什么特点？

3. 采用 2764(8 K×8 位)芯片，扩展程序存储器容量，分配的地址范围为 8000H～BFFFH。采用完全译码，试选择芯片数，分配地址，并画出与单片机的连接电路。

4. 要求 8255A 的 A 口工作在方式 0 输出，B 口工作在方式 1 输入，C 口的 PC_7 为输入，PC_1 为输出，试编写 8255A 的初始化程序。

5. 若将 8255A 的 CS 端与 P2.0 相连，试画出 8255A 与 8031 的连接图，并写出最小与最大的两组地址。

6. 8155A 的 RAM 和 I/O 如何编址？若将 $\overline{CE}$端接 P2.0，IO/$\overline{M}$ 接 P2.1，则其 RAM 的地址与 I/O 口地址分别为多少？

7. 要求 8155 I/O 工作在 ALT1，A、B 口均为输入，定时器对输入脉冲 24 分频后输出连续方波，试进行初始化编程。

8. 简述非编码式键盘行扫描法与线反转法的工作原理。

9. 若采用 8255A 作为 8×5 键盘的接口芯片，A 口作为行线输出，B 口作为列线输入，试画出键盘接口电路。

10. 用定时器 T0 每隔 20 ms 控制 ADC0809 的 IN_0 通道进行一次 A/D 转换，试编写初始化程序。

11. 用一片 DAC0832 工作在双缓冲方式，要求和 8031 单片机接口，并编写出对应的 D/A 转换程序。

第 8 章

单片机应用系统的设计与开发

8.1　单片机应用系统的开发过程

单片机应用系统的设计与开发主要包括五个部分内容，分别为方案论证、硬件系统的设计、系统软件的设计、系统仿真调试和脱机运行。各个部分的详细内容如图 8.1 所示。

1. 方案论证

确定开发题目后，首先要进行方案调研，这个过程至关重要，制定出一个好的方案，会使后面的开发工作较为顺利。调研工作主要解决以下几个问题：

(1) 了解用户的需求，确定设计规模和总体框架。

(2) 摸清软、硬件技术难度，明确技术主攻问题。

(3) 针对主攻问题开展调研工作，查找中外有关资料，确定初步方案。

(4) 单片机应用开发技术是软、硬件结合的技术，方案设计要权衡任务的软、硬件分工。有时硬件设计会影响到软件程序结构。如果系统中增加某个硬件接口芯片，而给系统程序的模块化带来了可能和方便，那么这个硬件开销是值得的。在无碍大局的情况下，以软件代替硬件正是计算机技术的长处。

(5) 尽量采纳可借鉴的成熟技术，减少重复性劳动。

2. 硬件系统的设计

单片机硬件系统的设计可划分为两部分：一部分是与单片机直接接口的数字电路范围的电路芯片的设计。如，存储器和并行接口的扩展，定时系统、中断系统扩展，一般的外部设备的接口，甚至 A/D、D/A 芯片的接口。另一部分是与模拟电路相关的电路设计，包括信号整形、变换、隔离和选用传感器；输出通道中的隔离和驱动以及执行元件的选用。硬件系统的设计应注意以下几个方面：

(1) 从硬件系统的总线观念出发，各局部系统和通道接口设计与单片机要做到全局一盘棋。例如，芯片间的时间是否匹配，电平是否兼容，能否实现总线隔离缓冲等，避免“拼盘”战术。

(2) 尽可能选用符合单片机用法的典型电路。

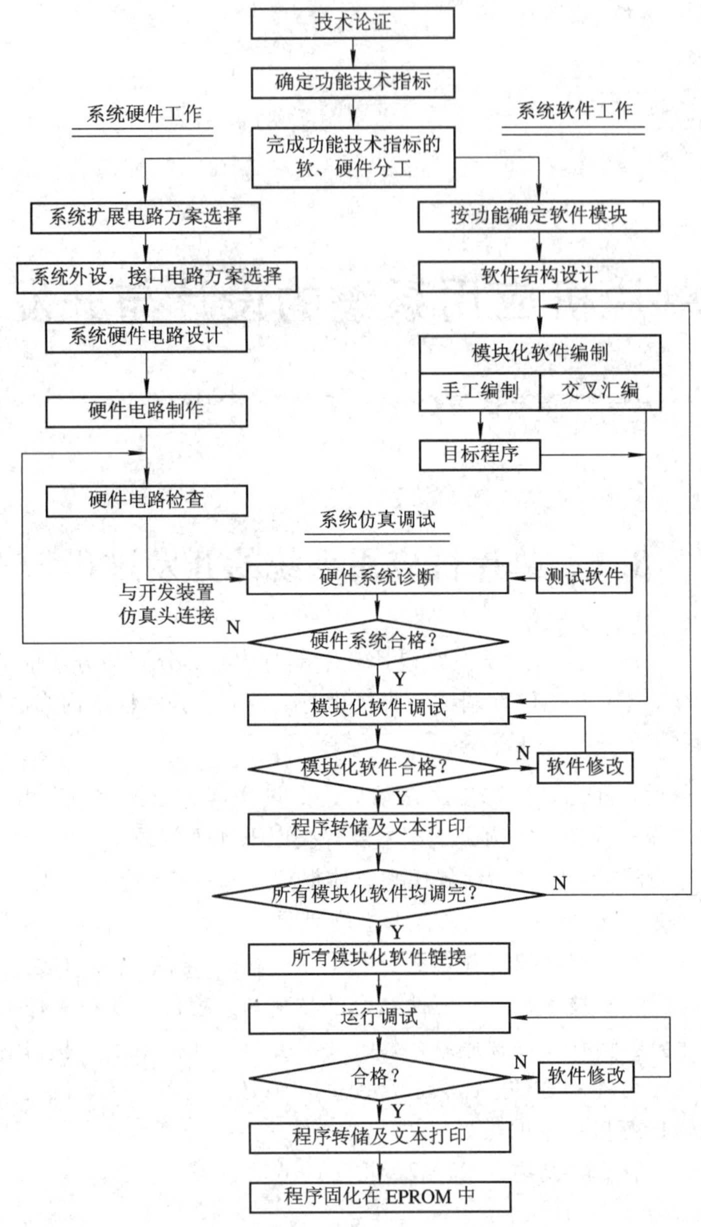

图 8.1 单片机应用系统开发设计流程图

(3) 尽可能采用新技术，选用新的元件及芯片。选用集成度高的芯片，以减少芯片数量，缩小印制板面积。例如，选用含有 51 内核的扩展多功能接口的单片机新机种，取代 8031 向外的一大片电路。选用无粘合接口，如数据采集系统等集成度高、功能强的数字或模拟电路芯片，取代许多小规模集成电路芯片的集合。选用 PLD 可编程逻辑器件，取代部分电路设计。

(4) 抗干扰设计是硬件设计的重要内容，如看门狗电路、去耦滤波、通道隔离、合理的印制板布线等。

(5) 当系统扩展的各类接口芯片较多时，要充分考虑到总线驱动能力。当负载超过允许范围时，为了保证系统可靠工作，必须加总线驱动器。

(6) 可用印制板辅助设计软件，如 PROTEL 进行印制板的设计。

3. 系统软件的设计

应用系统中测控任务的实现最终是靠程序的执行来完成的。系统软件设计得如何，将决定系统的效率和它的优劣。系统软件设计需注意以下几个方面：

(1) 采用模块程序设计。模块程序是把一个较长的完整的程序，如监控程序，分成若干个小的功能程序模块，在分别进行独立设计、编程、调试之后，最终装配在一起，链接成一个完整的程序。模块化程序设计便于程序移植和修改。

(2) 采用自顶向下的程序设计。程序设计时，先从系统主程序开始设计，从属的程序或子程序用程序标志代替。当主程序编好后，再将标志扩展为从属程序或子程序。

(3) 外部设备和外部事件尽量采用中断方式与 CPU 联络。这样，既便于系统模块化，也可提高程序效率。

(4) 近几年推出的单片机开发系统，有些是支持高级语言的，如 C51 与 PL/M96 的编程和在线跟踪调试。与汇编语言编程相比，使用高级语言编程，可大大提高开发和调试效率，而得到的目标代码质量可与汇编语言相媲美。

(5) 目前已有一些实用子程序发表，程序设计时可适当使用，其中包括运行子程序和控制算法程序等。

(6) 系统的软件设计应充分考虑到软件抗干扰措施。如数字滤波，程序跑飞的软件陷阱，软件 WATCHDOG，软件的容错设计等。

4. 软、硬件调试

一个单片机应用系统，经过方案论证，硬件设计，印制板设计加工和焊接，软件的编写，还要进行软、硬件的调试，以用来验证理论设计的正确性。由于单片机没有自开发能力，其应用系统调试需借助于单片机开发系统。

单片机系统主要的功能是：

(1) 程序的录入、编辑和交叉汇编功能。

(2) 提供仿真 RAM、仿真单片机。

(3) 支持用户汇编语言(有的同时支持高级语言)源文件跟踪调试。

(4) 目前一般的开发装置都有与通用微机的联机接口，可以利用微机环境进行调试。

(5) EPROM 的写入功能。

在利用开发装置进行调试时，应先把硬件电路调通。硬件调试可采用分块调试的方法，先易后难，先局部调试，都通过后再总调。对硬件的分块调试可编制相应模块的测试程序，有的测试程序稍加改动就可成为功能模块程序。

在硬件基本调通，验证存储空间分配可行时，进行自顶向下的主程序的设计调试。程序的调试需在 DEBUG 环境下进行，用断点调试或连续调试的方法，通过程序执行过程中内存或有关寄存器的状态变化找出故障点，也可借助于仪器仪表测试电路的状态和波形来验证软、硬件的正确性。

5. EPROM 固化

所有开发装置调试通过的程序，最终要脱机运行，即将仿真 ROM 中运行的程序固化到 EPROM 脱机运行。但在开发装置上运行正常的程序，固化后脱机运行并不一定同样正常。若脱机运行有问题，需分析原因，如总线驱动功能是否够，或是对接口芯片操作的时间是否匹配等。经修改的程序需再次写入。

8.2 单片机开发工具 WAVE 简介

单片机以其体积小、重量轻、价格低及功能强等特点得到了广泛的应用。但单片机上一般仅集成 CPU、RAM 和 I/O 接口，而无用户接口(键盘和显示器)和监控程序，因而单片机自身无编程功能，必须依赖单片机开发工具(又称单片机仿真器)。单片机开发工具有输入程序、编辑程序和调试程序的功能，目前国内使用较多的有 WAVE、KeilC、MedWin 等。在此，就 WAVE 仿真器作一简介。

WAVE(伟福)仿真器支持多类 CPU 仿真，可仿真 MCS－51 系列、MCS－196 系列、Microchip PIC 系列 CPU。采用双 CPU 结构，不占用户资源。软件将编辑器、编译器、调试器集成在一起，源程序的编辑、编译、下载、调试可以在一个环境下完成。调试程序时，可以观察到寄存器、RAM、外部端口、定时器、串行口中断、外部中断等相关状态，有丰富的窗口显示方式，可动态地展示仿真的各种过程，其调试程序的过程如下：

1. 建立程序

选择[文件/新建文件]功能，出现一个文件名为 NONAME1 的源程序窗口，在此窗口中输入程序。

2. 保存程序

选择[文件/保存文件]或[文件/另存为]功能，给出文件所要保存的位置，例如，C:\WAVE2000\SAMPLES 文件夹，再给出文件名 MY1. ASM，保存文件。文件保存后，程序窗口上文件名为：保存文件所在路径 C:\WAVE2000\SAMPLES\MY1. ASM。

3. 建立项目

选择[文件/新建项目]功能，新建项目会自动分三步进行。

(1) 加入模块文件。在加入模块文件的对话框中选择刚才保存的文件 MY1. ASM，按打开键。

(2) 加入包含文件。在加入包含文件对话框中，选择要加入的包含文件。如果没有包含文件，按取消键。

(3) 保存项目。在保存项目对话框中输入项目名称。MY1 无需加后缀，软件会自动将后缀设成“. PRJ”。按保存键将项目存在与源程序相同的文件夹下。项目保存好后，如果项目是打开的，可以看到项目中的“模块文件”已有一个模块“MY1. ASM”；如果项目窗口没有打开，可以选择[窗口/项目窗口]功能来打开，可以通过仿真器设置快捷键或双击项目窗口第一行选择仿真器和要仿真的单片机。

4. 设置项目

选择[设置/仿真器设置]功能或按“仿真器设置”快捷图标或双击项目窗口的第一行来打开“仿真器设置”对话框。在“仿真器”栏中，选择仿真器类型和配置的仿真头以及所要仿真的单片机。在“语言”栏中，“编译器选择”可选择为“伟福汇编器”。按“好”键确定，当仿真器设置好后，可再次保存项目。

5. 编译程序

选择[项目/编译]功能或按编译快捷图标或 F9 键编译项目。在编译过程中，如果有错，可以在信息窗口中显示出来，双击错误信息，在源程序中定位所在行。纠正错误后，再次编译直到没有错误。在编译之前，软件会自动将项目和程序存盘。在编译没有错误后，就可调试程序了。

6. 单步调试程序

选择[执行/跟踪]功能或按跟踪快捷图标或按 F7 键进行单步跟踪调试程序，单步跟踪就一条指令一条指令地执行程序，若有子程序调用，也会跟踪到子程序中去。观察程序每步执行的结果，如果程序太长可设置断点：将光标移至此行并将光标移到源程序窗口的左边灰色区，光标变成“手指圈”，单击左键设置断点。也可以用弹出的[设置/取消断点]功能或用 Ctrl＋F8 组合键设置断点。有效断点的图标为“红圆绿钩”，无效断点的图标为“红圆黄叉”。断点设置好后，用[全速执行]功能全速执行程序。当程序执行到断点时，会暂停下来，这时可以观察程序中各变量的值及各端口的状态，判断程序是否正确。

7. 连接硬件仿真

将仿真器通过 USB 电缆连接到计算机上，将仿真头接到仿真器，检查接线是否有误，确信没有接错后，接上电源，打开仿真器的电源开关。参见第 4 步设置项目，在“仿真器”和“通信设置”栏的下方有“使用伟福软件模拟器”的选择项。将其前面框内的钩去掉，按“好”键确认。如果仿真器和仿真头设置正确，并且硬件连接没有错误，就会出现[硬件仿真]的对话框，并显示仿真器、仿真头的型号及仿真器的序列号。如果仿真器初始化过程中有错，软件就会再次出现仿真器设置对话框，这时应检查仿真器、仿真器的选择是否有错，硬件接线是否有错，检查纠正错误后，再次确认。

8.3　Keil C51 软件简介

Keil C51 是美国 Keil Software 公司出品的兼容 51 系列单片机的 C 语言软件开发系统。与汇编语言相比，C 语言易学易用，可提高工作效率，缩短项目开发周期，能在关键的位置嵌入汇编。

μVision 与 Ishell 分别是 Keil C51 面向 Windows 和面向 DOS 的集成开发环境(IDE)，可以完成编辑、编译、连接、调试、仿真等整个开发流程。开发人员可用 IDE 本身或其他编辑器编辑 C 或汇编源文件，然后分别由 C51 及 C51 编译器编译生成目标文件(.obj)。目标文件可由 LIB51 创建生成库文件，也可以与库文件一起经 L51 连接定位生成绝对目标文件(.abs)。abs 文件由 OH51 转换成标准的 hex 文件，供调试器 dScope51 或 tScope51 使用进行源代码级调试，也可由仿真器使用直接对目标板进行调试，能直接写入程序存储器如 EPROM 中。

1. 使用 Keil 软件编写单片机程序的步骤

(1) 在电脑中任意位置创建一个文件夹，用来存储工程文件。

(2) 打开 Keil 软件，点击“文件”项，新建一个文本文件然后保存。

(3) 保存文件时一定要注意，其扩展名为 .C 。

(4) 点击"工程"项，新建工程，在对话框中，输入工程名后保存，之后又会有一个对话框，在其中选择单片机型号。

(5) 在左侧的文件管理栏中，单击"源程序组"，选择刚刚保存的 C 文件即可。

(6) 点击工程项，选择"目标→目标 1 属性"，打开设置窗口。

(7) 在窗口中点击"输出"，然后在生成的 hex 文件前面打上钩。

2. Keil 仿真器的使用简介

使用 Keil 仿真器时的注意事项如下：

(1) 仿真器标配 11.0592MHz 的晶振，但用户可以在插孔中换插其他频率的晶振。

(2) 仿真器上的复位按钮只复位仿真芯片，不复位目标系统。

(3) 仿真芯片的 31 脚(/EA)已接至高电平，所以仿真时只能使用片内 ROM，不能使用片外 ROM；但仿真器外引插针中的 31 脚并不与仿真芯片的 31 脚相连，故该仿真器仍可插入到扩展有外部 ROM(其 CPU 的/EA 引脚接至低电平)的目标系统中使用。

下面以使用 Keil 提供的 AGSI 接口开发两块实验仿真板为例，说明开发的过程。图 8.2 是键盘、LED 显示实验仿真板，从图中可以看出，该板比较简单，在 P1 口接有 8 个发光二极管，在 P3 口接有 4 个按键。

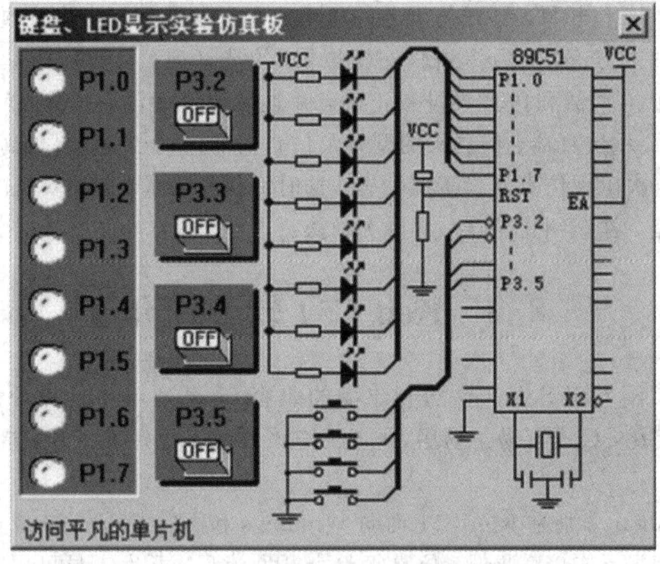

图 8.2 键盘、LED 显示实验仿真板

图 8.3 是一个较为复杂的实验仿真板。该板上有 8 个数码管，16 个按键(接成 4×4 的矩阵形式)，另外还有 P1 口接的 8 个发光管，两个外部中断按钮，一个带有计数器的脉冲发生器等，显然，这块板可以完成更多的实验。

1) 实验仿真板的安装

这两块实验仿真板实际上是两个 dll 文件，名称分别是 ledkey.dll 和 simboard.dll，安装时只要根据需要将这两个或某一个文件拷贝到 Keil 软件的 C51\bin 文件夹中即可。

图 8.3　单片机实验仿真板

2) 实验仿真板的使用

要使用仿真板，必须对工程进行设置，设置的方法是点击“Project→Option for Target→Target1”打开对话框，然后选中“Debug”标签页，在“Dialog DLL：Parameter：”后的编辑框中输入“-d”文件名。例如要用“ledkey. dll”进行调试，就输入“-dledkey”，如图 8.4 所示。编译、连接完成后按 Ctrl＋F5 进行调试，此时，点击菜单“Peripherals”，即会多出一项“键盘 LED 仿真板(K)”，选中该项，即会出现如图 8.2 所示的界面；在设置时如果输入 -dsimboard 则调出如图 8.3 的界面。

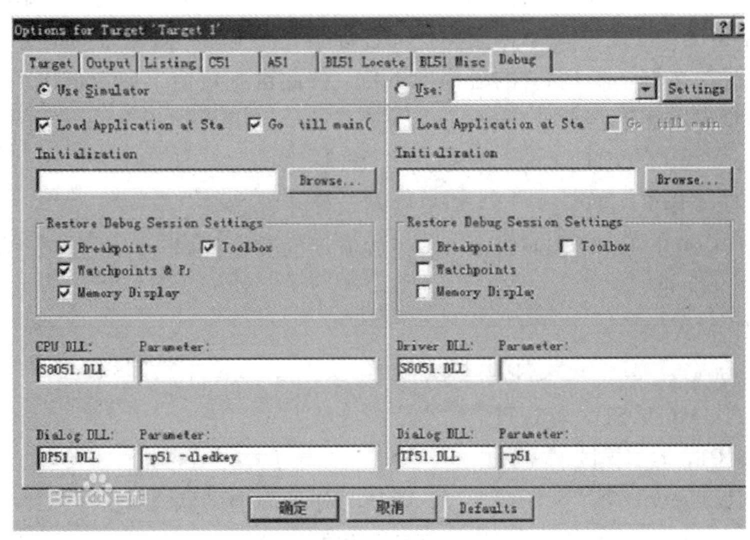

图 8.4　实验仿真板的设置

第一块仿真板的硬件电路很简单，电路图已在板上，第二块板实现的功能稍复杂，其键盘和数码显示管部分的电路原理图如图 8.5 所示。表 8.1 给出了 0～9 字形码，读者也可以根据图中的接线自行写出其他如 A、B、C、D、E、F 等的字形码。除了键盘和数码管以外，P1 口同样也接有 8 个发光二极管，连接方式与图 8.2 相同；键盘旁的两个按钮 INT0 和 INT1 分别接到 P3 口的 INT0 和 INT1 即 P3.2 和 P3.3 引脚，脉冲发生器接入 T0 即 P3.4 引脚。

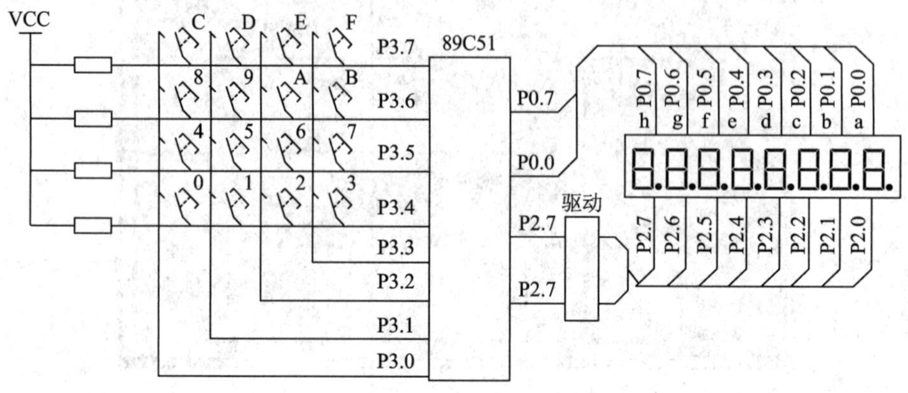

图 8.5　实验仿真板 2 数码管和键盘部分的电路图

表 8.1　0～9 字形码

0c0h	0f9h	0a4h	0b0h	99h	92h	82h	0f8h	80h	90h	0FFH
0	1	2	3	4	5	6	7	8	9	消隐

3）实例调试

以下以一个稍复杂的程序为例，说明键盘、LED 显示实验仿真板的使用。该程序实现的是可控流水灯，接 P3.2 的键为开始键，按此键则开始依次流动亮灯（由上而下），接 P3.3 的键为停止键，按此键则停止流动，所有灯暗，接 P3.4 的键为向上键，按此键则灯由上向下依次流动亮灯，接 P3.6 的键为向下键，按此键则灯由下向上依次流动亮灯。

完整的实验程序如下：

```
UpDown BIT 00H              ；上下行标志
StartEnd BIT 01H            ；启动及停止标志
LAMPCODE EQU 21H            ；存放流动的数据代码
ORG 0000H
AJMP MAIN
ORG 30H
MAIN：MOV SP，＃5FH
MOV P1，＃0FFH
CLR UpDown                  ；启动时处于向上的状态
CLR StartEnd                ；启动时处于停止状态
MOV LAMPCODE，＃01H         ；单灯流动的代码
LOOP：ACALL KEY             ；调用键盘程序
```

```
JNB F0，LNEXT                    ；如果无键按下，则继续
ACALL KEYPROC                    ；否则调用键盘处理程序
LNEXT：ACALL LAMP                ；调用灯显示程序
AJMP LOOP                        ；反复循环，主程序到此结束
                                 ；延时程序，键盘处理中调用
DELAY：MOV R7，#100
D1：MOV R6，#100
DJNZ R6，$
DJNZ R7，D1
RET
KEYPROC：MOV A，B                ；从 B 寄存器中获取键值
JB ACC.2，KeyStart               ；分析键的代码，某位被按下，则该位为 1
JB ACC.3，KeyOver
JB ACC.4，KeyUp
JB ACC.5，KeyDown
AJMP KEY_RET
KeyStart：SETB StartEnd          ；第一个键按下后的处理
AJMP KEY_RET
KeyOver：CLR StartEnd            ；第二个键按下后的处理
AJMP KEY_RET
KeyUp：SETB UpDown               ；第三个键按下后的处理
AJMP KEY_RET
KeyDown：CLR UpDown              ；第四个键按下后的处理
KEY_RET：RET
KEY：CLR F0                      ；清 F0，表示无键按下
ORL P3，#00111100B               ；将 P3 口的所接键的 4 位置 1
MOV A，P3                        ；取 P3 的值
ORL A，#11000011B                ；将其余 4 位置 1
CPL A                            ；取反
JZ K_RET                         ；如果为 0 则一定无键按下
CALL DELAY                       ；否则延时去抖
ORL P3，#00111100B
MOV A，P3
ORL A，#11000011B
CPL A
JZ K_RET
MOV B，A                         ；确实有键按下，将键值存入 B 中
SETB F0                          ；设置有键按下的标志
；以下的代码是可以被注释掉的，如果去掉注释，就具有判断键是否被释放的功能。
```

```
; K_RET: ORL P3, #00111100B        ; 此处循环等待键的释放
; MOV A, P3
; ORL A, #11000011B
; CPL A
; JZ K_RET1                        ;读取的数据取反后为 0 说明键被释放了
; AJMP K_RET
; K_RET1:CALL DELAY                ; 消除后沿抖动
RET
D500MS:                            ; 流水灯的延迟时间
MOV R7, #255
D51: MOV R6, #255
DJNZ R6, $
DJNZ R7, D51
RET
LAMP:
JB StartEnd, LampStart             ; 如果 StartEnd=1, 则启动
MOV P1, #0FFH
AJMP LAMPRET                       ; 否则关闭所有显示, 返回
LampStart:
JB UpDown, LAMPUP                  ; 如果 UpDown=1, 则向上流动
MOV A, LAMPCODE
RL A                               ; 实际就是左移位而已
MOV LAMPCODE, A
MOV P1, A
LCALL D500MS
LCALL D500MS
AJMP LAMPRET
LAMPUP:
MOV A, LAMPCODE
RR A                               ; 向下流动实际就是右移
MOV LAMPCODE, A
MOV P1, A
LCALL D500MS
LAMPRET:
RET
END
```

将程序输入并建立工程文件，设置工程文件，在 Debug 标签页中加入“-dledkey”，汇编、连接文件，按 Ctrl+F5 开始调试，打开仿真板，使用 F5 功能键全速运行，可以看到所有灯均不亮，点击最上面的按键，立即会看到灯流动亮起，点击第二个按键，流动亮灯停

止，再次点击第一个按键，使灯流动亮起，点击第三个按键，可以发现灯流动的方向变了，点击第四个按键，灯流动亮起的方向又变回来了。如果没有出现所描述的现象，可以使用单步、过程单步等调试手段进行调试，在进行调试时实验仿真板会随时显示出当前的情况。

下面的一个例子是关于第二块实验仿真板的，演示点亮 8 位数码管。

```
ORG 0000h
JMP MAIN
ORG 30H
MAIN：MOV SP，#5FH
MOV R1，#08H
MOV R0，#58H              ；显示缓冲区首地址
MOV A，#2
INIT：MOV @R0，A          ；初始化显示缓冲区
INC A
INC R0
DJNZ R1，INIT             ；将 0～7 送显示缓冲区
LOOP：CALL DISPLAY
JMP LOOP                  ；主程序到此结束
DISPLAY：MOV R0，#7FH      ；列选择
MOV R7，#08H              ；共有 8 个字符
MOV R1，#58H              ；显示缓冲区首地址
AGAIN：MOV A，@R1
MOV DPTR，#DISPTABLE
MOVC A，@A+DPTR
MOV P0，A
MOV P2，R0
MOV A，R0
RR A
MOV R0，A
INC R1
DJNZ R7，AGAIN
RET
DISPTABLE：DB 0c0h，0f9h，0a4h，0b0h，99h，92h，82h，0f8h，80h，90h，
0FFH ；字形码表
END
```

这一程序内部 RAM 中 58H 到 5FH 被当成是显示缓冲区，主程序中用 2～9 填充该显示区，然后调用显示程序显示 2～9。这是采用了逐位显示的方式编写的显示程序。

8.4 MCS-51 应用系统的调试

在完成应用系统的硬件组装和软件设计以后，便进入系统调试阶段。这个阶段的任务是排除样机中的硬件故障和纠正软件中的设计错误，并解决硬件和软件之间的不协调问题。下面介绍几种调试方法。

1. 硬件调试方法

单片机系统的硬件调试和软件调试是不能完全分开的，许多硬件错误是在软件调试中被发现和纠正的。但通常是先排除明显的硬件故障以后，再和软件结合起来调试。硬件调试方法有两种：静态调试和联机仿真调试。

1）静态调试

在样机加电之前，先用万用表等工具，根据硬件逻辑设计详细检查样机线路的正确性，核对元器件的型号、规格和安装是否符合要求。应特别注意电源系统的检查，以防止电源短路和极性错误，并重点检查系统总线是否存在相互之间短路或与其他信号线的短路。

第一步是加电后检查各插件上引脚的电位，一般先检查 V_{CC} 与 GND 之间电位，若在 5 V 左右属正常。若出现高压，联机仿真调试时，会损坏仿真器等，有时会使应用系统的集成块发热损坏。

第二步是在断电情况下，除 CPU 之外，插上所有元器件，仿真插头插入样机 CPU 插座，并和仿真机相连，用万用表检查连接的正确性后，准备联机仿真调试，连接图如图 8.6 所示。

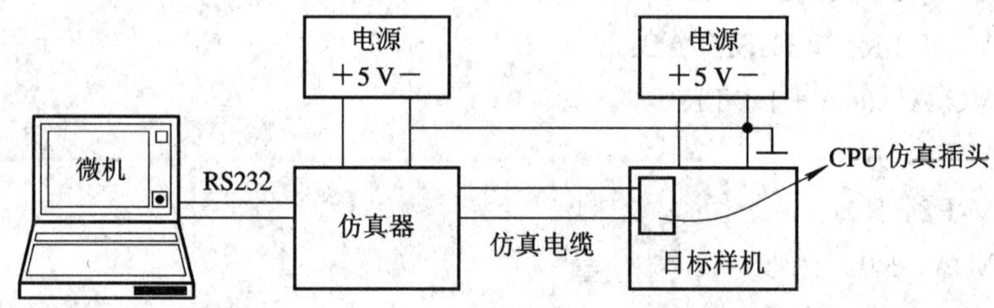

图 8.6　应用系统连接仿真器开发系统简图

2）联机仿真调试

电路检查无误后，分别打开样机和仿真器的工作电源，启动 MBUG 进入监控状态，就可进行联机仿真调试了。

调试的方案是：把整个应用系统按其功能分成若干模块，如系统扩展模块：输入模块、输出模块、A/D 模块、D/A 模块等。针对不同的功能模块，编写一小段测试程序，并借助于万用表、示波器、逻辑笔等仪器来检查硬件电路的正确性。

2. 软件调试方法

软件调试可以一个模块一个模块地进行，下面给出一些常见的故障情况。

1）程序跳转错误

这种错误的现象是程序运行不到指定的地方或发生死循环，通常是由于错用了指令或设错了标号，如：

```
        ORG  8000H
STRT:   CLR C
        MOV A，#0F0H
LP1:    INC A
        JNC LP1
        MOV DPTR，#7FFFH
```

这段程序的目的是延迟一段时间，由于 INC A 指令执行后的结果不影响任何标志位，所以 JNC LP1 这条指令执行后总是转跳到 LP1，结果发生了死循环，可将 JNC LP1 改为：CJNE A，#00H，LP1。

2）程序错误

对于计算程序，经过反复测试后，才能验证它的正确性。例如调试一个双字节十进制加法程序，该子程序的功能是将 31H、30H 和 33H、32H 单元内的 BCD 码相加，结果送 34H、33H、32H 单元。

```
STRT:   MOV  R0，#32H
        MOV  R1，#30H
        MOV  R6，#02H
        CLR  C
LOOP1:  MOV  A，@R0
        ADDC A，@R1
        DA   A
        MOV  @R0，A
        INC  R0
        INC  R1
        DJNZ R0，LOOP1
        CLR  A
        MOV  ACC.0，C
        MOV  @ R0，A
LOOP2:  RET
```

调试这个程序时，先将加数写入 8031 的 30H～33H 单元内，然后设置断点至 LOOP2，以 STRT 开始进行这个程序至断点，观察 34H～32H 的内容是否正确。若存在错误，再用单步方式从 STRT 开始逐条运行指令，并不断观察 8031 的状态变化，进一步查出错误原因。

3）动态错误

用单步、断点仿真运行命令，一般只能测试目标系统的静态功能。目标系统的动态性能要用全速仿真命令来测试，这时应选中目标机中的晶振电路工作。

系统的动态性能范围很广，如控制系统的实时响应速度、显示器的亮度、定时器的精度等。若动态性能没有达到系统设计的指标，有的是由于元器件速度不够造成的；更多的是由于多个任务之间的关系处理不恰当引起的。

4）加电复位电路错误

排除硬件和软件故障后，将EPROM和CPU插上目标系统。若能正常运行，应用系统的开发研制便完成。若目标机工作不正常，则主要是加电复位电路出现故障造成的。如果8031没有被初始复位，则PC不是从0000H开始运行，故系统不会正常运行，必须及时检查加电复位电路。

习题与思考题

1. 简述单片机应用系统开发的一般过程。
2. 单片机应用系统开发的可行性分析包括哪些内容？
3. 单片机应用系统软、硬件设计应注意哪些问题？
4. 单片机开发系统的主要功能是什么？
5. 硬件调试的基本步骤是什么？
6. 软件调试中，一般有哪些错误？如何排除？

第 9 章

单片机系统的抗干扰技术

从事单片机应用的开发人员都有过这样的经历：将调试好的样机投入现场进行实际运行时，总会出现这样或那样的问题。有的一开机就失灵，有的时好时坏，让人不知所措。为什么实验室能正常工作，到了现场就有问题呢？主要原因是系统没有采取抗干扰措施，或措施不当。为此，本章专门介绍单片机应用系统的抗干扰技术，以增强产品在实际环境中的应用能力。

9.1　干扰源及其分类

1. 干扰的含义

所谓干扰，一般是指有用信号以外的噪声，在信号输入、传输和输出过程中出现的一些有害的电气变化现象。这些变化迫使信号的传输值、指示值或输出值出现误差，出现假象。

干扰对电路的影响，轻则降低信号的质量，影响系统的稳定性；重则破坏电路的正常功能，造成逻辑关系混乱，控制失灵。

2. 干扰源的分类

1）从干扰的来源划分

按干扰的来源，干扰可分为内部干扰和外部干扰。

(1) 内部干扰。内部干扰是应用系统本身引起的各种干扰，包括固定干扰和过渡干扰两种。固定干扰是指信号间的相互串扰、长线传输阻抗失配时反射噪声、负载突变噪声以及馈电系统的浪涌噪声等。过渡干扰是指电路在动态工作时引起的干扰。

(2) 外部干扰。外部干扰是由系统外部窜入到系统内部的各种干扰，包括某些自然现象(如闪电、雷击、地球或宇宙辐射等)引起的自然干扰和人为干扰(如电台、车辆、家用电器、电气设备等发出的电磁干扰，以及电源的工频干扰)。一般来说，自然干扰对系统影响不大，而人为干扰是外部干扰的关键。

图 9.1 是上述两种干扰源的示意图。

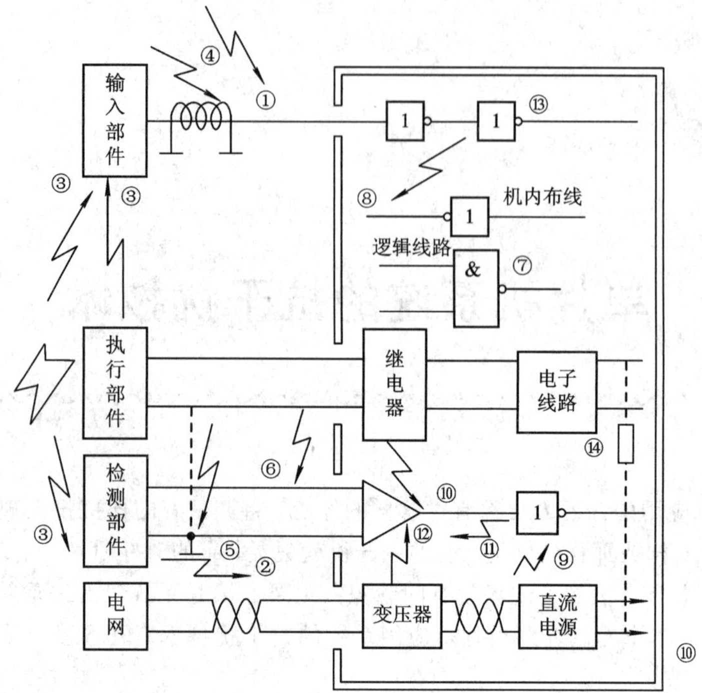

① 装置开口或缝隙处进入的辐射干扰(辐射)

② 电网变化干扰(传输)

③ 周围环境用电干扰(辐射、传输、感应)

④ 传输线上的反射干扰(传输)

⑤ 系统接地不妥引入的干扰(传输、感应)

⑥ 外部线间串扰(传输、感应)

⑦ 逻辑线路不妥造成的过渡干扰(传输)

⑧ 线间串扰(感应、传输)

⑨ 电源干扰(传输)

⑩ 强电器引入的接触电弧和反电动势干扰(辐射、传输、感应)

⑪ 内部接地不妥引入的干扰(传输)

⑫ 漏磁感应(感应)

⑬ 传输线反射干扰(传输)

⑭ 漏电干扰(传输)

图 9.1　内部和外部干扰示意图

2）按干扰出现的规律划分

按干扰出现的规律，干扰可分为固定干扰、半固定干扰和随机干扰。

(1) 固定干扰。在系统邻近固定的电气设备运行时接收的干扰属于固定干扰。例如，一个系统中既有“强电”部分，又有“弱电”部分，整个系统的工作是有节奏的，按规定的程序先后动作。对这样的系统，“强电”设备的启/停就有可能引入一个固定时刻的干扰，使系统中的数字逻辑电路出现错误。

(2) 半固定干扰。半固定干扰是指那些偶尔使用的电气设备(如行车、电钻等)引起的干扰。

(3) 随机干扰。随机干扰属于偶发性干扰，如闪电、供电系统继电保护的动作、汽车的打火等。

半固定干扰和随机干扰的区分在于：前者是可预计的，后者是突发性的。

3) 按干扰与输入信号的关系划分

按干扰与输入信号的关系，干扰可分为串模干扰和共模干扰。

(1) 串模干扰。串模干扰又称常态干扰或横向干扰，这种干扰表现为干扰信号和有用信号串接在一起，如图 9.2(*a*)所示。干扰可能是信号源本身产生的，也可能是引线上感应的。它叠加在有用信号之上，成为有用信号的一部分，直接送到系统的输入端，对系统的影响很大。

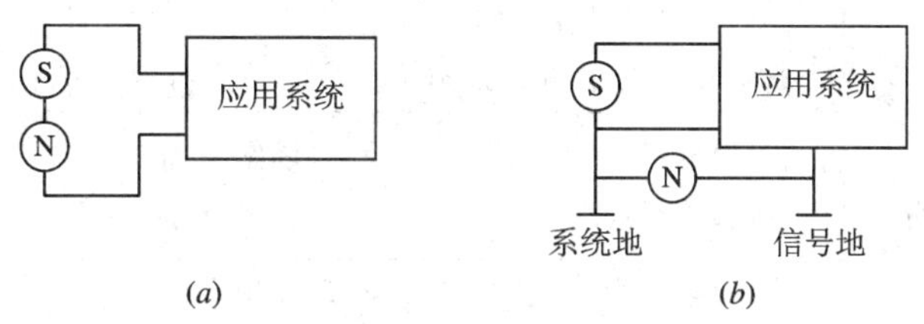

图 9.2　串模干扰和共模干扰
(*a*) 串模干扰；(*b*) 共模干扰

(2) 共模干扰。共模干扰又称共态干扰或纵向干扰。这种干扰出现在输入信号端和系统本体接地之间，如图 9.2(*b*)所示，主要是由于两者接地之间存在干扰电压引起的。这种干扰主要来源于 50 Hz 交流电源的接地系统在大地的电位分布，以及某些电气设备通过接地系统的电流引起的。

图 9.3 给出了信号为直流电压时，串模干扰与共模干扰的波形。

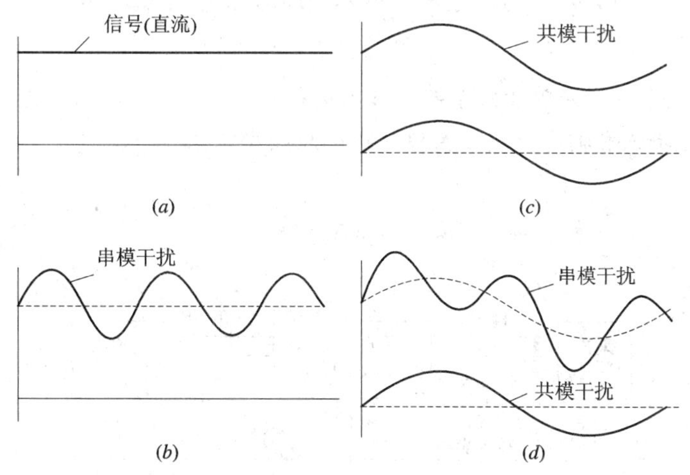

图 9.3　串模干扰与共模干扰波形
(*a*) 直流信号；(*b*) 串模干扰；(*c*) 共模干扰；(*d*) 串模干扰与共模干扰共同作用

另外，干扰还可以从形式、产生和传播方式等方面进行分类，参见表 9.1。尽管干扰的分类多种多样，在单片机应用系统中，我们将以按干扰传播方式分类方法为主，讨论串模干扰和共模干扰的抑制方法。

表 9.1　常见干扰的种类

分类方式		干　扰　种　类
按干扰来源分	内部干扰	① 过渡干扰　② 线间串扰 ③ 电源干扰　④ 电弧和反电势干扰 ⑤ 接地系统干扰　⑥ 漏磁干扰 ⑦ 传输线反射干扰　⑧ 漏电干扰
	外部干扰	① 辐射干扰　② 电网干扰 ③ 周围用电干扰　④ 接地干扰 ⑤ 传输线反射干扰　⑥ 外部线间串扰
按干扰出现规律分		① 固定干扰　② 半固定干扰 ③ 随机干扰　（②、③可合称为随机干扰）
按干扰传播方式分		① 静电干扰　② 磁场耦合干扰 ③ 电磁辐射干扰　④ 共阻抗干扰 ⑤ 漏电耦合干扰
按干扰与输入关系分		① 串模干扰　② 共模干扰
按干扰的形式分		① 交流干扰　② 直流干扰 ③ 不规则噪声干扰　④ 机内调制干扰

9.2　干扰对单片机系统的影响

图 9.4 表示了干扰侵入单片机系统的基本途径。由图可见，最容易受到干扰的部位是电源、接地系统、输入和输出系统以及单片机的总线系统。

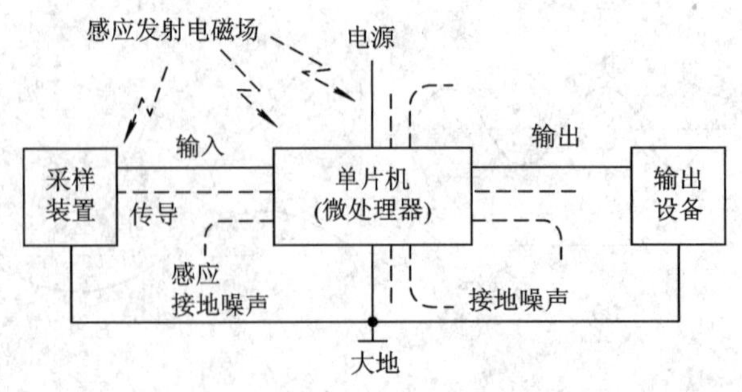

图 9.4　干扰侵入单片机系统的途径

让我们先看一个程序片段：

```
13F4  A274   MOV C，2EH.4
13F6  E544   MOV A，44H
13F8  3402   ADDC A，#2
13FA  13     RRC  A
13FB  F544   MOV 44H，A
13FD  9274   MOV 2EH.4，C
```

如果干扰使程序计数器 PC 出错，在某时刻变为 13F5H，CPU 将执行如下程序片段，掉进一个死循环：

```
13F5  74E5     MOV A，#0E5H
13F7  4434     ORL  A，#34H
13F9  02113F5  LJMP  13F5H
```

由于程序失控，CPU 执行的指令系列中既有编程者编制的程序段(在不该执行的时刻被执行)，也有不是编程者编制的程序段(把操作数当作指令执行而形成的程序段)。因此，什么指令都有可能被执行，从而做出很多无法解释的结果。

可见，单片机系统要能实际工作，必须采取抗干扰措施。通常，有硬件和软件两种抗干扰方法。硬件方法可把大多数干扰拒之门外，少数干扰窜入系统后，采用软件方法作第二道防线。硬件抗干扰有效率高的优点，但要增加设备的成本和体积；软件抗干扰有成本低的优点，但降低了系统的工作效率。

9.3　硬件抗干扰技术

9.3.1　串模干扰的抑制方法

1. 光电隔离

开关量输入/输出通道和模拟量输入/输出通道，都是干扰窜入的渠道，要切断这些渠道，就要去掉外部与输入/输出通道之间的公共地线，实现彼此电气隔离以抑制干扰脉冲。最常用的隔离器是光电耦合器，其内部结构(见图 9.5(*a*)和图 9.5(*b*))为接入光电耦合器的数字电路。

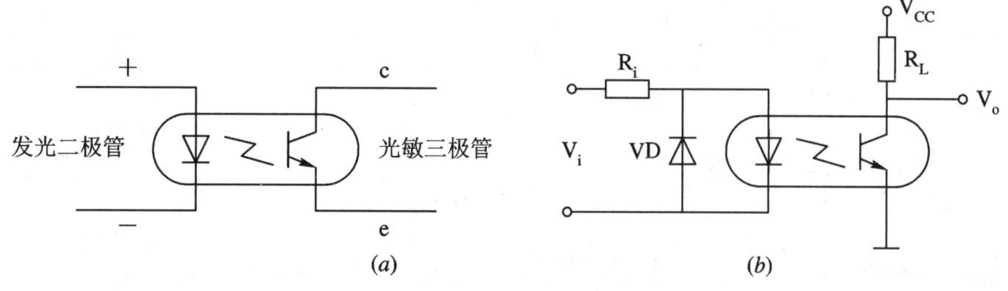

图 9.5　二极管、三极管光电耦合器

光电耦合器的应用非常广泛，概括起来可分为两类：一是输入/输出的隔离；二是消除和抑制噪声。

1）输入/输出隔离

当回路用光电耦合器隔离后，线路非常简单，不必担心输入/输出的接地。

(1) 脉冲电路的应用。门电路将不同电位的信号加到光电耦合器上，构成简单的逻辑电路，可方便地用于各种逻辑电路相连的输入端，能把信号送到输出端，而输入端的噪声不会送出。

(2) 整形放大。在测量微弱电流时，常常采用由光电耦合器构成的整形放大器。当放大器中使用机械换流器(或场效应管)时，响应速度慢，有尖峰干扰，影响电路工作，而采用光电耦合器就没有这样的问题，尖峰噪声可以去掉。

2）消除由负载引起的噪声

用逻辑电路信号来驱动可控硅，如图 9.6 所示。由于负载为感性开关电路，产生的尖峰噪声用光电耦合器隔离输入/输出后，负载上的噪声就不会反馈到逻辑电路。

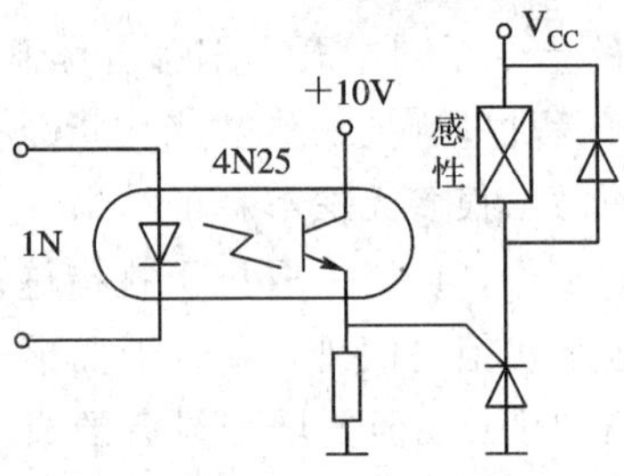

图 9.6　可控硅感性负载开关电路

2. 硬件滤波电路

常用的低通滤波器有 RC 滤波器、LC 滤波器、双 T 滤波器及有源滤波器等，它们的结构图分别如图 9.7(a)、(b)、(c)、(d)所示。

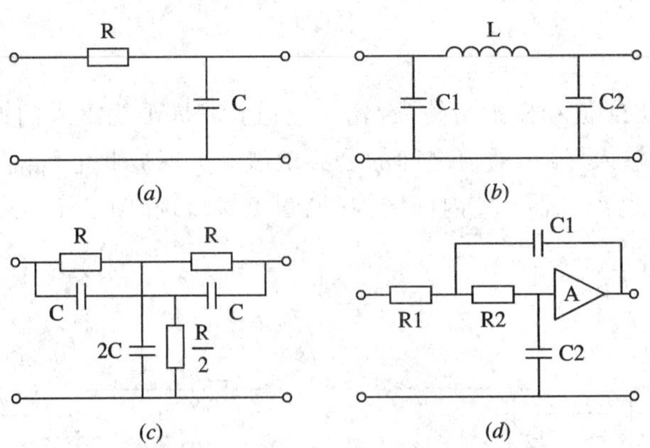

图 9.7　四种滤波器的结构图

RC 滤波器的结构简单，成本低，不需调整。但它的串模抑制比不高，时间常数 RC 较大，会影响放大器的动态特性。

LC 滤波器的串模抑制比高，但需要绕制电感，体积大，成本高。

双 T 滤波器对某一固定频率的干扰具有很高的抑制比，主要用于工频干扰，对高频干扰无能为力。双 T 滤波器结构简单，但调整起来较麻烦。

有源滤波器可以获得较为理想的频率特性，但有源器件的共模抑制比一般难以满足要求，其本身带来的噪声也比较大。

硬件滤波电路能够削弱各类高频干扰，但低通滤波器的截止频率若定得很低（如 0.1 Hz），就难以胜任，此时可采用软件滤波（数字滤波）来实现。

3. 过压保护电路

在输入通道上采用一定的过压保护电路，可以防止引入高压，损坏系统电路。过压保护电路由限流电阻和稳压管组成，稳压值以略高于最高传送信号电压为宜。对于微弱信号（0.2 V 以下），采用两只反并联的二极管，也可起到过压保护作用。

4. 调制解调技术

有时，有效信号的频谱与干扰的频谱相互交错，使用一般硬件滤波很难分离，可采用调制解调技术。先用已知频率的信号对有效信号进行调制，调制后的信号频谱应远离干扰信号的频谱区域。传输中各种干扰信号很容易被滤波器滤除，被调制的有效信号经解调器解调后，恢复原状。有时，不用硬件解调，运用软件中的相关算法也可达到解调的目的。

5. 抗干扰稳压电源

供电线路是干扰入侵系统的主要途径，要使单片机系统稳定可靠，在电源方面常用的抗干扰措施有：

（1）应用系统的供电线路和产生干扰的用电设备分开供电。

（2）通过低通滤波器和隔离变压器接入电网，如图 9.8 所示。低通滤波器可吸收大部分电网中的“毛刺”。隔离变压器在初级和次级之间加入了一层屏蔽层，并将它和铁芯一起接地。

（3）整流组件上并接滤波电容。滤波电容选用 1000 pF ～ 0.01 μF 的瓷片电容，接法参见图 9.8。

（4）采用高质量的稳压电源。要求电源的等效内阻小于系统等效负载电阻数百倍。为进一步加强抗干扰效果，滤波电容采用电解电容并接上一个瓷片电容或独石电容，参见图 9.8。在系统电路主板上，电源与地之间最好每隔一定位置跨接一些滤波电容。

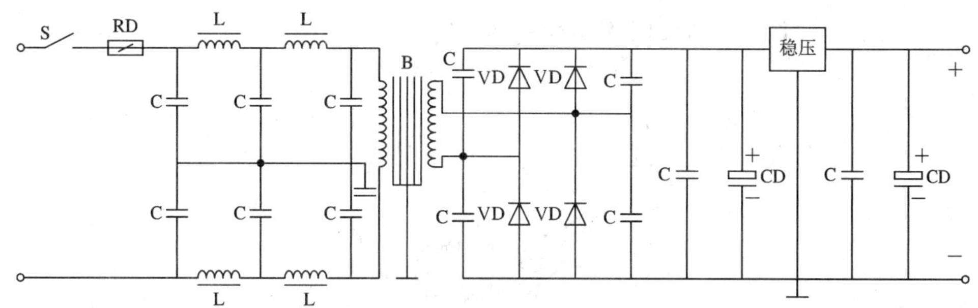

图 9.8　抗干扰稳压电源

6. 数字信号采用负逻辑传输

干扰源作用于高阻线路上，容易形成较大幅度的干扰信号，而对低阻线路影响要小一些。在数字系统中，输出低电平时内阻较小，输出高电平时内阻较大。如果我们采用负逻辑传输，就可以减少干扰引起的误动作，提高数字信号传输的可靠性。

9.3.2 共模干扰的抑制方法

1. 平衡对称输入

在设计信号源时尽可能做到平衡和对称，否则会产生附加的共模干扰。

2. 选用高质量的差动放大器

要求差动放大器具有高增益、低噪声、低漂移、宽频带等特点，以便获得足够高的共模抑制比。

3. 良好的接地系统

接地不良时将形成较明显的共模干扰。如没有条件进行良好接地，不如将系统浮置起来，再配合采用合适的屏蔽措施，效果也不错。

4. 系统接地点的正确连接

单片机应用系统中存在的地线有：数字地、模拟地、功率地、信号地和屏蔽地。如何处理这些地线是设计中必须注意的一个问题。

1）一点接地和多点接地的应用原则

（1）一般高频电路应就近多点接地，低频电路应一点接地。在高频电路中，地线上具有电感，因而增加了地线阻抗，而且地线变成了天线，向外辐射噪声信号，因此要多点就近接地。在低频电路中，接地电路若形成环路，对系统的影响很大，因此应一点接地。

（2）交流地、功率地与信号地不能公用。流过交流地和功率地的电流较大，会造成数毫伏甚至几伏电压，这会严重地干扰低电平信号的电路，因此信号地应与交流地、功率地分开。

（3）信号地与屏蔽地的连接不能形成死循环回路，否则会感生出电压，形成干扰信号。

（4）数字地与模拟地应分开，最后单点相连。

2）印制板的地线布置

印制电路板的地线主要是指 TTL、COMS 芯片的接地。印制板中的地线应呈网状，而且其他布线不要形成环路，特别是电路外围的环路。

印制板上的接地线根据电路通路最好逐渐加宽，并且不小于 3 mm。图 9.9 示出了导线的长度、宽度和允许电流值之间的关系。

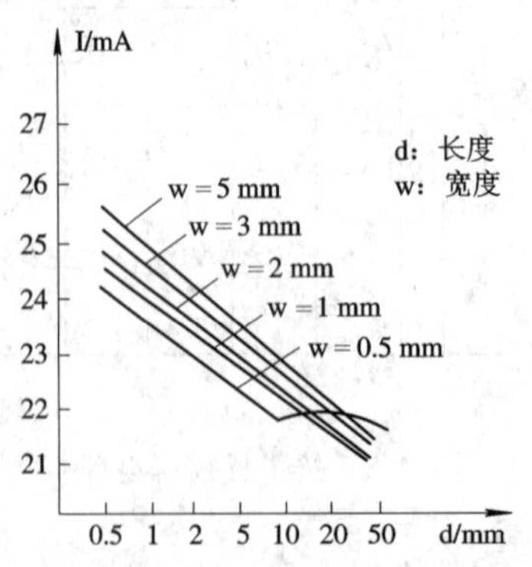

图 9.9　导线的长度宽度与电流关系图

当安装大规模集成电路芯片时，要让芯片跨越平行的地线和电源线，这样能减少干扰，如图 9.10 所示。

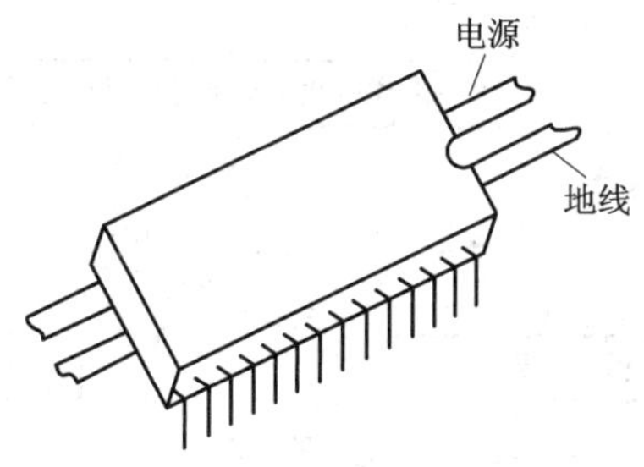

图 9.10　芯片的布置

5. 屏蔽

用金属外壳将整机或部分元器件包围起来，再将金属外壳接地，就能起到屏蔽的作用，对于各种通过电磁感应引起的干扰特别有效。屏蔽外壳的接地点要与系统的信号参考点相接，而且只能单点接地，所有具有同参考点的电路必须装在同一屏蔽盒内。如果有引出线，应采用屏蔽线，其屏蔽层应和外壳在同一点接系统参考点。参考点不同的系统应分别屏蔽，不可共处一个屏蔽盒内。

以上介绍的硬件抗干扰措施是十分必要的，它给单片机应用系统创造了一个基本“干净”的工作环境。但硬件措施还不能达到 100％的防患效果，配合各种软件抗干扰措施也是十分必要的。

9.4　软件抗干扰技术

9.4.1　数字量 I/O 通道中的软件抗干扰

1. 数字量输入方法

由于数字量输入过程中干扰的作用时间较短，因此在采集数字信号时，可多次重复采集，直到若干次采样结果一致时，才认为其有效。例如，通过 A/D 转换器测量各种模拟量时，如果有干扰作用于模拟信号上，就会使 A/D 转换结果偏离真实值。这时如果只采样一次 A/D 转换结果，就无法知道其是否真实可靠，而必须进行多次采样，得到一个 A/D 转换结果的数据系列，对这些数据系列进行各种数字滤波处理，最后才能得到一个可信度较高的结果值。

如果对于同一个数据点，经多次采样后得到的信号值变化不定，说明此时的干扰特别严重，已经超出允许的范围，应该立即停止采样并给出报警信号。

如果数字信号属于开关量信号，如限位开关、操作按钮等，则不能用多次采样取平均值的方法，而必须保证每次采样结果绝对一致才行。这时可按图 9.11 编写一个采样子程序，程序中设置有采样成功和采样失败标志。如果对同一开关量信号进行若干次采样，其采样结果完全一致，则成功标志置位，否则失败标志置位。后续程序可通过判别这些标志来决定程序的流向。

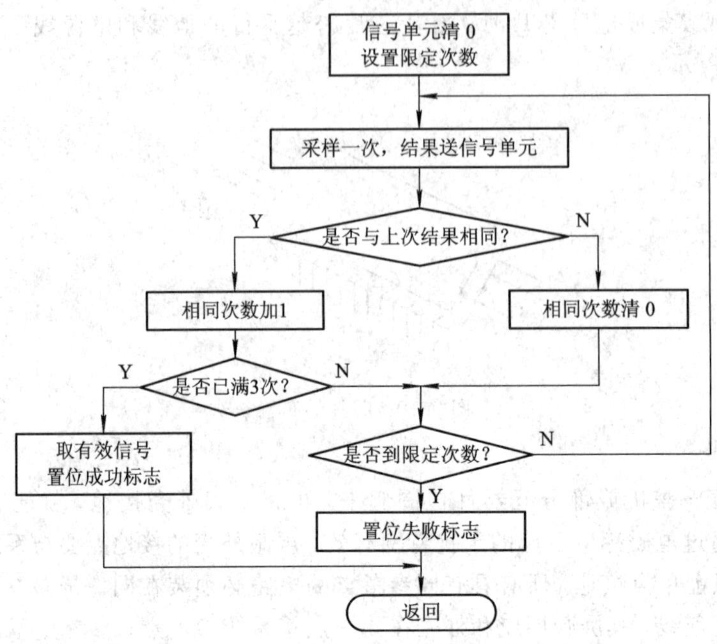

图 9.11 开关量信号采样流程

2. 数字量输出方法

单片机系统的输出中，有很多是数字量，如各种显示器、步进电机或电磁阀的驱动信号等。即使是以模拟量输出，也是经过 D/A 转换而获得的。单片机给出了一个正确的数据后，由于外部干扰的作用有可能使输出系统得到一个错误的数据，从而使输出系统发生误动作。对于数字量输出，软件抗干扰最有效的方法是重复输出同一个数据，重复周期应尽量短。这样输出系统在得到一个被干扰的错误信号后，还来不及反应，一个正确的信号又到来了，从而可防止误动作的产生。

在程序结构上，可将输出过程安排在监控循环中，循环周期取得尽可能短，就能有效地防止输出设备的错误动作。需要注意的是，经过这种安排后，输出功能是作为一个完整的模块来执行的。与这种重复输出措施相对应，软件设计中还必须为各个外部输出设备建立一个输出暂存单元。每次将应输出的结果存入暂存单元中，然后再调用输出功能模块，将暂存单元的数据输出，不管该数据是刚送来的，还是以前就有的。这样可以让每个外部设备不断得到控制数据，从而使干扰造成的错误状态不能得以维持。在执行输出功能模块时，应将有关输出接口芯片初始状态也一并重新设置。因为干扰的作用可能使这些芯片的工作方式控制字发生变化，而不能实现正确的输出功能，重新设置控制字就能避免这种错误，确保输出功能的正确实现。

有些输出设备具有增量控制特性，如自带环型分配器和功率驱动器的步进电机组件，单片机只需输出方向控制信号和步进脉冲信号。这时，方向控制信号就可以重复输出，而步进脉冲信号是不能重复输出的，因为步进脉冲信号每重复一次就要前进一步。对于这种情况，如果有位置控制功能(如光栅、磁尺等定位信号)，便可实现闭环控制，本身有足够的抗干扰性能，不用重复输出。如果没有检测手段(即开环控制系统)，建议采用软件算法来实现环型分配器的功能，单片机直接输出各相绕组的电位控制信号，经光电隔离后传送给功率驱动放大器，这时仍可采用重复输出的方式来防止步进电机失步。只是这时的重复周期与步进电机的转速之间要有严格的关系，如每个换相周期内重复输出两三次。在步进电机以最高速度运转时，CPU 最好以主要机时来完成电机的控制。在作进给运动时，由于速度较慢，可以很容易地实现重复功能，减少失步，并有充足的时间来完成各种控制算法。

对于 D/A 转换方式实现的输出，因本质上仍为数字量，同样可以通过重复输出的方式来提高输出通道的抗干扰性能，在不影响反应速度的前提下，在模拟输出端接一适当的 RC 滤波电路(起到增加惯性的效果)配合重复输出措施，便能基本消除模拟输出通道上的干扰信号。

9.4.2　程序执行过程中的软件抗干扰

1. 程序“跑飞”

前面几项抗干扰措施都是针对 I/O 通道而言的。若干扰信号还未作用到 CPU 本身，则 CPU 还能正确地执行各种抗干扰程序；若干扰信号已经通过某种途径作用到 CPU 上，则 CPU 就不能按正常状态执行程序，从而引起混乱，这就是通常所说的程序“跑飞”。程序“跑飞”后使其恢复正常最简单的方法是让 CPU 复位，让程序从头开始重新运行。这种方法虽然简单，但需要人的参与，而且复位不及时。人工复位一般是在整个系统已经瘫痪，无计可施的情况下才不得已而为之的。因此在进行软件设计时就要考虑到万一程序“跑飞”，应让其能够自动恢复到正常状态下运行。

2. 指令冗余

程序“跑飞”后往往将一些操作数当做指令码来执行，从而引起整个程序的混乱。采用“指令冗余”是使“跑飞”的程序恢复正常的一种措施。所谓“指令冗余”，就是在一些关键的地方人为地插入一些单字节的空操作指令 NOP。当程序“跑飞”到某条单字节指令上时，就不会发生将操作数当成指令来执行的错误。对于 MCS - 51 单片机来说，所有的指令都不会超过 3 个字节，因此在某条指令前面插入两条 NOP 指令，则该条指令就不会被前面冲下来的失控程序拆散，而会得到正确的执行，从而使程序重新纳入轨道。通常是在一些对程序的流向起关键作用的指令前插入两条 NOP 指令，这些指令有 RET、RETI、ACALL、LCALL、SJMP、AJMP、JZ、JNZ、JC、JNC、JB、JNB、JBC、CJNZ、DJNZ 等。在某些对系统工作状态至关重要的指令(如 SETB EA 之类)前也可插入两条 NOP 指令，以保证被正确执行。值得注意的是，在一个程序中“指令冗余”不能过多，否则会降低程序的执行效率。

3. 软件陷阱

采用“指令冗余”，使“跑飞”的程序恢复正常是有条件的，首先“跑飞”程序必须落到程序区，其次必须执行到所设置的冗余指令。如果“跑飞”的程序落到非程序区(如 EPROM 中未用完的空间或某些数据表格区等)或在执行到冗余指令前已经形成一个死循环，则“指令冗余”措施就不能使“跑飞”的程序恢复正常了。这时可采用另一个抗干扰措施，即“软件陷阱”。“软件陷阱”是一条引导指令，强行将捕获的程序引向一个指定的地址，在那里有一段专门处理错误的程序。假设这段处理错误的程序入口地址为 ERR，则下面三条指令即组成一个“软件陷阱”：

```
NOP
NOP
```

```
LJMP  ERR
```

“软件陷阱”一般安排在下列四种地方。

1）未使用的中断向量区

MCS－51 单片机的中断向量区为 0003H～002FH。如果系统程序未使用完全中断向量区，则可在剩余的中断向量区安排“软件陷阱”，以便能捕捉到错误的中断。如某系统使用了两个外部中断 INT0、INT1 和一个定时器溢出中断 T0，它们的中断服务子程序入口地址分别为 FUINT0、FUINT1 和 FUT0，即可按下面的方式来设置中断向量区：

```
                ORG   0000H
0000H START：   LJMP  MAIN      ；引向主程序入口
0003H           LJMP  FUINT0    ；INT0 中断服务程序入口
006H            NOP             ；冗余指令
007H            NOP
008H            LJMP  ERR       ；陷阱
0013H           LJMP  FUT0      ；T0 中断服务程序入口
00EH            NOP             ；冗余指令
00FH            NOP
0010H           LJMP  ERR       ；陷阱
0013H           LJMP  FUINT1    ；INT1 中断服务程序入口
0016H           NOP             ；冗余指令
0017H           NOP
0018H           LJMP  ERR       ；陷阱
001BH           LJMP  ERR       ；未使用 T1 中断，设陷阱
001EH           NOP             ；冗余指令
001FH           NOP
0020H           LJMP  ERR       ；陷阱
0023H           LJMP  ERR       ；未使用串口中断，设陷阱
0026H           NOP             ；冗余指令
0027H           NOP
0028H           LJMP  ERR       ；陷阱
002BH           LJMP  ERR       ；未使用 T2 中断，设陷阱
002EH           NOP             ；冗余指令
002FH           NOP
0030H MAIN：    …               ；主程序
```

2）未使用的大片 EPROM 空间

程序一般都不会占用 EPROM 芯片的全部空间，对于剩余未编程的 EPROM 空间，一般都维持原状，即其内容为 0FFH。0FFH 对于 MCS－51 单片机的指令系统来说是一条单字节的指令：MOV R7，A。如果程序“跑飞”到这一区域，则将顺利向后执行，不再跳跃（除非又受到新的干扰）。因此在这段区域内每隔一段地址设一个陷阱，就一定能捕捉到“跑飞”的程序。

3）表格

有两种表格：一类是数据表格，供 MOVC A，@A＋PC 指令或 MOVC A，@A＋DPTR 指令使用，其内容完全不是指令。另一类是散转表格，供 JMP @A＋DPTR 指令使用，其内容为一系列的 3 字节指令 LJMP 或 2 字节指令 AJMP。由于表格的内容与检索值有一一对应的关系，在表格中间安排陷阱会破坏其连续性和对应关系，因此只能在表格的最后安排陷阱。如果表格区较长，则安排在最后的陷阱不能保证一定能捕捉“跑飞”来的程序，有可能在中途再次“跑飞”，这时只能指望别处的陷阱或冗余指令来捕捉。

4）程序区

程序区是由一系列的指令构成的，不能在这些指令中间任意安排陷阱，否则会破坏正常的程序流程。但是，在这些指令中间常常有一些断点，正常的程序执行到断点处就不再往下执行了，这类指令有 LJMP、SJMP、AJMP、RET、RETI，这时 PC 的值应发生正常跳变。如果在这些地方设置陷阱就有可能捕捉到“跑飞”的程序。例如，对一个累加器 A 的内容的正、负和零的情况进行三分支的程序，软件陷阱安排如下：

```
        JNZ   XYZ
        …                    ；零处理
        AJMP   ABC           ；断点
        NOP
        NOP
        LJMP   ERR           ；陷阱
XYZ：   JB   ACC.7，UVW
        …                    ；正处理
        AJMP  ABC            ；断点
        NOP
        NOP
        LJMP   ERR           ；陷阱
UVW：   …                    ；负处理
ABC：   MOV   A，R2          ；取结果
        RET                  ；断点
        NOP
        NOP
        LJMP   ERR           ；陷阱
```

由于软件陷阱都安排在正常程序执行不到的地方，故不会影响程序的执行效率。在 EPROM 容量允许的条件下，这种软件陷阱多一些为好。

4. WATCHDOG

如果“跑飞”的程序落到一个临时构成的死循环中，冗余指令和软件陷阱都将无能为力，这时可采取 WATCHDOG(俗称“看门狗”)措施。

WATCHDOG 有如下特性：

(1) 本身能独立工作，基本上不依赖于 CPU。CPU 只在一个固定的时间间隔内与之打一次交道，表明整个系统“目前尚属正常”。

(2) 当CPU落入死循环后，能及时发现并使整个系统复位。

在8096系列单片机和增强型8051系列单片机中，已将该系统做入芯片里，使用起来很方便。而在普通型8051系列单片机系统中，必须由用户自己建立。如果要达到WATCHDOG的真正目标，该系统必须包含一定的硬件电路，它与CPU完全独立。如果为了简化电路，也可采用纯软件的WATCHDOG系统。

WATCHDOG硬件电路为一独立于CPU之外的单稳部件，可用单稳电路构成，也可用自带脉冲源的计数器构成。CPU正常工作时，每隔一段时间就输出一个脉冲，将单稳态系统触发到暂稳态，当暂稳态的持续时间设计得比CPU的触发周期长时，单稳态系统就不能回到稳态。当CPU陷入死循环后，再也不去触发单稳态系统了，单稳系统便可顺利返回稳态，利用它返回稳态时输出的信号作为复位信号，便可使CPU退出死循环。

图9.12所示为采用硬件电路组成的WATCHDOG。十六进制计数器对振荡电路发出的脉冲计数，当计数到第8个脉冲时Q端变成高电平。单片机执行一个从P1.7输出清零脉冲的固定程序，只要每一次清零脉冲的时间间隔小于8个振荡脉冲周期，计数器就总计不到8，Q_D端就一直保持低电平。如果CPU受到干扰使程序“跑飞”，就无法执行这个发出清零脉冲的固定程序，计数器就会计数到8，使Q_D端变成高电平，经微分电路C2、R3输出一个正脉冲到单片机8031的RESET端，使CPU复位。此电路中还包括：上电复位(C1、R1)和人工复位(K_A，R1，R2)两部分。

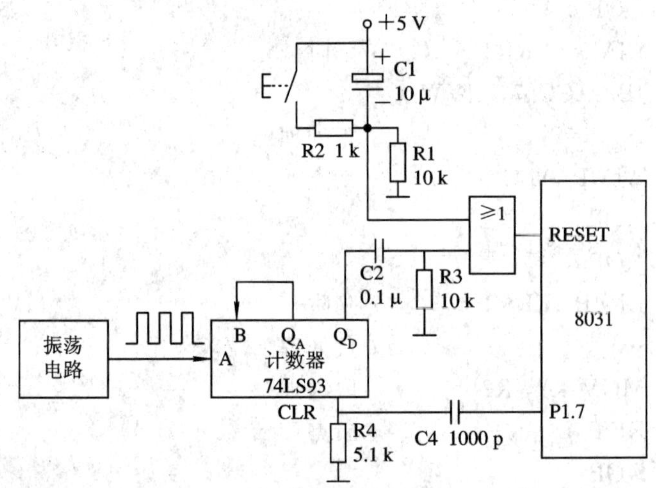

图9.12 WATCHDOG硬件电路

也可以用软件程序来形成WATCHDOG。例如，可以采用8031的定时器T0来形成WATCHDOG。将T0的溢出中断设为高优先级中断，其他中断均设置为低优先级中断。若采用6 MHz的时钟，则可用以下程序使T0定时约10 ms来形成软件WATCHDOG：

```
MOV  TMOD，＃01H        ；置T0为定时器
SETB ET0                ；允许T0中断
SETB PT0                ；设置T0为高优先级中断
MOV  TH0，＃0E0H        ；定时约10 ms
SETB TR0                ；启动T0
SETB EA                 ；开中断
```

软件 WATCHDOG 启动后，系统工作程序必须每隔小于 10 ms 的时间执行一次 MOV TH0，＃0E0H 指令，重新设置 T0 的计数初值。如果程序跑飞后执行不到这条指令，则在 10 ms 之后即会产生一次 T0 溢出中断，在 T0 的中断向量区安放一条转移到出错处理程序的指令 LJMP ERR，由出错处理程序来处理各种善后工作。采用软件 WATCHDOG 有一个弱点，就是如果"跑飞"的程序使某些操作数变成了修改 T0 功能的指令，则执行指令后软件 WATCHDOG 就会失效，因此软件 WATCHDOG 的可靠性不如硬件高。

9.4.3　系统的恢复

1. 系统的复位

前面列举的各项措施只解决了如何发现系统受到干扰和如何捕捉"跑飞"的程序的问题。但这些还不够，还要能够让单片机根据被破坏的残留信息自动恢复到正常的工作状态。硬件复位是使单片机重新恢复正常工作状态的一个简单有效的方法。硬件复位后，CPU 被重新初始化，所有被激活的中断标志都被清除，程序从 0000H 地址重新开始执行。硬件复位又称为"冷启动"，是将系统当时的状态全部作废，重新进行彻底的初始化来使系统的状态得到恢复。用软件抗干扰措施来使系统恢复到正常状态，是对系统的当前状态进行修复和有选择地进行部分初始化，这种操作又称为"热启动"。热启动时，首先要对系统进行软件复位，也就是执行一系列指令来使各种专用寄存器达到与硬件复位时同样的状态，这里需要注意的是还要清除中断激活标志。如用软件 WATCHDOG 使系统复位时，程序出错有可能发生在中断子程序中，中断激活标志已经置位，它将阻止同级的中断响应，由于软件WATCHDOG 是高级中断，故它将阻止所有的中断响应。由此可见清除中断激活标志的重要性。在所有的指令中，只有 RETI 指令能清除中断激活标志。前面提到的出错处理程序 ERR 主要是完成这一功能。这部分的程序如下：

```
        ORG  3000H
ERR:    CLR  EA              ；关中断
        MOV  DPTR，＃ERR1    ；准备返回地址
        PUSH  DPL
        PUSH  DPH
        RETI                 ；清除高优先级中断激活标志
ERR1:   MOV  66H，＃0AAH     ；重建上电标志
        MOV  67H，＃55H
        CLR  A               ；准备复位地址
        PUSH  ACC            ；压入复位地址
        PUSH  ACC
        RETI                 ；清除低级中断激活标志
```

在这段程序中，用两条 RETI 指令来代替两条 LJMP 指令，从而清除了全部的中断激活标志。另外在 66H、67H 两个单元中，存放一个特定数 0AA55H 作为"上电标志"。系统在执行复位操作时可以根据这一标志来决定是进行全面初始化，还是部分初始化。如前所述，热启动时进行部分初始化，但如果干扰过于严重而使系统遭受的破坏太大，热启动不能使系统得到正确的恢复时，则只有采取冷启动，对系统进行全面初始化来使之恢复正

常。系统采用启动方式的策略如图 9.13 所示。

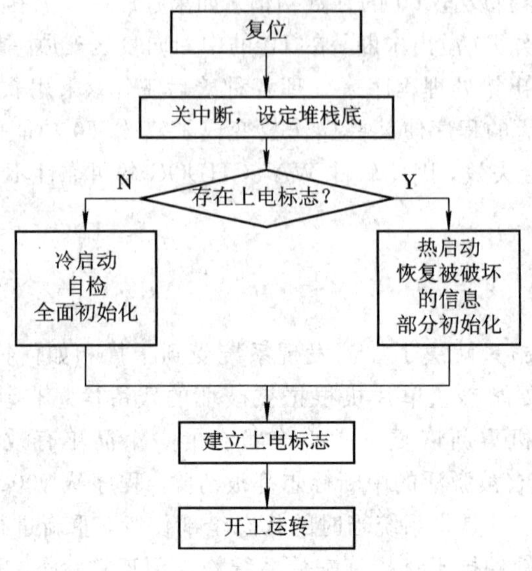

图 9.13　系统复位策略

2. 热启动的过程

在进行热启动时，为使启动过程能顺利进行，首先关中断并重新设置堆栈，即使系统复位的第一条指令为关中断指令。因为热启动过程是由软件复位(如软件 WATCHDOG 等)引起的，这时中断系统未被关闭，有些中断请求允许正在排队等待响应；再者，在热启动过程中要执行各种子程序，而子程序的工作需要堆栈的配合。在系统得到正确恢复之前，堆栈指针的值是无法确定的，所以在正式恢复之前要先设置好栈底，即第二条指令应为重新设置栈底指令。然后，将所有的 I/O 设备都设置成安全状态，封锁 I/O 操作，以免干扰造成的破坏进一步扩大。接着，根据系统中残留的信息进行恢复工作。系统遭受干扰后会使 RAM 中的信息受到不同程度的破坏，RAM 中的信息有：系统的状态信息，如各种软件标志，状态变量等；预先设置的各种参数；临时采集的数据或程序运行中产生的暂时数据。对系统进行恢复实际上就是恢复各种关键的状态信息和重要的数据信息，同时尽可能地纠正因干扰而造成的错误信息，对于那些临时数据则没有必要进行恢复。在恢复了关键的信息之后，还要对各种外围芯片重新写入它们的命令控制字，必要时还需要补充一些新的信息，才能使系统重新进入工作循环。

3. 系统信息的恢复

系统中的信息是以代码形式存放在 RAM 中的，为了使这些信息在受到破坏后能得到正确的恢复，存放系统信息时应该采取代码冗余措施。下面介绍一种三重冗余编码，它是将每个重要的系统信息重复存放在三个互不相关的地址单元中，建立双重数码备份。当系统受到干扰后，就可以根据这些备份的数据进行系统信息的恢复。这三个地址应尽可能地独立，如果采用了片外的 RAM，则应在片外 RAM 中对重要的系统信息进行双重数据备份。片外 RAM 中的信息只有 MOVX 指令才能对它进行修改，而能够修改片内 RAM 中信息的指令有很多，因此在片外 RAM 中进行双重数据备份是十分必要的。通常将片内 RAM 中的数据供程序使用以提高程序的执行效率，当数据需要进行修改时应将片外 RAM 中的备份数据作同样的修改。在对系统信息进行恢复时，通常采用图 9.14 所示的三中取二的表决流程。

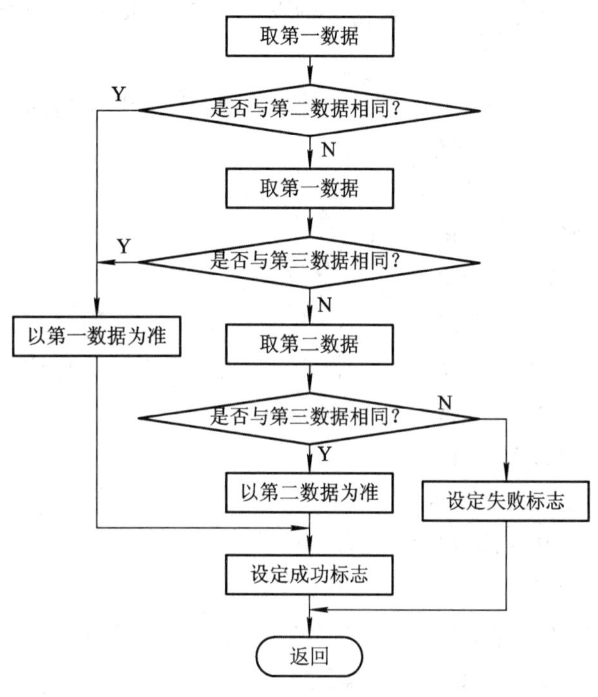

图 9.14　三中取二的表决流程

首先将要恢复的单字节信息及它的两个备份信息分别存放到工作寄存器 R2、R3 和 R4 中，再调用表决子程序。子程序出口时，若 $F_0=0$，则表示表决成功，即三个数据中有两个是相同的；若 $F_0=1$，则表示表决失败，即三个数据互不相同。表决结果存放在累加器 A 中，程序如下：

```
VOTE3:  MOV  A, R3      ；第一数据与第二数据比较
        XRL  A, R3
        JZ  VOTE32
        MOV  A, R2      ；第一数据与第三数据比较
        XRL  A, R4
        JZ  VOTE32
        MOV  A, R3      ；第一数据与第三数据比较
        XRL  A, R4
        JZ  VOTE31
        SETB  F0        ；失败
        RET
VOTE31: MOV  A, R3      ；以第二数据为准
```

```
        MOV R2, A
VOTE32: CLR F0          ; 成功
        MOV A, R2       ; 取结果
        RET
```

对于双字节数据，表决前将三份数据分别存入 R2R3、R4R5、R6R7 中，表决成功后，结果在 R2R3 中。程序如下：

```
VOTE2:  MOV A , R2      ; 第一数据与第二数据比较
        XRL A, R4
        JNZ VOTE21
        MOV A, R3
        XRL A, R5
        JZ VOTE25
VOTE21: MOV A, R2       ; 第一数据与第三数据比较
        XRL A, R6
        JNZ VOTE22
        MOV A, R3
        XRL A, R7
        JZ VOTE25
VOTE22: MOV A, R4       ; 第二数据与第三数据比较
        XRL A, R6
        JNZ VOTE23
        MOV Λ, R5
        XRL A, R7
        JZ VOTE24
VOTE23: SETB F0         ; 失败
        RET
VOTE24: MOVKG * 2A, R4  ; 以第二数据为准
        MOV R2, A
        MOV A, R5
        MOV R3, A
VOTE25: CLR  F0         ; 成功
        RET
```

所有重要的系统信息都要一一进行表决，对于表决成功的信息应将表决结果再写回到原来的地方，以进行统一；对于表决失败的信息要进行登记。全部表决结束后再检查登记。如果全部成功，系统将得到满意的恢复。如果有失败信息，则将根据该失败信息的特征采取相应的补救措施，如从现场采集数据来帮助判断，或按该信息的初始值处理，其目的都是使系统得到尽可能的恢复。

9.5 数字滤波

当随机干扰混入输入信号时，可采用滤波器滤掉信号中的无用成分，提高信号质量。模拟滤波器在低频和甚低频时实现是比较困难的。而数字滤波器不存在这些问题，它具有高精度、高可靠性和高稳定性的特点，因而被广泛用于克服随机误差。数字滤波有如下优点：

(1) 数字滤波是由软件程序实现的，不需要硬件，因此不存在阻抗匹配的问题。

(2) 对于多路信号输入通道，可以共用一个软件“滤波器”，从而降低设备的硬件成本。

(3) 只要适当改变滤波器程序或运算参数，就能方便地改变滤波特性，这对于低频脉冲干扰和随机噪声的克服特别有效。

9.5.1 低通滤波

若一阶 RC 模拟低通滤波器的输入电压为 X(t)，输出为 Y(t)，它们之间存在如下关系：

$$RC\frac{dY(t)}{dt}+Y(t)=X(t) \tag{9-1}$$

为了进行数字化，必须应用它们的采样值，即

$$Y_n=Y(n\Delta t)$$

$$X_n=X(n\Delta t)$$

如果采样间隔 Δt 足够小，则式(9 - 1)的离散值近似为

$$RC\frac{Y(n\Delta t)-Y[(n-1)\Delta t]}{\Delta t}+Y(n\Delta t)=X(n\Delta t) \tag{9-2}$$

即

$$\left(1+\frac{RC}{\Delta t}\right)Y_n=X_n+\frac{RC}{\Delta t}Y_{n-1} \tag{9-3}$$

令 $a=1/\left(1+\frac{RC}{\Delta t}\right)$，则式(9 - 3)可化为

$$Y_n=aX_n+(1-a)Y_{n-1} \tag{9-4}$$

若采样间隔 Δt 足够小，则

$$a=\frac{\Delta t}{RC}$$

滤波器的截止频率为

$$f_c=\frac{1}{2\pi RC}=\frac{a}{2\pi\Delta t} \tag{9-5}$$

系数 a 愈大，滤波器的截止频率愈高。若取 $t=50\ \mu s$，$a=1/16$，则频率为

$$f_c=\frac{1/16}{2\pi\times 50\times 10^{-6}}=198.9\ \text{Hz}$$

根据式(9 - 4)列出的数字滤波器算法流程图如图 9.15 所示。

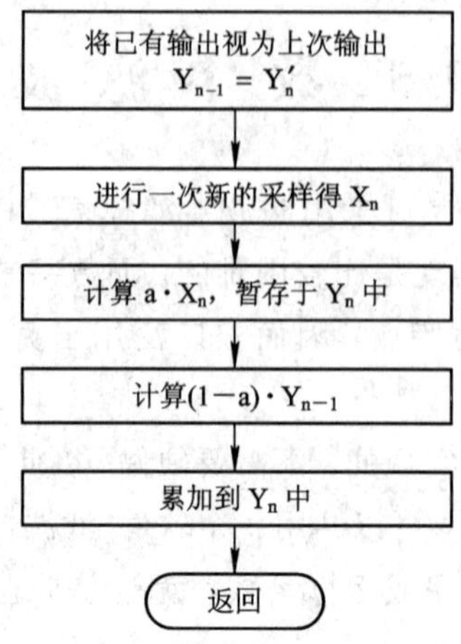

图 9.15 低通滤波器程序流程图

为计算方便，a 取一整数，(1－a)用(256－a)来代替。计算结果舍去最低字节即可。设 Y_{n-1} 存放在 30H(整数)和 31H(小数)两单元中，Y_n 存放在 32H(整数)和 33H(小数)中。程序如下：

```
F1:  MOV  30H, 32H        ; 更新 Yn-1
     MOV  31H, 33H
     ACALL INPUT          ; 采样 Xn
     MOV B, #8            ; 计算 aXn
     MUL AB
     MOV  32H, B          ; 临时存入 Yn 中
     MOV  33H, A
     MOV B, #248          ; 计算(1－a)Yn-1
     MOV A, 31H
     MUL AB
     RLC A
     MOV A, B
     ADDC A, 33H          ; 累加到 Yn 中
     MOV ·33H , A
     INC F11
     INC  32H
F11: MOV B, #248
     MOV A, #30H
     MUL AB
     ADD A, 33H
     MOV  33H, A
     MOV A, B
     ADDC A, 32H
```

```
MOV  32, A
RET
```

9.5.2　限幅滤波

系统的输入端如果窜入尖脉冲干扰，会造成严重的信号失真。对于这种随机干扰，限幅滤波是一种有效的方法，基本思路是比较相邻(n 和 n－1 时刻)的两个采样值 Y_n 和 Y_{n-1}，根据经验确定两次采样允许的最大偏差。如果两次采样值 Y_n 和 Y_{n-1} 的差值超过了允许的最大偏差范围，则认为发生了随机干扰，并认为最后一次采样值 Y_n 为非法值，应予以剔除。剔除 Y_n 后，可用 Y_{n-1} 代替 Y_n。若未超过允许的最大偏差范围，则认为本次采样值有效。设当前采样值存于 30H，上次采样值存于 31H，结果存于 32H，最大允许偏差设为 01H，则限幅滤波程序如流程图如图 9.16 所示。

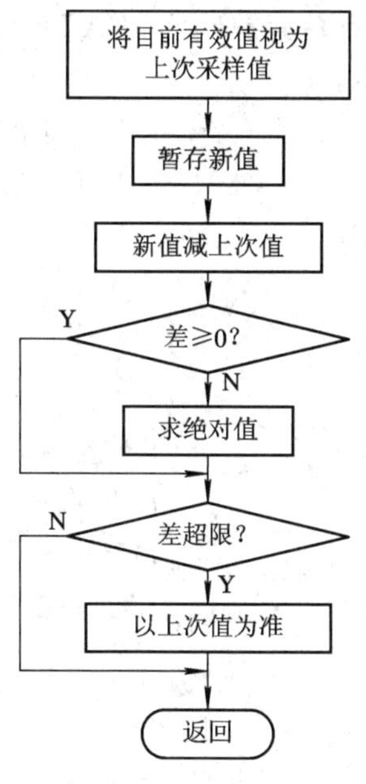

图 9.16　限幅滤波程序流程图

```
        PUSH  ACC              ; 保护现场
        PUSH  PSW
        MOV  A, #30H           ; Yn→A
        CLR  C
        SUBB  A, 31H           ; 求 Yn－Yn-1－1
        INC  LP0               ; Yn－Yn-1≥0?
        CPL  A                 ; Yn<Yn-1, 求补
LP0:    CLR  C
        CJNE  A, #01H, LP2     ; Yn－Yn-1>ΔY?
LP1 :   MOV  32H, 30H          ; 等于 ΔY, 本次采样值有效
```

```
        SJMP  LP3
LP2:    JC  LP1            ；小于ΔY，本次采样值有效
        MOV  32H，31H      ；大于ΔY，Yn＝Yn-1
LP3:    POP  PSW
        POP  ACC
        RET
```

只有当本次采样值小于上次采样值时，才进行求补，保证本次采样值有效。

9.5.3 中值滤波

中值滤波是对某一被测参数连续采样 n 次(一般 n 取奇数)，然后把 n 次采样值按大小排列，取中间值为本次采样值。中值滤波能有效地克服偶然因素引起的波动或采样器不稳定引起的误码等脉冲干扰。

设 SAMP 为存放采样值的内存单元首地址，DATA 为存放滤波值的内存单元地址，N 为采样值个数，中值滤波程序如下：

```
F3:     MOV  R3，＃N－1       ；置循环初值
SORT:   MOV  R2，R3           ；循环次数送 R2
        MOV  R0，SAMP         ；采样值首地址 R0
LOP:    MOV  A，@R0
        INC  R0
        CLR  C
        SUBB  A，@R0          ；Yn－Yn-1→A
        JC  DONE              ；若 Yn＜Yn-1，则转 DONE
        ADD  A，@R0           ；恢复 A
        XCH  A，@R0           ；若 Yn≥Yn-1，则交换数据
        DEC  R0
        MOV  @R0，A
        INC  R0
DONE:   DJNE  R2，LOP         ；若 R2≠0，则继续比较
        DJNE  R3，SORT        ；若 R3≠0，则继续循环
        MOV  A，R0
        ADD  A，SAMP          ；计算中值地址
        CLR  C
        RRC  A
        MOV  R0，A
        MOV  DPTA，@R0        ；存放滤波值
        RET
```

9.5.4 算术平均滤波

算术平均滤波对目标参数进行连续采样，然后求取算术平均值作为有效采样值，该算

法适用于抑制随机干扰。

按输入的 N 个采样数据 $X_i(i=1\sim N)$，寻找一个 Y，使 Y 与各采样值之间的偏差的平方和最小，即

$$E=\min\left[\sum_{i=1}^{N}(Y-X_i)^2\right] \tag{9-6}$$

由一元函数求极值原理可得

$$Y=\frac{1}{N}\sum_{i=1}^{N}X_i \tag{9-7}$$

上式即为算术平均滤波的基本算式。

设第 i 次测量的采样值包含信号成分 S_i 和噪声成分 n_i，则进行 N 次测量的信号成分之和为

$$\sum_{i=1}^{N}S_i=N\cdot S \tag{9-8}$$

噪声的强度是用均方根来衡量的，当噪声为随机信号时，进行 N 次测量的噪声强度之和为

$$\sqrt{\sum_{i=1}^{N}n_i^2}=\sqrt{N}n \tag{9-9}$$

上述 S、n 分别表示进行 N 次测量后信号和噪声的平均幅度。这样对 N 次测量进行算术平均后的信噪比为

$$\frac{NS}{\sqrt{N}n}=\sqrt{N}\frac{S}{n} \tag{9-10}$$

式(9-10)中，S/n 是求算术平均前的信噪比，因此采用算术平均后，信噪比提高了 $\sqrt{N}$ 倍。由式(9-10)知，算术平均法对信号的平滑滤波程度完全取决于 N。当 N 较大时，平滑度高，但灵敏度低，即外界信号的变化对测量结果 Y 的影响小；当 N 较小时，平滑度低，但灵敏度高。为方便求平均值，N 一般取 4、8、16 之类的 2 的整数幂，以便用移位来代替除法。设 8 次采样值依次存放在 30H～37H 连续单元中，平均值求出后，保留在累加器 A 中。程序如下：

```
F4:     CLR  A                   ；清累加器
        MOV R2，A
        MOV R3，A
        MOV R0，＃30H            ；指向第一个采样值
FL40:   MOV A，@R0               ；取一个采样值
        ADD  A，R3               ；累加到 R2、R3 中
        MOV R3，A
        CLR  A
        ADDC A，R2
        MOV R2，A
        JNC  R0
        CJNC R0，＃38H，FL40     ；累加完 8 次
FL41:   SWAPA                    ；(R2R3)/8
```

```
        RL  A
        XCH  A，R3
        SWAP  A
        RL  A
        ADD  A，#80H          ；四舍五入
        ANL  A，#1FH
        ADDC  A，R3
        RET                   ；结果存在 A 中
```

除了上面介绍的几种滤波方法以外，常用的滤波方法还有：去极值平均、加权平均、滑动平均以及复合滤波等，此处不再一一叙述。

习题与思考题

1. 什么是干扰？干扰源有哪几种类型？

2. 什么是串模干扰和共模干扰？应如何抑制？

3. 系统接地时，应注意什么问题？

4. 对于数字量 I/O 通道，如何实现软件抗干扰？

5. 软件抗干扰中有几种方法对待程序“跑飞”？各有何特点？

6. 软件陷阱一般应设在程序的什么地方？

7. 要使受干扰的系统重新恢复正常，何时采用冷启动？何时采用热启动？热启动时，要进行哪些工作？

8. 采用数字滤波克服随机误差具有什么特点？

9. 常用的数字滤波有几种方法？各有什么特点？

附录 A

MCS－51 指令表

下面分类列出了 MCS－51 的指令表，供读者查阅，表中用的符号说明如下：

符号	意　　义
$addr_{11}$	页面地址
bit	位地址
rel	相对偏移量，带符号的(2 的补码)8 位偏移字节
direct	直接地址单元(RAM · SFR · I/O)
(direct)	直接地址指出的单元内容
＃data	立即数
Rn	工作寄存器 R0～R7
(Rn)	工作寄存器的内容
A	累加器
(A)	累加器内容
Ri	i＝0,1，数据指针 R0 或 R1
(Ri)	R0 或 R1 的内容
((Ri))	R0 或 R1 指出的单元内容
(X)	某一寄存器的内容
X	某一寄存器
((X))	某一寄存器指出的单元内容
→	数据传送方向
∧	逻辑与
∨	逻辑或
⊕	逻辑异或
√	对标志产生影响
×	不影响标志

注：周期数为机器周期数，每 1 个机器周期数为 12 个时钟周期。

表 A.1 MCS-51 指令表

十六进制代码	助记符	功能	对标志影响				字节数	周期数
			P	OV	AC	Cy		
算术运算指令								
28～2F	ADD A, Rn	A←(A)+(Ri)	√	√	√	√	1	1
25	ADD A, direct	A←(A)+(direct)	√	√	√	√	2	1
26,27	ADD A, @Ri	A←(A)+((Ri))	√	√	√	√	1	1
24	ADD A, #data	A←(A)+data	√	√	√	√	2	1
38～3F	ADDC A, Rn	A←(A)+(Rn)+(Cy)	√	√	√	√	1	1
35	ADDC A, direct	A←(A)+(direct)+(Cy)	√	√	√	√	2	1
36,37	ADDC A, @Ri	A←(A)+((Ri))+(Cy)	√	√	√	√	1	1
34	ADDC A, #data	A←(A)+data+(Cy)	√	√	√	√	2	1
98～9F	SUBB A, Rn	A←(A)−(Rn)−(Cy)	√	√	√	√	1	1
95	SUBB A, direct	A←(A)−(direct)−(Cy)	√	√	√	√	2	1
96,97	SUBB A, @Ri	A←(A)−((Ri))−(Cy)	√	√	√	√	1	1
94	SUBB A, #data	A←(A)−data−(Cy)	√	√	√	√	2	1
04	INC A	A←(A)+1	√	×	×	×	1	1
08～0F	INC Rn	Rn←(Rn)+1	×	×	×	×	1	1
05	INC direct	direct←(direct)+1	×	×	×	×	2	1
06,07	INC @Ri	(Ri)←((Ri))+1	×	×	×	×	1	1
A3	INC DPTR	DPTR←(DPTR)+1					1	2
14	DEC A	A←(A)−1	√	×	×	×	1	1
18～1F	DEC Rn	Rn←(Rn)−1	×	×	×	×	1	1
15	DEC direct	direct←(direct)−1	×	×	×	×	2	1
16,17	DEC @Ri	(Ri)←((Ri))−1	×	×	×	×	1	1
A4	MUL AB	AB←(A)·(B)	√	√	×	√	1	4
84	DIV AB	AB←(A)/(B)	√	√	×	√	1	4
D4	DA A	对 A 进行十进制调整	√	√	√	√	1	2
逻辑运算指令								
58～5F	ANL A, Rn	A←(A)∧(Rn)	√	×	×	×	1	1
55	ANL A, direct	A←(A)∧(direct)	√	×	×	×	2	1
56,57	ANL A, @Ri	A←(A)∧((Ri))	√	×	×	×	1	1
54	ANL A, #data	A←(A)∧data	√	×	×	×	2	1
52	ANL direct, A	direct←(direct)∧(A)	×	×	×	×	2	1
53	ANL direct, #data	direct←(direct)∧data	×	×	×	×	3	2
48～4F	ORL A, Rn	A←(A)∨(Rn)	√	×	×	×	3	2
45	ORL A, direct	A←(A)∨(direct)	√	×	×	×	1	1
46,47	ORL A, @Ri	A←(A)∨((Ri))	√	×	×	×	2	1
44	ORL A, #data	A←(A)∨data	√	×	×	×	1	1
42	ORL direct, A	direct←(direct)∨(A)	×	×	×	×	2	1

续表(一)

十六进制代码	助记符	功能	对标志影响				字节数	周期数
			P	OV	AC	Cy		
43	ORL direct，#data	direct←(direct)∨data	×	×	×	×	2	1
68～6F	XRL A，Rn	A←(A)⊕(Rn)	✓	×	×	×	3	2
65	XRL A，direct	A←(A)⊕(direct)	✓	×	×	×	1	1
66,67	XRL A，@Ri	A←(A)⊕((Ri))	✓	×	×	×	2	1
64	XRL A，#data	A←(A)⊕data	✓	×	×	×	1	1
62	XRL direct，A	direct←(direct)⊕(A)	×	×	×	×	2	1
63	XRL direct，#data	direct←(direct)⊕data	×	×	×	×	2	1
E4	CLR A	A←0	✓	×	×	×	3	2
F4	CPL A	A←$\overline{(A)}$	×	×	×	×	1	1
23	RL A	A循环左移一位	×	×	×	×	1	1
33	RLC A	A带进位循环左移一位	✓	×	×	✓	1	1
03	RR A	A循环右移一位	×	×	×	×	1	1
13	RRC A	A带进位循环右移一位	✓	×	×	✓	1	1
C4	SWAP A	A半字节交换	×	×	×	×	1	1
数据传送指令								
E8～EF	MOV A，Rn	A←(Rn)	✓	×	×	×	1	1
E5	MOV A，direct	A←(direct)	✓	×	×	×	2	1
E6,E7	MOV A，@Ri	A←((Ri))	✓	×	×	×	1	1
74	MOV A，#data	A←data	✓	×	×	×	2	1
F8～FF	MOV Rn，A	Rn←(A)	×	×	×	×	1	1
A8～AF	MOV Rn direct	Rn←(direct)	×	×	×	×	2	2
78～7F	MOV Rn，#data	Rn←data	×	×	×	×	2	1
F5	MVO direct，A	direct←(A)	×	×	×	×	2	1
88～8F	MOV direct，Rn	direct←(Rn)	×	×	×	×	2	1
85	MOV direct1，direct2	direct1←(direct2)	×	×	×	×	2	2
86,87	MOV direct，@Ri	direct←((Ri))	×	×	×	×	3	2
75	MOV direct，#data	direct←data	×	×	×	×	2	2
F6,F7	MOV @Ri，A	((Ri))←(A)	×	×	×	×	3	2
A6,A7	MOV @Ri，direct	(Ri)←(direct)	×	×	×	×	1	1
76,77	MOV @Ri，#data	(Ri)←data	×	×	×	×	2	2
90	MOV DPTR，#data16	DPTR←data16	×	×	×	×	2	1
93	MOVC A,@A+DPTR	A←((A)+(DPTR))	✓	×	×	×	3	2
83	MOVC A，@A+PC	A←((A)+(PC))	✓	×	×	×	1	2
E2,E3	MOVX A，@Ri	A←((Ri)+(P2))	✓	×	×	×	1	2
E0	MOVX A，@DPTR	A←((DPTR))	✓	×	×	×	1	2
F2,F3	MOVX @Ri，A	((Ri)+(P2))←(A)	×	×	×	×	1	2

续表(二)

十六进制代码	助记符	功能	对标志影响				字节数	周期数
			P	OV	AC	Cy		
F0	MOVX @DPTR,A	(DPTR)←(A)	×	×	×	×	1	2
C0	PUSH direct	SP←(SP)+1,(SP)←(direct)	×	×	×	×	2	2
D0	POP direct	direct←((SP)),SP←(SP)−1	×	×	×	×	2	2
C8～CF	XCH A, Rn	(A)←→(Rn)	√	×	×	×	1	1
C5	XCH A, direct	(A)←→(direct)	√	×	×	×	2	1
C6,C7	XCH A, @Ri	(A)←→((Ri))	√	×	×	×	1	1
D6,D7	XCHD A, @Ri	(A)0～3←→((Ri))0～3	√	×	×	×	1	1
位操作指令								
C3	CLR C	Cy←0	×	×	×	√	1	1
C2	CLR bit	bit←0	×	×	×		2	1
D3	SETB C	Cy←1	×	×	×	√	1	1
D2	SETB bit	bit←1	×	×	×		2	1
B3	CPL C	Cy←$\overline{(Cy)}$	×	×	×	√	1	1
B2	CPL bit	bit←$\overline{(bit)}$	×	×	×		2	1
82	ANL C, bit	Cy←(Cy)∧(bit)	×	×	×	√	2	2
B0	ANL C, /bit	Cy←(Cy)∧$\overline{(bit)}$	×	×	×	√	2	2
72	ORL C, bit	Cy←(Cy)∨(bit)	×	×	×	√	2	2
A0	ORL C, /bit	C←(Cy)∨$\overline{(bit)}$	×	×	×	√	2	2
A2	MOV C, bit	Cy←(bit)	×	×	×	√	2	1
92	MOV bit, C	bit←(Cy)	×	×	×	×	2	2
控制转移指令								
1	ACALL $addr_{11}$	PC←(PC)+2,SP←(SP)+1 (SP)←$(PC)_L$ SP←(SP)+1,(SP)←$(PC)_H$ $PC_{10\sim0}$←$addr_{11}$	×	×	×	×	2	2
12	LCALL $addr_{16}$	PC←(PC)+3,SP←(SP)+1 (SP)←$(PC)_L$,SP←(SP)+1 (SP)←$(PC)_H$,PC←$addr_{16}$	×	×	×	×	3	2
22	RET	PC_H←((SP)),SP←(SP)−1 PC_L((SP)),SP←(SP)−1	×	×	×	×	1	2
32	RETI	PC_H←((SP)),SP←(SP)−1 PC_L←((SP)),SP←(SP)−1 从中断返回	×	×	×	×	1	2
1	AJMP $addr_{11}$	$PC_{10\sim0}$←$addr_{11}$	×	×	×	×	2	2
02	LJMP $addr_{16}$	PC←$addr_{16}$	×	×	×	×	3	2

续表(三)

十六进制代码	助记符	功能	对标志影响 P	OV	AC	Cy	字节数	周期数
80	SJMP rel	PC←(PC)+rel	×	×	×	×	2	2
73	JMP @A+DPTR	PC←(A)+(DPTR)	×	×	×	×	1	2
60	JZ rel	PC←(PC)+2 若(A)=0，PC←(PC)+rel	×	×	×	×	2	2
70	JNZ rel	PC←(PC)+2，若(A)不等于0，则 PC←(PC)+rel	×	×	×	×	2	2
40	JC rel	PC←(PC)+2，若 Cy=1 则 PC←(PC)+rel	×	×	×	×	2	2
50	JNC rel	PC←(PC)+2，若 Cy=0 则 PC←(PC)+rel	×	×	×	×	3	2
20	JB bit，rel	PC←(PC)+3，若(bit)=1 则 PC←(PC)+rel	×	×	×	×	3	2
30	JNB bit，rel	PC←(PC)+3，若(bit)=0 则 PC←(PC)+rel	×	×	×	×	3	2
10	JBC bit rel	PC←(PC)+3，若(bit)=1，则 bit←0，PC←(PC)+rel						
B5	CJNE A,direct,rel	PC←(PC)+3，若(A)不等于(direct)，则 PC←(PC)+rel 若(A)＜(direct)，则 Cy←1	×	×	×	×	3	2
B4	CJNE A，#data,rel	PC←(PC)+3，若(A)不等于data，则 PC←(PC)+rel 若(A)小于 data，则 Cy←1	×	×	×	×	3	2
B8～BF	CJNE Rn，#data，rel	PC←(PC)+3，若(Rn)不等于 data，则 PC←(PC)+rel 若(Rn)小于 data，则 Cy←1	×	×	×	×	3	2
B6,B7	CJNE @Ri，#data，rel	PC←(PC)+3，若(Ri)不等于data，则 PC←(PC)+rel 若((Ri))小于 data，则 Cy←1	×	×	×	×	3	2
D8～DF	DJNZ Rn，rel	PC←(PC)+2，Rn←(Rn)－1，若(Rn)不等于 0，则 PC←(PC)+rel	×	×	×	×	2	2
D5	DJNZ direct，rel	PC←(PC)+3，direct←(direct)－1，若(direct)不等于 0，则 PC←(PC)+rel	×	×	×	×	3	2
00	NOP	空操作	×	×	×	×	1	1

附录 B

单片机原理及接口技术实验

实验一　单片机开发系统的操作练习

1. 实验目的

通过简单程序的编辑、调试、执行，了解开发系统的操作过程。

2. 实验设备

PC 机一台，MCS-51 仿真调试软件一套。

3. 实验内容

(1) 熟悉仿真软件的各项菜单功能。

(2) 计算 N 个数据的和：$Y=\sum_{i=1}^{n} Xi$。其中，Xi 分别放在片内 RAM 区 50H～55H 单元中，求和的结果放在片内 RAM 区 03H(高位)、04H(低位)单元中。

4. 参考程序

参考程序 SUM. ASM 如下：

```
        ORG 0000H
        AJMP MAIN
        ORG 0100H
MAIN:   MOV R2，#06H
        MOV R3，#00H
        MOV R4，#00H
        MOV R0，#50H
L1:     MOV A，R4
        ADD A，@R0
        MOV R4 ，A
        INC R0
        CLR A
        ADDC A，R3
        MOV R3，A
```

```
DJNZ R2, L1
SJMP $
END
```

运行 MCS-51 仿真软件，在编辑窗口编辑好文件 SUM. ASM 后，按 F10 键进入主菜单选择 Assemble 项进行汇编，若无误后按 F8 键执行。

注意：

在程序执行前，按 F10 键进入主菜单选择 Windows 窗口，按 Tab 键将光标移到 DATA 项，修改 50H～55H 单元的内容。重新编译后，按 F8 单步运行，观察内部 RAM 区 03H、04H 单元的内容，做好记录。

练习：(1) 32H＋41H＋01H＋56H＋11H＋03H＝?

(2) 95H＋01H＋02H＋44H＋48H＋12H＝?

(3) 54H＋F6H＋1BH＋20H＋04H＋C1H＝?

实验二　寻找最大数

1. 实验目的

熟悉 MCS-51 的指令系统，了解编程方法。

2. 实验设备

PC 机一台，MCS-51 仿真调试软件一套。

3. 实验内容

在内部 RAM 的 BLOCK 的开始单元中有一无符号数据块，数据块长度存入 LEN 单元。试编程求其中的最大数并存入 MAX 单元中。

4. 参考程序

参考程序 MAX. ASM 如下：

```
          ORG 0000H
          AJMP START
          ORG 0300H
          BLOCK DATA 20H
          LEN DATA 40H
          MAX DATA 42H
START:    MOV MAX, #00H
          MOV R0, #BLOCK
          LOOP:MOV A, @R0
          CJNE A, MAX, NEXT1
          NEXT1:JC NEXT
          MOV MAX, A
NEXT:     INC R0
          DJNZ LEN, LOOP
          END
```

4. 实验步骤

(1) 运行 MCS－51 仿真软件，在编辑窗口编辑好文件 MAX. ASM 。

(2) 在程序执行前，选择 Windows 窗口，将光标移到 DATA 项，将 10 个数据装入内部 RAM 的 20H～29H 单元，并将 40H 的内容修改为 10。

(3) 选择 Assemble 项进行汇编，若无误后按 F8 执行。观察 40H、42H 单元的内容，并记录结果。

实验三　统计正数、负数和零的个数

1. 实验目的

熟悉 MCS－51 的指令系统，了解编程方法。

2. 实验设备

PC 机一台，MCS－51 仿真调试软件一套。

3. 实验内容

在外部 RAM 的 BLOCK 的单元开始有一数据块，数据块长度存入内部 RAM 的 LEN 单元。试编程统计其中的正数、负数和零的个数并分别存入内部 RAM 的 PCOUNT、MCOUNT 和 ZCOUNT 单元。

4. 参考程序

参考程序 PMZ. ASM 如下：

```
        ORG 0000H
        AJMP START
        ORG 0300H
        BLOCK XDATA 1000H
        LEN DATA 20H
        PCOUNT DATA 21H
        MCOUNT DATA 22H
        ZCOUNT DATA 23H
START： MOV R0，#00H
        MOV R1，#00H
        MOV R2，#00H
        MOV DPTR，#BLOCK
LOOP：  MOVX A，@DPTR
        INC DPTR
        JB ACC. 7，FU
        CJNE A，#00H，NEXT1
        INC R0
        SJMP NEXT
NEXT1： INC R2
        SJMP NEXT
```

```
FU：      INC R1
NEXT：    DJNZ LEN，LOOP
          MOV ZCOUNT，R0
          MOV MCOUNT，R1
          MOV PCOUNT，R2
          END
```

5. 实验步骤

（1）运行 MCS－51 仿真软件，在编辑窗口编辑好文件 PMZ. ASM 。

（2）在程序执行前，选择 Windows 窗口，将光标移到 XDATA 项，将 10 个数据装入外部 RAM 的 1000H～1009H 单元，并将 20H 的内容修改为 10。

（3）选择 Assemble 项进行汇编，若无误后按 F8 执行。观察 21H、22H 和 23H 单元的内容，并记录结果。

实验四　8031 与 8155 的接口扩展

1. 实验目的

（1）掌握 8031 单片机输入/输出接口扩展方法。

（2）熟悉 8155 芯片性能，掌握其编程方法。

2. 实验设备

PC 机一台，ME－5103 开发机一套，＋5 V 电源一台，8155 电路板一块。

3. 实验原理

8031 与 8155 的接口电路如图 B. 3 所示。PA 口为输入口，PB 口为输出口，外接共阳极 LED，图中 8155 的 RAM 地址为 7E00～7EFFH。

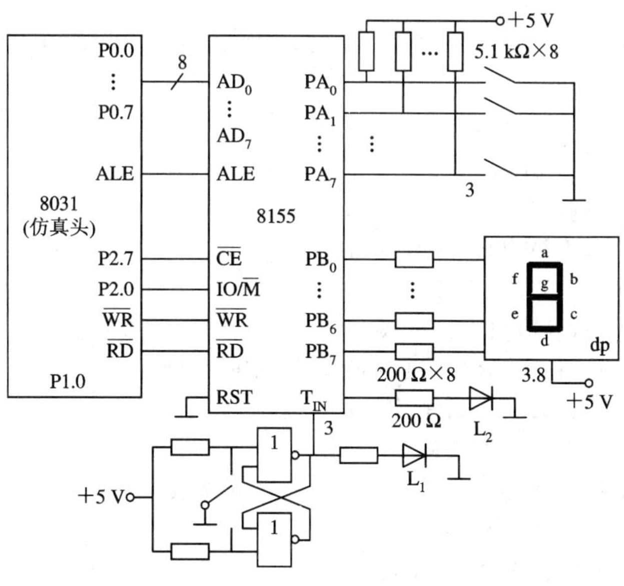

图 B. 3　8031 与 8155 的接口电路

8155 的 I/O 口地址为：

7F00H	命令/状态
7F01H	PA 口
7F02H	PB 口
7F03H	PC 口
7F04H	计数器的低 8 位
7F05H	计数器的高 8 位

4. 实验内容

(1) 编制程序使开关状态从 PA 口输入后，送到 PB 口。

(2) 编制程序使开关状态从 PA 口输入后，送到 8155 的 5FH 单元，然后调出送到 PB 口，同时 8155 输出 10 分频方波。

5. 参考程序

(1) 开关状态从 PA 口输入后，送到 PB 口。

```
        ORG   0000H
        LJMP  IO
        ORG   2000H
IO:     MOV   DPTR, #7F00H       ；指向命令/状态口
        MOV   A, #02H            ；PA 口输入，PB 口输出
        MOVX  @DPTR, A           ；命令
LP:     MOV DPTR, #7F01H         ；指向 PA 口
        MOVX A, @DPTR            ；PA 口输入
        INC DPTR                 ；指向 PB 口
        MOVX  @DPTR, A           ；PB 口输出
        LJMP LP
        LJMP IO
```

(2) 开关状态从 PA 口输入到 8155 的 5FH 单元，然后送到 PB 口，同时 8155 输出 10 分频方波。

```
        ORG  0000H
        LJMP MAIN
        ORG  2000H
MAIN:   MOV DPTR, #7F00H
        MOV A, #0C2H
        MOVX  @DPTR, A
        MOV DPTR, #7F04H        ；定时器低 8 位
        MOV A, #0AH             ；10 分频
        MOVX  @DPTR, A
        INC  DPTR               ；定时器高 8 位
        MOV A, #40H
        MOVX  @DPTR, A
LP:     MOV DPTR, #7F01H        ；指向 PA 口
```

```
MOVX A, @DPTR
MOV DPTR, #7E5FH      ; 指向 5FH 单元
MOVX  @DPTR, A        ; 读入 5FH 单元
CLR A
MOVX A, @DPTR
MOV DPTR, #7F02H      ; 指向 PB 口
MOVX  @DPTR, A        ; PA 口输出
LJMP LP
```

实验五　8031 与 A/D 转换器的接口实验

1. 实验目的

(1) 掌握 ADC0809 与 8031 的接口方法。

(2) 掌握 A/D 转换程序的设计方法。

2. 实验设备

PC 机一台，ME－5103 开发机一套，＋5 V 电源两台(其中一台为电压可调电源，用于 ADC0809 模拟量的输入信号)。

3. 实验原理

实验电路如图 B.4 所示，当 A/D 转换结束时，ADC0809 的 EOC 端上升为高电平。8031 的 ALE 信号给 ADC0809 提供时钟信号。当 START 收到启动信号，启动 ADC0809 将外部输入的模拟量转化为数字量，EOC 为高电平时可读取 A/D 转换结果。

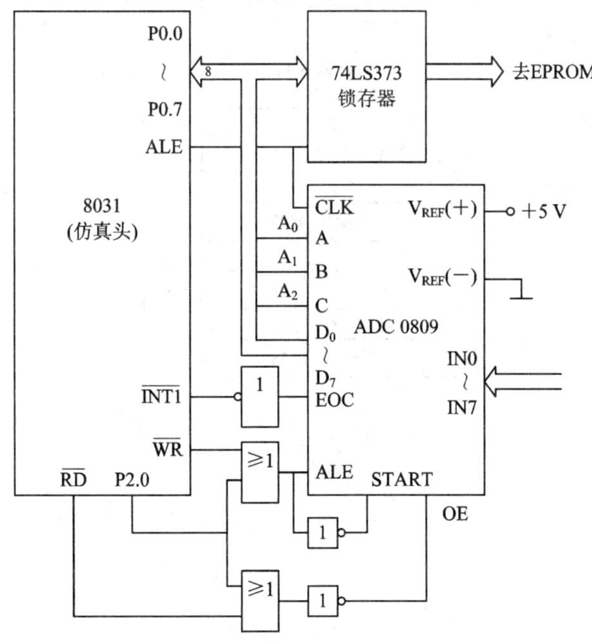

图 B.4　ADC0809 与 8031 的接口电路

4. 实验内容

(1) 将 A/D 转换板上的模拟量输入端分别输入直流电压 1 V、2 V、3 V、4 V、5 V。

(2) 将编制好的程序装入开发机执行，记录 A/D 转换结果。

5. 程序流程图(见图 B.5)与参考程序

程序如下：

```
        ORG  2000H
AD：    MOV  R0，#30H              ；设内存起始单元
        MOV  R7，#4FH              ；循环计数器置初值
ML：    MOV  DPTR，#FEF3H          ；选通道
        MOVX  @DPTR，A             ；启动 ADC0809
        MOV  R2，#20H
DL：    DJNZ  R2，DL               ；延时
HE：    JB  P3.3，HE               ；是否结束？
        MOVX  A，@DPTR             ；结果送入内存 RAM 中
        MOV  @R0，A
        INC  R0                    ；采集完？采集 4FH 次
        DJNZ  R7，ML
HH：    SJMP  HH                   ；暂停
```

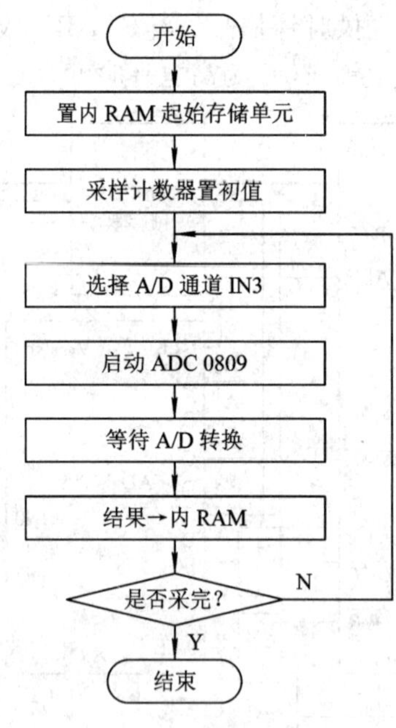

图 B.5　程序流程图

参 考 文 献

[1] Intel. Embedded Controller Handbook. 1987
[2] 接口电路编写组. 最新接口电路实用速查手册. 北京：电子工业出版社，1993
[3] 孙涵芳，等. 单片机原理及应用. 北京：北京航空航天大学出版社，1990
[4] 周航慈. 单片机应用程序设计技术. 北京：北京航空航天大学出版社，1991
[5] 李华，等. MCS - 51 系列单片机实用接口技术. 北京：北京航空航天大学出版社，1993
[6] 蔡美琴，等. MCS - 51 系列单片机系统及其应用. 北京：高等教育出版社，1993
[7] 佘永权. ATMEL89 系列单片机应用技术. 北京：北京航空航天大学出版社，2002
[8] 梅丽凤，等. 单片机原理及接口技术(修订版). 北京：清华大学出版社，2006
[9] 魏立峰，等. 单片机原理与应用技术. 北京：北京大学出版社，2006
[10] 荆珂，等. 单片机原理、应用与仿真. 北京：电子工业出版社，2012